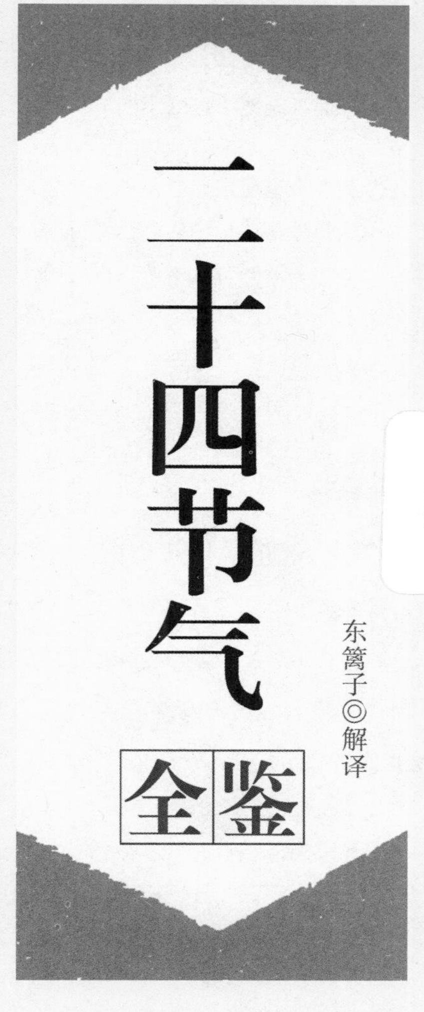

二十四节气全鉴

东篱子◎解译

中国纺织出版社

内容提要

二十四节气指二十四时节和气候，是中国古代订立的一种用来指导农事的补充历法，也是劳动人民长期经验的积累和智慧的结晶。为了帮助读者全面系统地了解二十四节气的相关知识，书中将每一个节气分别从气象农事、传统民俗、养生保健、饮食宜忌、文化情趣五个方面来介绍，模块划分清晰，内容阐述详尽，集实用性与趣味性于一体。读者可在阅读的过程中轻松学习知识，并学会依照节气来调整自己的生活习惯。

图书在版编目（CIP）数据

二十四节气全鉴 / 东篱子解译. --北京：中国纺织出版社，2018.8

ISBN 978-7-5180-5179-3

Ⅰ. ①二… Ⅱ. ①东… Ⅲ. ①二十四节气—通俗读物 Ⅳ. ①P462-49

中国版本图书馆CIP数据核字（2018）第142101号

策划编辑：陈　芳　　　　　责任印制：储志伟

中国纺织出版社出版发行

地址：北京市朝阳区百子湾东里 A407 号楼　邮政编码：100124

销售电话：010—67004422　传真：010—87155801

http：//www.c-textilep.com

E-mail：faxing@c-textilep.com

中国纺织出版社天猫旗舰店

官方微博 http://weibo.com/2119887771

北京佳诚信缘彩印有限公司印刷　　各地新华书店经销

2018 年 8 月第 1 版第 1 次印刷

开本：710 × 1000　1/16　印张：20

字数：256 千字　定价：48.00 元

前言

二十四节气是中国农历中表示季节变迁的24个节令，是我国古代劳动人民长期经验的积累和智慧的结晶。为了方便记忆，人们将其编成了歌诀。

春雨惊春清谷天，夏满芒夏暑相连。

秋处露秋寒霜降，冬雪雪冬小大寒。

每月两节不更变，最多相差一两天。

上半年来六廿一，下半年是八廿三。

诗歌的前四句涵盖了二十四节气中每个节气的名称，分别是立春、雨水、惊蛰、春分、清明、谷雨、立夏、小满、芒种、夏至、小暑、大暑、立秋、处暑、白露、秋分、寒露、霜降、立冬、小雪、大雪、冬至、小寒、大寒；后四句交代了节气与日期对应的规律，即一年中每个月都有两个节气，每个节气对应的日期和预测的日期相差不会超过一两天，上半年每个月的节气一般都在6日和21日，下半年每个月的节气一般都在8日和23日。

二十四节气是根据地球在黄道（即地球绕太阳公转的轨道）上的位置变化来制定的，每一个节气对应地球在黄道上每运动15°所到达的位置，相当于把太阳周年运动轨迹划分为24等份，每一等份为一个节气。每个节气的命名各有其特点，或反映季节变迁，或反映温度变化，或反映天气现象，或反映物候农事。反映季节变迁的节气有：立春、春分、立夏、夏至、立秋、秋分、立冬、冬至八个节气；反映温度变化的有：小暑、大暑、处暑、小寒、大寒五个节气；反映天气现象的有：雨水、谷雨、白露、寒露、霜降、小雪、大雪七个节气；反映物候农事的有惊蛰、清明、小满、芒种四个节气。

二十四节气与老百姓的生活密切相关，大到可以预测未来半个月的气候气象，指导农业生产，或作为一个传统节日被庆祝，不同地区的民众各自形成了独特的节气风俗；小到关乎民众衣食住行的每个细节，老百姓可以根据节气变化来调整自己的作息和饮食，制订养生计划。举几个例子，比如“雨水”节气一旦到了，降雨量会渐渐增多，提醒人们要注意天气；比如“芒种”节气，字义上看指的是麦类等有芒植物的收获，以及谷黍类作物的播种，与这个时节的田间农事活动正好对应；再如“清明”，它既是一个节气，又是我国扫墓祭祖的重要节日；又如“大暑”，到了这个时候天气就会极端地热，人们务必要在这个节气之前做好防暑降温的准备。

为了帮助读者全面系统地了解二十四节气的相关知识，我们编纂了这本全鉴。每一个节气分别从气象农事、传统民俗、养生保健、饮食宜忌、文化情趣五个方面来介绍，模块划分清晰，内容阐述详尽，集实用性与趣味性于一体。读者可在阅读的过程中轻松学习知识，并学会依照节气来调整自己的生活习惯。

解译者

2018 年 3 月

目录

第二季　夏满芒夏暑相连

第三季　秋处露秋寒霜降

第四季　冬雪雪冬小大寒

第一季 春雨惊春清谷天

第一章　立春：一年之计在于春

一个鸟语花香的温暖节气，一个耕耘播种的生长节气，春季由此开始。

立春与气象农事

○立春时节的气象特色

立春是二十四节气之首，它是从天文上来划分的，也就是在太阳到达黄经315度的时候，具体的日期一般在公历的每年2月3日至5日。

立春的“立”字，在《月令七十二候集解》中是这样解释的：“正月节，立，建始也……立夏秋冬同。”可见，立就是开始的意思。自秦代以来，中国就一直以立春作为春季的开始。春是温暖，鸟语花香；春是生长，耕耘播种。在气候学中，春季是指候（5天为一候）平均气温10℃至22℃的时段。

※ 立春三候

中国古代将立春的十五天分为三候：“一候东风解冻，二候蛰虫始振，三候鱼陟负冰”，说的是东风送暖，大地开始解冻。立春五日后，蛰居的虫类慢慢在洞中苏醒，再过五日，河里的冰开始融化，鱼开始到水面上游动，此时水面上还有没完全融化的碎冰片，如同被鱼负着一般浮在水面。

○立春时节的农事活动

立春为一年农事之始，植物开始萌动生长，农人开始备耕。这个时候，人们明显地感觉到白昼长了，太阳暖了。气温、日照、降雨，这时常处于一年中的转折点，趋于上升或增多。小春作物长势加快，油菜抽薹和小麦拔节时耗水量增加，应该及时浇灌追肥，促进生长，因此农谚提醒人们“立春雨水到，早起晚睡觉”。虽然立了春，但是华北大部分地区仍是很冷，常出现“白雪却嫌春色晚，故穿庭树作飞花”的景象。这些气候特点，在安排农业生产时都是应该考虑到的。

了解立春传统民俗

在立春这一天，举行纪念活动的历史悠久，至少在3000年前就已经出现了。

○迎春

迎春的习俗在周朝便有。立春时，天子亲率三公九卿、诸侯大夫去东郊迎春，祈求丰收。回来后赏赐群臣，布德和令以施惠兆民。这种活动影响到庶民，使之成为后来世世代代的全民迎春活动。民间的迎春活动则非常热闹，事先必须进行预演，俗称演春，然后才能在立春那天正式迎春。

● 挂“春幡”

农家院里要高挂“春幡”，各家各户在门框上贴上用红纸书写的对联，院内屋内墙上也贴满“迎春”“宜春”以及“福”字，使院里一片红彤彤的景色，显得春意浓浓，也象征着吉祥。

● 穿新衣，戴佩饰

这一天，男女老少都换上崭新的衣装，妇女用彩色绫罗，剪出象征春天已到的春燕花鸟等簪在发髻上，或缀于小儿臂上，有的母亲则做公鸡缝在小孩子帽子上。

● 迎春会

有些村镇立春日举办“迎春会”。常找个十多岁的少年化装成一个官老爷，身穿纸宫服，衣戴纸帽，脚蹬纸靴，骑着个牛，前往祭祀坛，带领百姓祈祷保佑风调雨顺，五谷丰登，沿途敲锣打鼓，放鞭炮以迎春天到来。

○鞭春牛

鞭春牛，又称鞭土牛，起源较早。古代是祭拜“芒神”，使其举鞭抽打土牛，意在打去春牛惰性，迎来全年丰收，宣告春耕播种大忙开始。后来，人们用竹篾扎成牛状，以纸糊成，内装花生、核桃枣，于立春之日，用鞭击牛，击破之后，人们争食散出之果以庆贺春季之到来，也有内装五谷的，象征五谷丰登之意。鞭春牛的活动盛行于唐、宋两代，尤其是宋仁宗颁布《土牛经》后使其传播更广，是民俗文化的重要内容。

现在，城里已不再举行鞭春牛活动，一些农村却仍有类似的风俗。立春前，人们用泥塑一牛，称为春牛。妇女们抱小孩绕春牛转三圈，旧说可以祛病，今已成为娱乐。立春日，村里推选一位老者，用鞭子象征性地打春牛三下，意味着一年的农事开始。然后众村民将泥牛打烂，分土而回，洒在各自的农田。对于春牛土的用法，很多地区还有着各自的习俗。如吕梁地区盛行用春牛土在门上写“宜春”二字。晋东南地区习惯用春牛土涂耕牛角，传说可以避免牛瘟。晋南地区讲究用春牛土涂灶，据说可以祛蚍蜉。

总体来说，现在的鞭春牛习俗慢慢趋于简单化。立春节，民间艺人会制作许多小泥牛，称为“春牛”，送往各家，谓之“送春”，主人要给“送春”者以报酬。其实这是一种佳节售货活动，然而却是皆大欢喜。有的地方是在墙上贴一幅画有春牛的黄纸，俗称“春牛图”，黄色代表土地，春牛代表农事。

○咬春

“咬春”主要在“咬”字，也就是咬一咬，吃一吃。立春时节的时令食品主要是春饼、萝卜、五辛盘等，南方则流行吃春卷，但主要是吃萝卜。那么为什么要吃萝卜呢？一个是因为萝卜味辣，取古人“咬得草根断，则百事可做”之意；还有一个比较普遍的说法是可以解春困，而且萝卜的主要作用是通气，可以使人保持青春不老。五辛盘则是由五种辛辣食物组成，用葱、蒜、椒、姜、芥等调和而成，作为就餐的调味品。

● 吃萝卜

咬春嚼吃萝卜之俗，在《燕京岁时记》中有记载："是日，富家多食春饼，妇女等多买萝卜而食之，曰'咬春'。谓可以却春困也。"萝卜古代时称芦菔，苏东坡有诗云："芦菔根尚含晓露，秋来霜雪满东园，芦菔生儿芥有孙。"旧时药典认为，萝卜根叶皆可生、熟、当菜当饭而食，有很大的药用价值。常食萝卜不但可解春困，还可有助于软化血管，降血脂稳血压，可解酒、理气等，具有营养、健身、祛病之功。这或许是古人提倡在立春时嚼吃萝卜的本来用意吧。

"水萝卜哎，又脆又甜哟！"老北京时，卖萝卜的小贩和农民经常会在立春时分挑担或推着挑子车串胡同叫卖。主妇们出院门挑好萝卜后，小贩用小块刀先嘎巴一刀将"心里美"一刀去顶，再飞快几刀旋开萝卜皮，不切断，再将红萝卜芯按方格样儿横竖几刀切成方形条状，整个萝卜被切成好像一朵盛开的红牡丹花，非常好看。然后拿回家，全家人掰开嘎巴嘎巴咬着吃，那可真是又脆又甜又有点辣的极水灵的好春令食品。

● 吃春饼

吃春盘春饼之俗，在民间以食饼制菜并相互馈赠为乐。清代的《北平风俗类征·岁时》载："立春，富家食春饼，备酱熏及炉烧盐腌各肉，并各色炒菜，如菠菜、韭菜、豆芽菜、干粉、鸡蛋等，且以面粉烙薄饼卷而食之。"这是清末民国时期老北京人家吃春饼应景咬春之节俗，至今北京仍传承着此食俗，俗话有"打春吃春饼"之语。

如今吃春饼可在家庭中自制。用温水烫面烙制或蒸制，形状可大如团扇，小如碗碟大小，一公斤面粉约可烙出十六合，两张为一合。烙时每张饼上的一面抹些香油，吃时则很容易揭开。菜俗称"和菜"（即古称春盘），除必备有葱丝、甜面酱外，其他菜可据一家人爱好可多可少，生熟兼有，荤素齐全。其中热菜应必有炒粉丝豆芽、摊黄菜（鸡蛋）、炒韭菜，有豆腐干则最好。食春盘春饼，老北京最讲究一定要卷成筒状，从头吃到尾，俗语叫"有头有尾"。立春日，阖家围桌食之，其乐无穷。

● 吃春卷

春卷，亦是古代装春盘内的传统节令食品。《岁时广记》云："京师富贵人家造面蚕，以肉或素做馅……名曰探官蚕。又因立春日做此，故又称探春蚕。”后来蚕字音谐转化为卷，即当今常吃的“春卷”。古时常用椿树的嫩芽为馅，元代用羊肉为馅，现今则多以猪肉、豆芽、韭菜、韭黄等为馅，外焦内香，是很好的春令食品。

而在今天，人们发现了更多“春味”，只要有“咬”这个动作的人们都要吃一吃，只要是性属辛甘升发的食品人们都要补一补，有荤有素，有中有洋，组成了现代咬春宴。

○其他

立春节，某些地区的女孩子剪彩为燕，称为“春燕”；贴羽为蝶，称为“春蛾”；缠绒为杖，称为“春杆”。戴在头上，争奇斗艳。晋东南地区的女孩子们喜欢交换这些头戴，传说主蚕兴旺。乡宁等地习惯用绢制作小娃娃，名为“春娃”，佩戴在孩童身上。晋北地区讲究缝小布袋，内装豆、谷等杂粮，挂在耕牛角上，取意六畜兴旺，五谷丰登，一年四季，平安吉祥。

山西运城地区新嫁女，娘家要接回，称为“迎春”。临汾地区则习惯请女婿吃春饼。河北南部地区有“打春吃瓜，活到八十八”的民谚，“瓜”指的是南瓜，当地居民有在这天吃南瓜馅儿饺子或南瓜馅儿包子的习惯。

立春时节的养生保健

○立春养生知识

● 养阳

立春过后，天气回暖，万物复苏，自然界的各种生物萌生发育，此时人体内的阳气也随着春天的发生而向上向外升发。因此，我们在精神、起居、饮食、运动、补养等方面都要顺应春阳升发这一特点，在调摄养生中注意保护阳气。

《素问·四气调摄》中说：“春夏养阳，秋冬养阴。”这是根据自然界和人体阴阳消长的特点所制定的四时调摄的宗旨。春季阳气渐生，而阴寒未尽。“人与天地相应”，春天阳气初升，此时人体阳气也反映自然，向上向外疏发。

故而，春季养生必须掌握春令之气升发舒畅的特点，顺时而养。

高士宗在《素问直解》里说："春夏养阳，使少阳之气生，太阳之气长；秋冬养阴，使太阴之气收，少阴之气藏。"也就是说，春夏之时，自然界阳气升发，此时应保护体内阳气，使其充沛；秋冬之时，万物敛藏，应顺应自然界的收藏之势，收藏体内阴精，使精气内聚。

那么该如何养阳呢？

春夏养阳，应早睡早起，广步于庭，以适应春季阳气初升的特点，平时应避免过分劳累或过食辛辣之品，以免造成汗出太多，损伤阳气。

阳气虚弱者，可在春夏季节服用人参等补气健脾的药物。久咳、哮喘、关节疼痛等阳气不足、秋冬易发病的人，则可在春夏阳气生长蓬勃的季节，采用针刺、针灸法、中药敷贴和中药内服等方法补养阳气。

● *护肝*

因春属木，与肝相应，所以在春季养生上主要是护肝。中医认为肝主情致，因此护肝要从心情着手，养肝的关键就是要保持心情舒畅，防止"肝火上升"。平时要注意保持愉悦、平和，不宜过于激动、兴奋，这有利于疏肝理气。

保障肝脏功能正常，就要注意平衡饮食，不要暴饮暴食或常饥饿，这种饥饱不匀的饮食习惯，会引起消化液分泌异常，导致肝脏功能的失调。除此之外，还要少饮酒，多喝水，增强血液循环，促进新陈代谢，减少代谢产物和毒素对肝脏的损害。

○立春时节的疾病预防

春季养生一定要注意防病保健。特别是初春，天气由寒转暖，各种致病的细菌、病毒开始生长繁殖。温热毒邪开始活动，流感、流脑、麻疹、猩红热、肺炎多有发生。

● 不宜去衣，舒展形体

春季气候变化较大，天气乍寒乍暖，由于人体腠理开始变得疏松，对寒邪的抵抗能力有所减弱，所以，初春时节特别是生活在北方地区的人不宜顿去棉服，年老体弱者换装尤宜审慎，不可骤减。《千金要方》主张春时衣着宜“下厚上薄”，《老老恒言》亦云：“春冻未泮，下体宁过于暖，上体无妨略减，所以养阳之生气。”

春天在起居方面，人体气血亦如自然界一样，需舒展畅达，这就需要夜卧早起，免冠披发，松缓衣带，舒展形体，多参加室外活动，克服倦懒思眠状态，使自己的精神情志与大自然相适应，力求身心和谐，精力充沛。

● 预防呼吸道疾病

立春是呼吸道疾病的敏感时期，特别是孩子的上呼吸道或下呼吸道的感染，包括感冒、扁桃体炎、支气管炎、肺炎等。如何预防这些疾病呢？

孩子是易感人群，尽量不带孩子去公共场所，注意与感冒病人隔离。

春季气候多变，应注意保暖，切忌受寒。

注意居室空气的流通，适度开窗通气换气，必要时关闭门窗，用食醋熏蒸消毒空气。

注意饮食卫生，饮食要清淡，多喝水、不吃或少吃冷食。

鼓励孩子参加体育锻炼，以增强体质。孩子患病一定去医院，特别应让专业儿科医生诊治。

不仅小孩子要注意，体弱者和老年人同样要注意预防呼吸道感染，他们也是易感染人群。

● 保护面部

冬春交替时还需预防面神经瘫痪，即常见的口眼歪斜，这种症状多因面部遭受过冷刺激，导致营养神经的血管痉挛，引起这部分神经组织缺血水肿，也有因过度劳累，病毒性感冒而造成的。其预防方法，首先是要注意保暖，避开风寒对面部的直接侵袭，尤其是年老体弱、过劳、酒后及患有高血压、关节炎等慢性疾病者，尽可能背风行走，避免面部受冷空气刺激。其次要增强体质，注意饮食营养、劳逸结合。

● 防过敏

在立春时节，很多人都会因为接触外界的过敏源而导致肌体出现一些过敏反应，从而诱发哮喘、鼻炎等季节性过敏疾病。过敏源有时来自户外，有时来自室内，因此这个时期一定要注意。

1. 花粉是罪魁祸首。立春前后是踏春的好时节，但是对花粉过敏的人群要特别注意，在郊游过程中，如果肌肤上出现小红斑、水泡、瘙痒等过敏症状时，要及时就医。花粉过敏是大家普遍意识到的，但是很少有人意识到树木也会使人在春季引起皮肤过敏。如柳树、榆树就是此季节常见的过敏源。柳树发芽之后会生柳絮，春风一起，这些絮就会像花粉一样随风飘荡，吹到人脸上或者其他暴露在外的肌肤上，就极有可能引起过敏反应，如果吹到眼睛周围，还可能会引起过敏性眼炎；从鼻子吸入之后也会引起过敏性鼻炎。因此，树木这一过敏源也不能忽视。

2. 尽量选择阴雨天出门踏春。很多人会认为冷空气会引起过敏，实际上这是没有道理的。春季在户外出现过敏反应，一定是空气中悬浮的某些物质引起的，因此出现过敏现象之后，应该先到医院查清楚过敏源，然后尽可能避免接触，这样才能达到预防的作用。在天气晴朗的时候尽量避免外出，这样可以减少接触过敏源的概率，如果要到户外去呼吸新鲜空气，也最好选择阴雨天气，这个时候空气中花粉会比较少。

3. 地毯、沙发、窗帘定期清理。在室内，地毯、沙发、窗帘是尘螨最容易沉积的地方，一定要定期清理。地毯是最容易沾满灰尘的地方，需要每隔几天就用吸尘器清洁灰尘，使灰尘不致嵌入绒布内。因为灰尘等脏物会在底部起研磨作用，不但会影响室内环境，还会减少地毯的使用寿命。沙发和窗帘的尘螨是容易被人忽视的。沙发在放置的时候应该与墙壁保持 0.5 至 1 厘米的间隙，方便清洁缝隙的灰尘，并且保持每周至少吸尘一次，尤其注意去除织物结构间的积尘；沙发垫每周翻转一次，使磨损均匀分布，每两周清洗一次。窗帘平时可以用湿抹布擦拭，并定期拆下来清洗。

4. 厨具定期清理。厨具的洁净是最重要的，会直接影响人体的健康。厨具的清洁有别于其他部位的清洁，除了要去除其表面的灰尘之外，也不能忽视厨具的保养。比如，不锈钢灶具不能用硬质百洁布、钢丝球或化学剂擦拭，而应该选择软毛巾、软百洁布带水擦拭，或是用不锈钢光亮剂擦亮；大理石台面不能用甲苯擦拭，否则难以清除花白斑，要用软百洁布擦拭；水槽容易滋生霉菌，要经常清洗，水槽适宜选择中性、弱碱性清洁剂刷洗，有水垢的地方不能使用酸性较强的稀盐酸擦拭，否则会损坏釉面，失去光亮；此外，厨具上的铁锈也要及时清洁。

5. 室内植物的养护。在春季，室内植物也是容易引发过敏的一个方面。专家指出，室内植物的摆放要注意其密度，在一间 15 平方米的居室内，适宜的摆放密度为 2 盆中大型植物或 3~4 盆小型植物。另外，有些植物会发出异味、异香，更容易使人出现过敏反应，不宜摆放在室内。比如，黄杜鹃、花叶万年青、铁海棠等，其叶片鳞茎含有毒汁，接触毒汁会使人毛发掉落，如果不慎入口，更会有生命危险；松柏类植物的过浓香味会影响人的食欲，天竺葵散发的气味会使人过敏；玫瑰、百合、野菊花、松树、红豆树等植物也容易使人出现过敏现象。

6. 室内通风。在春季，

保持室内空气流动是预防过敏的有效方法。如果室内尘螨和霉菌过多，除了要注意清洁之外，开窗通风也是很重要的，通风能使室内外的空气对流，阻止尘螨、霉菌的扩散。

立春时节“吃”的学问

○立春饮食宜忌：宜食辛甘，忌酸忌辣

立春时节饮食调养要考虑春季阳气初生，宜食辛甘发散之品，不宜食酸收之味。《素问·藏气法时论》说：“肝主春……肝苦急，急食甘以缓之……肝欲散，急食辛以散之，用辛补之，酸泻之。”在五脏与五味的关系中，酸味入肝，具收敛之性，不利于阳气的生发和肝气的疏泄，饮食调养要投脏腑所好，即“违其性故苦，遂其性故欲。欲者，是本脏之神所好也，即补也。苦者是本脏之神所恶也，即泻也”。明确了这种关系，就能有目的地选择一些柔肝养肝、疏肝理气的草药和食品，草药如枸杞、郁金、丹参、元胡等，食品选择辛温发散的大枣、豆豉、葱、香菜、花生等灵活地进行配方选膳。

宜食：韭菜、蒜苗、洋葱、萝卜、芥菜、荠菜、豆芽、小蒜、韭黄、菜薹、香菜等。

忌食：海带、海蜇、螃蟹、山楂、芡实等。

○立春食谱攻略

家常木须肉

用料：

黑木耳、瘦肉、鸡蛋2个、黄瓜、油、料酒、花椒、酱油、盐、鸡精、淀粉、葱、姜、蒜末儿适量。

做法：

黑木耳泡发洗净，撕成小块，黄瓜切片；瘦肉切片放入碗中，倒上少许料酒、酱油和一点点淀粉或嫩肉粉，拌匀渍一会儿；鸡蛋磕入碗中，打散；炒锅置于火上，放油，油热后把鸡蛋摊熟，打散，盛出；再添些油，油热后下花椒，待花椒变色出香味后把花椒捞出，放肉片翻炒，断生后放葱、姜、蒜末

儿、酱油翻炒，上色后把鸡蛋、木耳、黄瓜倒入继续翻炒，加少许盐，也可以加点汤或水，最后放些鸡精，炒匀出锅。

功效：木耳有清热排毒的功效，很适合在冬春交接之际食用，瘦肉和鸡蛋的加入为人体补充了丰富的蛋白质，而脂肪含量又很少，春天吃既不会长肉又美味。

韭菜虾皮炒鸡蛋

用料：

韭菜一把洗净、鸡蛋 2~3 个、盐、虾皮适量。

做法：

韭菜洗净切小段，鸡蛋破壳后打匀。炒锅上火，植物油烧温热后，放入虾皮煸炒至香。然后倒入打匀的鸡蛋，待鸡蛋炒得稍有固定形状后将韭菜倒入。煸炒一阵后加盐，再翻炒一阵即可。

功效：

韭菜含大量膳食纤维，可清洁肠壁，促进排便。加入虾皮后，更加适于春季食用。这道菜营养丰富，所含热量少，并能温中养血，温暖腰膝，是很好的春季家常菜。

豌豆炒牛肉粒

用料：

豌豆、牛里脊肉、新鲜红尖椒两根、酱油、白糖、生粉、胡椒粉、盐、料酒、花椒粉、大蒜瓣、味汁、食用油。

做法：

先将牛里脊肉切成丁，放入碗中加入酱油及一点白糖、料酒和胡椒粉、清水拌匀，再加入生粉继续拌匀。烧开水，加入一小勺油及一点盐，将洗净的豌豆倒入烫一分钟，捞出后放入冷水中浸泡至凉备用；红尖椒切片；锅内倒油烧热，将牛肉丁中加一勺食用油拌匀后下入热油中，翻炒至牛肉丁约七分熟时盛起备用；锅内的余油中下入辣椒煸炒出香味时，再将大蒜瓣剁碎成茸入锅内一同煸炒出香味，将氽烫好的豌豆和炒好的牛肉丁一同下入锅中，翻炒均匀，撒上一点花椒粉、盐调味，最后淋上一点味汁关火，趁着锅中的余温再翻炒一下盛盘即可。

功效：

牛肉营养、健康，能迅速提升体力，豌豆富含人体所需的各种营养物质，尤其是含有优质蛋白质，可以提高机体的抗病能力和康复能力，并且其中富含粗纤维，能促进大肠蠕动，保持大便通畅，起到清洁大肠的作用。

腊肉炒饭

用料：

冬季风干的腊肉、冷米饭、鸡蛋、葱、盐、味精。

做法：

热油，放入腊肉丁过油爆香后捞起备用。另用热锅油炒香葱花，打入蛋液并将其用锅铲炒散。然后加入米饭翻炒，接着放入腊肉丁继续翻炒，加盐、味精即可盛盘。

品味立春文化情趣

○品立春诗词

京中正月七日立春

【唐】罗隐

一二三四五六七，

万木生芽是今日。

远天归雁拂云飞，

近水游鱼迸冰出。

这是诗人在京中恰逢立春有感而作的一首诗。“一二三四五六七”一句构思巧妙，一方面告诉读者，这一年立春在正月初七；另外，则有一种蛰居了一个漫长的冬季后，好不容易盼来了春天的欣慰感。第二句的意思是从这一天起，草木复苏，春天来了。末尾两句对仗整齐，语意自然，一派春意，大概意思是：远远的天边上，归来的大雁贴着云彩飞翔；眼前，鱼儿不时跃出还漂着浮冰的水面。

立春

【唐】杜甫

春日春盘细生菜，忽忆两京梅发时。

盘出高门行白玉，菜传纤手送青丝。

巫峡寒江那对眼，杜陵远客不胜悲。

此身未知归定处，呼儿觅纸一题诗。

杜陵远客，诗人的自称。杜陵，即长安东南的杜县，汉宣帝在此建陵，称杜陵。杜甫的远祖杜预是京兆杜陵人，他本人又曾经在杜陵附近的少陵住过，因而经常自称为杜布衣、少陵野老、杜陵远客。

唐朝立春日时兴食春饼、生菜，号春盘。杜甫这时忆起了当年在“两京”（长安、洛阳）过立春日的盛况：盘出高门，菜经纤手，一个个迭送白玉青丝，好不欢乐。可是现今经过了安史之乱，困居夔州（今奉节），再也不能过那样的立春日了，悲愁之际，只有呼儿觅纸题诗遣怀。

立春偶成

【北宋】张拭

律回岁晚冰霜少，

春到人间草木知。

便觉眼前生意满，

东风吹水绿参差。

时值立春，冰雪消融，草木着装，春风徐徐，生机勃勃。诗人顿觉眼前一片春意，于是诗兴大发，偶成一绝。

律：我国古代审定乐音高低的标准，把乐音分为六律和六吕，合称十二律。律属阳气，吕属阴气。后又与历法结合起来，一律属一月。奇数月份属律，偶数月份属吕。律回，正月即一月，属律。立春往往在正月、腊月相交时，故说“律回”。

立春诗

【南宋】朱淑真

停杯不饮待春来，和气先春动六街。

生菜乍挑宜卷饼，罗幡旋剪称联钗。

休论残腊千重恨，管入新年百事谐。

从此对花并对景，尽拘风月入诗怀。

六街指唐宋时就城的主要街道。幡：唐风俗，立春剪纸或绸绢为旗幡形戴在头上，亦称彩胜，或合称幡胜。

朱淑真在立春日挑生菜，卷春饼，剪幡胜，好一派迎春景象。诗人感到新一年的良辰美景，都是吟诗抒怀的好题材。这首诗反映了宋朝京都立春日的欢乐情景，如此欢快的诗词在朱淑真的作品中是不多的。

立春日郊行

【南宋】范成大

竹拥溪桥麦盖坡，土牛行处亦笙歌。

曲尘欲暗垂垂柳，醅面初明浅浅波。

日满县前春市合，潮平浦口暮帆多。

春来不饮兼无句，奈此金幡彩胜何。

醅（pēi）：没有过滤的酒。醅面，指浮醅。古人酿酒时，酒面漂浮着浅碧色的浓汁浮沫，这是酒的精醇所至，叫“浮醅”。这里用来形容绿色的春水。

这是一首七言律诗。立春日，诗人漫步郊外，眼前一派春天景象，耳边一片打春笙歌。如不饮酒吟诗，这春日盛景如何对付得过去呢？

汉宫春·立春

【南宋】辛弃疾

春已归来，看美人头上，袅袅春幡。无端风雨，未肯收尽余寒。年时燕子，料今宵梦到西园。浑未办、黄柑荐酒，更传青韭堆盘。

却笑东风从此，便熏梅染柳，更没些闲。闲时又来镜里，转变朱颜。清愁不断，问何人会解连环？生怕见花开花落，朝来塞雁先还。

这首写立春情景和自己感怀的词章很有代表性。作者写惜春、恋春、怨春，借以抒发功业无成的苦闷和对北方故国的思念，同时也隐晦表达了对统治者苟安江南的不满。

祝英台近·除夜立春

【南宋】吴文英

剪红情，裁绿意，花信上钗股。残日东风，不放岁华去。有人添烛西窗，不眠侵晓，笑声转、新年莺语。

旧尊俎，玉纤曾擘黄柑，柔香系幽素。归梦湖边，还迷镜中路。可怜千点吴霜，寒消不尽，又相对、落梅如雨。

这首词是作者有感于除夕立春在同一天而作，上片写的是寻常人家欢乐迎春和除夕守岁的情景，“残日东风，不放岁华去”一句尤妙；下片写词人客居异乡的孤寂和凄苦，他只能在“归梦湖边，还迷镜中路”怀念过去的美好时光。

清江引·立春

【元】贯云石

金钗影摇春燕斜，木杪生春叶。

水塘春始波，火候春初热。

土牛儿载将春到也。

贯云石，字浮岑（cén），号酸斋，曾任翰林侍读学士，后弃官隐居，在钱塘市中卖药为生。这支元曲是应酬之作，有“金”，“木”“水”“火”“土”五字位于每句之首，每句都用了“春”字，这是作赋前所定的规则。他没有被作曲所限，而是扣紧“春”字，全方位地展现立春时节的春景春情，写得清新自然，情趣横生。

木杪：树梢。火候：本指烹煮食物的火功，这里指气候温度。土牛儿：即春牛，古代每逢立春前一日有迎春仪式，由人扮神，鞭土牛，地方官行香主礼，劝农民耕种，即“打春”，象征春耕开始。

女子戴上了金钗，剪彩为燕；人们扮神，鞭土牛，开始迎春仪式。中间三句从树梢、水池、地气等方面渲染出生机初绽的春意，读时有春风扑面之感。

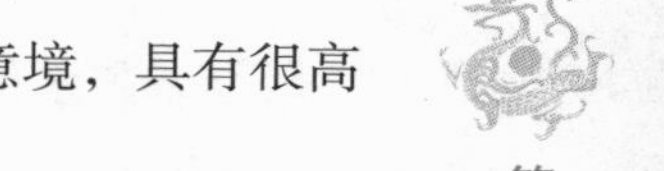

“杪”“始”“初”都准确地点出立春时万物苏醒、生机萌发的意境，具有很高的艺术表现力。

○读立春谚语

一年之计在于春，一日之计在于晨。

立春北风雨水多。

立春不下是旱年。

立春不逢九,五谷般般有。

立春晴，雨水匀；立春阴，花倒春。

立春落雨到清明，一日落雨一日晴。

立春之日雨淋淋，阴阴湿湿到清明。

立春东风回暖早，立春西风回暖迟。

最好立春晴一日，风调雨顺好种田。

立春当日，水暖三分；立春十日，水内热人。

立春雨水二月间，顶凌压麦种大蒜。

打了春，脱了瘟，人不知春草知春。

打了春，赤脚奔，棉袄棉裤不上身。

立春一日，百草回芽。

立春一年端，种地早盘算。

一年之计在于春，一生之计在于勤。

立春雪水化一丈，打得麦子无处放。

立春热过劲，转冷雪纷纷。

两春加一冬，无被暖烘烘。

春脖短，早回暖，常常出现倒春寒。

春脖长，回春晚，一般少有倒春寒。

打春冻人不冻水。

春打六九头，七九、八九就使牛。

吃了立春饭，一天暖一天。

第二章　雨水：一场春雨一场暖

气温回升，冰雪融化，降水增多，万物开始萌动，春天就要到了。

雨水与气象农事

○雨水时节的气象特色

雨水是二十四节气中的第二个节气，也就是每年阳历的2月18日前后，太阳到达黄经330度的时候。它和谷雨、小雪、大雪一样，都是反映降水现象的节气，在气候学上有两层意思，一是天气回暖，降水量逐渐增多了，二是在降水形式上，雪渐少了，雨渐多了。

《月令七十二候集解》："正月中，天一生水。春始属木，然生木者必水也，故立春后继之雨水。且东风既解冻，则散而为雨矣。"意思是说，雨水节气前后，万物开始萌动，春天就要到了。如在《逸周书》中就有雨水节后"鸿雁来""草木萌动"等物候记载。

"雨水"过后，中国大部分地区气温回升到0℃以上，黄淮平原日平均气温已达3℃左右，江南平均气温在5℃上下，华南气温在10℃以上，而华北地区平均气温仍在0℃以下。雨水节气便意味着进入气象意义的春天。

※ 雨水三候

中国古代将雨水的十五天分为三候："一候獭祭鱼，二候鸿雁来，三候草木萌劝。"此节气，水獭开始捕鱼了，将鱼摆在岸边如同先祭后食的样子；五天过后，大雁开始从南方飞回北方；再过五天，在"润物细无声"的春雨中，草木随地中阳气的上腾而开始抽出嫩芽。从此，大地渐渐开始呈现出一派欣欣向荣的景象。

○雨水时节的农事活动

所谓“春雨贵如油”，雨水时分适宜的降水对作物的生长特别重要。这时候，华北、西北以及黄淮地区的降水量一般较少，常不能满足农业生产的需要。若早春少雨，雨水前后及时春灌，可取得最好的经济效益。淮河以南地区，则以加强中耕锄地为主，同时搞好田间清沟沥水，以防春雨过多，导致湿害烂根。

雨水节气的天气特点对越冬作物生长有很大的影响。农谚说：“雨水有雨庄稼好，大春小春一片宝。”“立春天渐暖，雨水送肥忙。”农民要根据天气特点，对三麦等中耕除草和施肥，清沟埋墒，为排水防渍做好准备。

了解雨水传统民俗

雨水节气的传统习俗多与探亲等有关。

○回娘家

“雨水节，回娘家”是流行于川西一带汉族节日习俗。到了雨水节气，出嫁的女儿纷纷带上礼物回娘家拜望父母。生育了孩子的妇女，须带上罐罐肉、藤椅等礼物，感谢父母的养育之恩。久不怀孕的妇女，则由母亲为其缝制一条红裤子贴身穿，据说这样可以尽快怀孕生子。该习俗现在仍在农村流行。

○拉保保

“拉保保”是四川一些地区的民间习俗。保保是干爹的意思。旧社会，人们迷信命运，为儿女求神问卦，看自己的儿女好不好带，尤独子者更怕夭折，一定要拜个干爹，按小儿的生辰年月日时同金、木、水、火、土，找算命先生算算命上相合相克的关系，如果命上缺木，拜干爹取名字时就要带“木”字，才能保险儿子长命百岁。此举一年复一年，久而盛开一方之俗，传承至今更名拉“保保”。

之所以在雨水之际“拉干爹”，是取“雨露滋润易生长”之意。川西民间很多地方在这天都有个特定的拉干爹的场所。当天不管天晴还是下雨，准备“拉干爹”的父母都会手提装好酒菜香蜡纸钱的篼篼、带着孩子在人群中穿来穿去找准干爹对象。如果希望孩子长大有知识，就拉一个文人做干爹；如果孩子身体瘦弱，就拉一个身材高大强壮的人作干爹。一旦有人被拉着当“干爹”，有的能挣掉就跑了，有的扯也扯不脱身，大多都会爽快地答应，也就认为这是别人信任自己，因而自己的命运也会好起来的。拉到后拉者连声叫道：“打个干亲家”，就摆好带来的下酒菜、焚香点蜡，叫孩子“快拜干爹，叩头”；“请干爹喝酒吃菜”，“请干亲家给娃娃取个名字”，拉保保就算成功了。分手后也有常年走动的，称为“常年干亲家”，也有分手后就没有来往的，叫“过路干亲家”。

○女婿送节

雨水节还有一个重要的习俗是女婿给岳父岳母送节。送节的礼品则通常是两把藤椅，上面缠着一丈二尺长的红带，称为“接寿”，意思是祝岳父岳母长命百岁。送节的另外一个典型礼品是“罐罐肉”，也就是用砂锅炖了猪脚和雪山大豆，外加海带，再用红纸、红绳封了罐口，给岳父岳母送去。这是对辛辛苦苦将女儿养育成人的岳父岳母表示感谢和敬意。如果是新婚女婿送节，岳父岳母还要回赠雨伞，让女婿出门奔波，能遮风挡雨，也有祝愿女婿人生旅途顺利平安的意思。

○撞拜寄

在川西民间，过雨水节还有一种风俗。天刚亮，大路边就有一些年轻妇女，手牵了孩子，等待第一个从面前经过的行人。一旦有人经过，不管男女老少，拦住对方，就把儿子或女儿按捺在地，磕头拜寄，给对方做干儿子或干女儿，称为“撞拜寄”。即事先没有预定的目标，撞着谁就是谁。“撞拜寄”的目的，则是让儿女顺利、健康地成长，现代一般只在农村还保留着这一习俗。

雨水时节的养生保健

○雨水养生知识

雨水节气多湿润空气，此时又不燥热，正是养生的好时机。应当首先调养脾胃，因为脾胃为后天之本，气血生化之源。脾胃功能健全，则人体营养利用充分，反之则营养缺乏，体质下降。

中医认为，脾胃为“后天之本，气血生化之源”。脾胃健旺、化源充足，脏腑功能才能强盛。因此，脾胃的强弱是决定人之寿命的重要因素。

春季养脾的重点首先在于调畅肝脏，保持肝气调和顺畅，在饮食上要保持均衡。其次，要注意健脾利湿。内以养护脾气，外以清利湿邪，从而达到养脾的目的。

○雨水时节的疾病预防

● 春捂

雨水期间，北方很多地区冷空气活动仍很频繁，天气忽寒忽暖、变化多端，所以才有了人们经常提到的“春捂”一说。这是古人根据春季气候变化特点而提出的穿衣方面的养生原则。初春阳气渐生，气温日趋回升，人们逐渐去棉穿单。但此时北方阴寒未尽，气温变化大，虽然雨水之季不像寒冬腊月那样冷冽，但由于人体皮肤腠理已变得相对疏松，对风寒之邪的抵抗力会有所减弱，因而易感邪而致病。所以此时注意“春捂”是有一定道理的。如果不加以注意，这种变化无常的天气，容易引起人的情绪波动，乃至心神不安，影响人的身心健康，对高血压、心脏病、哮喘患者更是不利。为了消除这些不利的因素，除了应当继续春捂外，还应采取积极的精神调摄养生锻炼法。保持情绪稳定对身心健康有着十分重要的作用。

● 传染病预防

雨水后，春风送暖，致病的细菌、病毒易随风传播，故春季传染病常易暴发流行。每个人都应该保护好自己，注意锻炼身体，增强抵抗力，预防疾病的发生。

● 饮食有度，起居有常

另外要特别注意的是，雨水节气常处春节和元宵节之间，当大家忙忙碌碌、欢欢喜喜过节时，要饮食有度、起居有常。食物要保持新鲜，慎防变质，患有慢性病的人，更应注意饮食的控制。例如：慢性胃炎患者，饮食不当更易造成胃黏膜损伤加重；慢性胆囊炎或胰腺炎患者，要减少脂肪的摄入；心脑血管病患者，饮食以清淡为主；痛风患者忌吃海鲜，忌饮酒。另外，还要注意养成饮食有节、细嚼慢咽、低糖低盐、戒烟限酒、讲究卫生等良好习惯。

雨水时节“吃”的学问

○雨水饮食宜忌：宜甜，忌酸忌辣忌油

雨水节气中，地湿之气渐升，且早晨时有露、霜出现。所以针对这样的气候特点，饮食调养应侧重于调养脾胃和祛风除湿。脾胃的饮食调养上，《千金方》中说：“春七十二日，省酸增甘，以养脾气。”也就是说，春季饮食应少吃酸味，多吃甜味，以养脾脏之气，如山药、藕、芋头、萝卜等。另外，春季为万物生发之始，阳气发越之季，应少食辛辣、油腻之物，以免助阳外泄，使肝（木）生发太过而克伤脾（土）。

宜食：鲫鱼、胡萝卜、山药、小米、韭菜、洋葱、豌豆苗、糯米、南瓜、鸡蛋、鱼等。

忌食：胡椒、辣椒、油炸、烧烤、炒货等。

○雨水食谱攻略

香芹牛肉

用料：

牛肉 250 克，香芹 150 克，食用油 50 克，湿淀粉 10 克，精盐 2 克，酱油、胡椒粉、味精各少许。

做法：

①牛肉剁成大块，用清水泡 2 小时，烧开氽去血水后，捞起晾凉切成条；湿淀粉加酱油搅匀后与牛肉条调匀。

②锅内油烧至七八成热时，放入牛肉、香芹，炒至牛肉熟时即成。

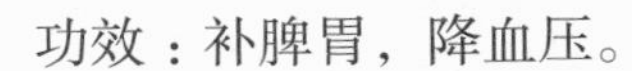

功效：补脾胃，降血压。

禁忌：牛肉为“发物”，患疥者，食后病情可能加重，宜慎。

清蒸鲈鱼

用料：

鲜鲈鱼（约 500 克）1 条，姜、葱、芫荽各 10 克，盐 5 克，酱油 5 克，食用油 50 克。

做法：

鱼打鳞去鳃肠后洗净，在背腹上划两三道痕；生姜切丝，葱切长段后剖开，芫荽洗净切成适当长段；将姜、盐放入鱼肚及背腹划痕中，淋上酱油，放在火上蒸 8 分钟左右，放上葱、芫荽；将锅烧热，倒入油热透，淋在鱼上即成。

功效：补脾胃，养气血，消水肿，宜肝肾。

禁忌：外感及热症未愈者慎用。

大枣汤

用料：大枣 15~20 枚。

做法：

①将大枣洗净，加水用大火煮开。

②改用文火慢煮，至大枣烂熟即可食用。

功效：补中益气，养血安神。

禁忌：大枣能助湿生热，令人中满，故湿热脘腹胀满者忌食。

品味雨水文化情趣

○品雨水诗词

江南春

【唐】杜牧

千里莺啼绿映红，

水村山郭酒旗风。

南朝四百八十寺，

多少楼台烟雨中。

这是一首颇负盛名的写景诗。短短数字，描绘了广阔的画面。它不是描写一个具体的地方，而是放眼于整个江南美景。全诗用高度概括的笔法，勾勒了江南地区的风物，描绘了江南明丽而迷蒙的雨景。色彩鲜明，情味隽永。

早春呈水部张十八员外二首（其一）

【唐】韩愈

天街小雨润如酥，

草色遥看近却无。

最是一年春好处，

绝胜烟柳满皇都。

张十八员外指的是张籍，他在兄弟辈中排行十八，故称“张十八”。这首诗咏早春，写得极妙，作者用“润如酥”来形容春雨，给读者以无穷的美感趣味。诗人用诗意的语言、寥寥数字，描绘出连绘画都极难描摹的色彩——一种淡素的、似有却无的色彩。如果没有锐利深细的观察力和高超的诗笔，便不可能把早春的自然美提炼出如此艺术之美。

春夜喜雨

【唐】杜甫

好雨知时节，当春乃发生。

随风潜入夜，润物细无声。

野径云俱黑，江船火独明。

晓看红湿处，花重锦官城。

一场好雨就像知道时节似的，在春天来到之时伴着春风在夜晚悄悄降临，无声地滋润着万物。田野小径的天空一片昏黑，唯有江边渔船上的一点渔火，星星点点，显得格外明亮。天亮的时候，潮湿的泥土上一定落满了红色的花瓣，成都的大街小巷定是一番万紫千红的美景。

这首诗以细致入微的描写，刻画了成都春夜降雨后绚丽多姿的景色，字里行间充分流露出诗人关心农事、渴求春雨的喜悦心情。

○读雨水谚语

雨水节，雨水代替雪。

雨水非降雨，还是降雪期。

春雨贵如油。

七九八九雨水节，种田老汉不能歇。

雨水到来地解冻，化一层来耙一层。

雨水明，夏至晴。

雨水有雨，一年多水。

雨水雨水，有雨无水。

雨水前雷，雨雪霏霏。

雨水阴寒，春季勿会旱。

雨水日晴，春雨发得早。

雨水淋带风，冷到五月中。

雨打雨水节，二月落不歇。

雷响雨水后，晚春阴雨报。

雨水东风起，伏天必有雨。

雨水落了雨，阴阴沉沉到谷雨。

冷雨水，暖惊蛰；暖雨水，冷惊蛰。

雨水落雨三大碗，大河小河都要满。

雨水草萌动，嫩芽往上拱，大雁往北飞，农夫备春耕。

雨水南风紧，回春早；南风不打紧，会反春。

雨水有雨庄稼好，大麦小麦粒粒饱。

雨水无水多春旱，清明无雨多吃面。

雨水有雨庄稼好，大春小春一片宝。

雨水清明紧相连，植树季节在眼前。

雨水不落，下秧无着。

雨水无雨，夏至无雨。

第三章　惊蛰：惊蛰春雷响，农夫闲转忙

蛰虫惊醒，天气转暖，渐有春雷，我国大部分地区进入春耕大忙时节，锄头不停歇。

惊蛰与气象农事

○惊蛰时节的气象特色

惊蛰是二十四节气中的第三个节气，一般从每年公历的3月6日前后开始，此时地球已经达到太阳黄经345度。

惊蛰的意思是春雷乍响，惊醒了蛰伏在土中冬眠的动物。它是反映自然物候现象的节气，标志着仲春时节的开始。从这一节气开始，气温回升较快，长江流域大部地区已渐有春雷。中国南方大部分地区常年雨水，惊蛰亦可闻春雷初鸣；而华南西北部除了个别年份以外，一般要到清明才有雷声，为中国南方大部分地区雷暴开始最晚的地区。

由于南北跨度大，我国各地春雷始鸣的时间迟早不一。一般来说，云南南部在每年1月底前后即可闻雷，而北京的初雷日却在每年的4月下旬，因此"惊蛰始雷"的说法仅与沿江江南地区的气候规律相吻合。另外，昆虫是听不到雷声的，大地回春，天气变暖才是使它们结束冬眠，"惊而出走"的原因。

所谓"春雷响，万物长"。惊蛰时节正是大好的"九九"艳阳天，气温回升，雨水增多。除东北、西北地区仍是银妆素裹的冬日景象外，我国大部分地区平均气温已升到0℃以上，华北地区日平均气温为3℃～6℃，沿江江南为8℃以上，而西南和华南已达10℃～15℃。

※ 惊蛰三候

我国古代将惊蛰的十五天分为三候：“一候桃始华，二候仓庚（黄鹂）鸣，三候鹰化为鸠。”描述已是桃花红、李花白，黄莺鸣叫、燕飞来的时节，大部分地区都已进入了春耕。惊醒了蛰伏在泥土中冬眠的各种昆虫的时候，此时过冬的虫卵也要开始孵化，由此可见惊蛰是反映自然物候现象的一个节气。

○惊蛰时节的农事活动

唐诗有云：“微雨众卉新，一雷惊蛰始。田家几日闲，耕种从此起。”农谚也说“到了惊蛰节，锄头不停歇”。到了惊蛰，我国大部地区进入春耕大忙季节。

华南东南部长江河谷地区，多数年份惊蛰期间气温稳定在 12℃以上，有利于水稻和玉米播种，其余地区则常有连续 3 天以上日平均气温在 12℃ 以下的低温天气出现，不可盲目早播。

惊蛰虽然气温升高迅速，但是雨量增多却有限。华南中部和西北部惊蛰期间降雨总量仅 10 毫米左右，继常年冬干之后，春旱常常开始露头。这时小麦孕穗、油菜开花都处于需水较多的时期，对水分要求敏感，春旱往往成为影响小麦产量的重要因素。

“春雷惊百虫”，温暖的气候条件会导致多种病虫害的发生和蔓延，田间杂草也相继萌发，应及时搞好病虫害防治和中耕除草。“桃花开，猪瘟来”，家禽家畜的防疫也要引起重视了。

了解惊蛰传统民俗

我国民间很多地区的老百姓把惊蛰称为“二月节”，这个节气的习俗十分有趣。

○祭白虎

在我国民间传说中，白虎是口舌、是非之神，每年都会在这天出来觅食，开口噬人，犯之则在这年之内，常遭邪恶小人兴风作浪，阻挠你的前程发展，引致百般不顺。大家为了寻求顺利，便在惊蛰那天祭白虎。所谓祭白虎，是指拜祭用纸绘制的白老虎，纸老虎一般为黄色黑斑纹，口角画有一对獠牙。拜祭时，需以肥猪血喂之，使其吃饱后不再出口伤人，继而以生猪肉抹在纸老虎的嘴上，使之充满油水，不能张口说人是非。

○蒙鼓皮

惊蛰是雷声引起的。古人想象雷神是位鸟嘴人身、长了翅膀的大神，一手持锤，一手连击环绕周身的许多个天鼓，发出隆隆的雷声。惊蛰这天，天庭有雷神击天鼓，人间也利用这个时机来蒙鼓皮。由此可见，不但百虫的生态与一年四季的运行相契合，万物之灵的人类也要顺应天时。

○打小人

惊蛰象征二月份的开始，会平地一声雷，唤醒所有冬眠中的蛇虫鼠蚁，家中的爬虫走蚁也会应声而起，四处觅食。所以古时惊蛰当日，人们会手持清香、艾草，熏家中四角，以香味驱赶蛇、虫、蚊、鼠和霉味。久而久之，渐渐演变成不顺心者拍打对头人和驱赶霉运的习惯，亦即“打小人”的前身。

○避百虫

惊蛰期间，百虫惊而出走，影响人们生活，因此除虫成为这个时间段的民俗活动。

有些地方的人在惊蛰时听到第一声春雷时，会赶快使劲抖衣服，认为这样不但可以抖掉身上的虱子、跳蚤，而且一年都将免受这些寄生虫的骚扰。

有些地方会将石灰洒在门槛外，因为石灰原本具有杀虫的功效，这样人们便会认为虫蚁一年内都不敢上门，这和闻雷抖衣一样，都是在百虫出蛰时给它一个下马威，希望害虫不要来骚扰自己。

鲁东南一带，主妇以炊棍敲锅台，谓之“震虫”；河南南阳农家主妇，此日要在门窗、炕沿处插香薰虫，并剪制鸡形图案悬于房中以避百虫。

○吃炒豆

在山东的一些地区，农民在惊蛰日要在庭院之中生火炉烙煎饼，意为烟熏火燎整死了害虫。在陕西，一些地区过惊蛰要吃炒豆。人们将黄豆用盐水浸泡后放在锅中爆炒，发出“噼啪”之声，象征虫子在锅中受热煎熬时的蹦跳之声。

○吃炒虫

在少数民族地区，广西金秀县的瑶族在惊蛰日家家户户要吃“炒虫”，“虫”炒熟后，放在厅堂中，全家人围坐一起大吃，还要边吃边喊：“吃炒虫了，吃炒虫了！”尽兴处还要比赛，谁吃得越快，嚼得越响，大家就来祝贺他为消灭害虫立了功。其实“虫”就是玉米，是取其象征意义。

○吃梨

民间有惊蛰吃梨的习俗，它有好几种说法。一是惊蛰时节，乍暖还寒，除了注意防寒保暖，还因气候比较干燥，很容易使人口干舌燥。吃梨可助益脾气，令五脏和平，以增强体质、抵御病菌的侵袭；二是古代很多传染病没有100% 的特效药，惊蛰这一天正是万虫苏醒的时候，吃梨是提醒大家小心并预防；三是“梨”谐音“离”，据说，惊蛰吃梨可让虫害远离庄稼，可保全年的好收成，这一天全家都要吃梨。

惊蛰时节的养生保健

○惊蛰养生知识

惊蛰应注意养肝。中医认为，春季人体肝气旺，是肝脏机能活动的旺盛时节，所以春季养生，就要重视对肝脏的保养，使肝脏机能正常，以适应春季气候的变比，减少疾病发生。如果春季调理不当或肝气郁结，导致肝木偏亢，不仅可能“乘脾”（即木乘土），还易于上逆犯肺。

随着惊蛰的到来，温暖的气候将会使人的活动量不断增加，新陈代谢日渐旺盛。人体血液循环加快，而人体所需要的营养物质也随之增多，以适应人体各种生理活动的需要。血液循环的加快主要在于血量的调节，营养供给的增加则重在消化、吸收。这些生理功能的变化在中医看来，均与肝脏有密切的关系。

“肝藏血”，意思就是肝脏具有储藏血液、调节血量之功能，肝的另一功能是输运脾土，协助脾胃等脏腑器官共同完成对营养物质的消化和吸收，所以，人体的新陈代谢与肝脏有很大关系。要适应自然界的变化。就必须保持肝脏旺盛的生理机能。如肝脏运作失常，适应不了此时的气候变化，就有可能出现一些病症，肝病患者尤其容易在春季发病，所谓“春应在肝”就是这个道理。

春季养肝要从两个方面入手。首先要重视精神调养，应戒暴怒，更忌情怀忧郁，要做到心胸开阔，乐观向上，保持恬静、愉悦的心态，以顺应肝的调达之性；其次是饮食上，适当吃些辛温升散的食品，如葱、香菜等。这类食物温而发散，与春季气候相适应，对人体有益，而生冷黏杂之物则应当少食，以免伤害脾胃。

○惊蛰时节的疾病预防

惊蛰时节天气仍然是忽冷忽热，由于人体呼吸系统防御功能下降，这时候就极易受到病原体侵袭，容易导致感冒（包括流感），因此应少去人流量大的公共场所。如果参加运动，出汗后立即擦干，室内可用酸醋加热熏。另外多注

意气象变化，特别是在“倒春寒”时注意保暖，这对生活、工作以及防病都会有所帮助。

惊蛰时节“吃”的学问

○惊蛰饮食宜忌：宜清淡甘甜，忌生冷酸辣

惊蛰时期总的来说是明显变暖，所以饮食应清温平淡，多食用一些新鲜蔬菜及蛋白质丰富的食物，增强体质抵御病菌的侵袭。再者，这个时期气候比较干燥，很容易使人口干舌燥、外感咳嗽。生梨性寒味甘，有润肺止咳、滋阴清热的功效，可以多多食用。除了梨子，咳嗽患者还可食用莲子、枇杷、罗汉果等食物缓解病痛。这个时候饮食宜清淡，油腻的食物最好不吃，刺激性的食物，如辣椒、胡椒也应少吃。

惊蛰时节，应适当增加甜味食物的摄入。古代养生名著《摄生消息论》指出：“当春之时，食味宜减醋酸益甘，以养脾气。”意思是说，春季系肝旺之时，肝气旺，则会影响到脾，多吃点甜食，能加强脾的功能，以助抗御肝气侵犯的能力。相反，惊蛰时节食酸过甚，则易伤脾。因为多食酸味，酸味入肝，会加强肝气的食亢。因而，惊蛰时节的饮食应“减酸益甘”，少食酸味食物，多食甜味食物。不可过食大热、大辛之品，以免耗气伤阴。

宜食：春笋、菠菜、芹菜、鸡、蛋、

牛奶、梨、胡萝卜、菜花、大白菜、柿子椒、洋葱等。

忌食：羊肉、狗肉、参、茸、附子等。

下面几种不同体质的人应注意不同的饮食调养：

阴虚体质者，饮食调养要保阴潜阳，多吃清淡食物，如糯米、芝麻、蜂蜜、乳品、豆腐、鱼、蔬菜、甘蔗等。有条件的可食用一些海参、龟肉、蟹肉、银耳、雄鸭、冬虫夏草等，应少吃燥烈辛辣之品。

阳虚体质者，饮食调养应多食壮阳食品，如羊肉、狗肉、鸡肉、鹿肉等。

血瘀体质者，饮食调养宜常吃具有活血化淤作用的食品，如桃仁、黑豆、油菜、慈姑、醋等。可煮食山楂粥和花生粥，也可选用一些活血养血的药品（当归、川芎、丹参、地黄、地榆、五加皮）和肉类煲汤饮用。

痰湿体质者，饮食调养应多吃健脾利湿、化痰祛湿的食物，如白萝卜、扁豆、包菜、蚕豆、洋葱、紫菜、海蜇、荸荠、大枣、薏米等，少食肥甘厚味之食，且每餐不宜过饱。

○惊蛰食谱攻略

烧黄鳝

用料：

黄鳝 500 克，食用油 50 克，酱油 5 克，大蒜 10 克，生姜 10 克，味精、胡椒、盐各 2 克，湿淀粉 30 克，麻油 10 克。

做法：

①黄鳝洗净切丝或者薄片，用盐、味精、胡椒、湿淀粉调成芡汁；姜、蒜切成片。

②锅置火上，放食用油烧至七成热，下黄鳝爆炒，快速划散，随即下姜、蒜、酱油炒匀；倒入芡汁，淋上麻油即成。畏腥气者可于起锅前放入适量酒、葱或者芹菜。

功效：虚损，强筋骨，补血、止血。

禁忌：病属热症或热症初愈者不宜食用。

香酥鹌鹑

用料：

鹌鹑 8 只，生姜、葱各 10 克，料酒 10 克，精盐 2 克，花椒 2 克，八角

10 克，官桂 3 克，湿淀粉 150 克，食用油 750 毫升（实耗 150 毫升），味精 1 克。

做法：

①鹌鹑杀后去净毛，刮腹去内脏，剁去头，爪洗净；八角打成颗粒。

②将鹌鹑放入大碗内，用料酒、精盐、花椒、八角、官桂、生姜腌 2~3 小时，上笼用大火蒸 20 分钟，取出鹌鹑，晾凉后切成块，滚一层湿淀粉待用。

③净锅置火上，放油烧至八成热，放入小鹌鹑块炸透装盘，将蒸鹌鹑的原汁倒入锅内，放入味精，用湿淀粉调成芡，淋在鹌鹑块上即成。

功效：补脾胃，利消化。

禁忌：外感咽痛及便秘者忌用。

针对梨在这一时期的重要作用，下面简要介绍一些相关的食用方法：

1. 榨汁食用：取生梨，去核，去皮，榨汁后取 1 杯约 400 毫升，加入冰糖 10 克、胖大海 1 枚，煮后服用，有润肺生津、利咽开音的功效；将生梨、莲藕一同榨汁后兑蜂蜜饮用，有健脾、清心、润肺的功效。

2. 蒸熟后食用：生梨 1 个，川贝母 3 克，冰糖 10 克。梨去核后，把川贝母 3 克研成细粉及冰糖 10 克放入梨中，放在蒸锅内蒸 45 分钟后取出食用，润肺止咳化痰之力更强。

3. 煮水食用：切片后与冰糖、川贝母、银耳同煮，有健脾润肺止咳的功效。

品味惊蛰文化情趣

○品惊蛰诗词

惊蛰

【晋】陶渊明

仲春遘时雨，

始雷发东隅。

众蛰各潜骇，

草木纵横舒。

这首节选诗讲二月喜逢春时的雨水，春雷阵阵从东边响起。冬眠的动物纷纷惊醒，草木被雨水润泽得舒展开来。节选部分主要描写了春雷后天气转暖的特征。遘（gòu）：相遇。

观田家

【唐】韦应物

微雨众卉新，一雷惊蛰始。

田家几日闲，耕种从此起。

丁壮俱在野，场圃亦就理。

归来景常晏，饮犊西涧水。

饥劬不自苦，膏泽且为喜。

仓廪无宿储，徭役犹未已。

方惭不耕者，禄食出闾里。

韦应物（737—792），中国唐代诗人。长安（今陕西西安）人。一说卒于贞元九年（793）。

这首《观田家》是韦应物任某地刺史时所做的一首诗。大概是说惊蛰之日起，农民就要没日没夜地干农活，每天忙忙碌碌也不觉得辛苦，只要看到雨水滋润土地就很开心。字里行间流露出对农民辛勤劳作的同情，以及自身无劳而领俸禄的惭愧心情。劬（qú）：劳苦，勤劳。

义雀行和朱评事

【唐】贾岛

玄鸟雄雌俱，春雷惊蛰余。

口衔黄河泥，空即翔天隅。

一夕皆莫归，哓哓遗众雏。

双雀抱仁义，哺食劳劬劬。

雏既迤逦飞，云间声相呼。

燕雀虽微类，感愧诚不殊。

禽贤难自彰，幸得主人书。

贾岛（779—843），唐代诗人，汉族，字浪先（亦作阆仙），范阳（今北京附近）人。早年出家为僧，号无本。元和五年（810）冬，至长安，见张籍。

次年春，至洛阳，始谒韩愈，以诗深得赏识。后还俗，屡举进士不第。

这首诗描写了惊蛰时节燕雀的活动境况。在诗中，诗人赞颂了燕雀的勤勉，并以此自勉："燕雀虽微类，感愧诚不殊"，感觉自己还不如小小的燕雀，甚是惭愧呀！

春雷起蛰

【金】庞铸

千梢万叶玉玲珑，

枯槁丛边绿转浓。

待得春雷惊蛰起，

此中应有葛陂龙。

这是一首写惊蛰前后景色的诗。开头两句写草木发芽，渐浓的绿色透露着勃勃生机。第四句中的"葛陂龙"是一个典故。传说东汉汝南人费长房看见一个卖药老翁卖完药就跳入药葫芦中，知道是遇见了仙人。于是随老翁入山学道。后辞归，老翁送他一根竹杖做坐骑，费长房眨眼间到了家，把竹杖丢弃在葛陂（地名，在今河南新蔡县北），待回头看时，竹杖已化为巨龙。

秦楼月

【南宋】范成大

浮云集，轻雷隐隐初惊蛰。初惊蛰，鹁鸠鸣怒，绿杨风急。玉炉烟重香罗浥，拂墙浓杏燕支湿。燕支湿，花梢缺处，画楼人立。

好一派春日美景：惊蛰时分，

雷声隐隐，绿杨随风，浓杏拂墙，燕支重色。词末“花梢缺处，画楼人立”二句，顿使景中有人，意境全活。全词抒情含蓄，幽雅和婉。浥（yì）：沾湿。

○读惊蛰谚语

惊蛰高粱春分秧。

惊蛰地化通，锄麦莫放松。

惊蛰秧，赛油汤。

惊蛰春雷响，农夫闲转忙。

惊蛰一犁土，春分地气通。

惊蛰有雨并闪雷，麦积场中如土堆。

惊蛰不耙地，就像蒸馍走了气。

惊蛰过，暖和和，蛤蟆老角唱山歌。

惊蛰不开地，不过三五日。

惊蛰点瓜，遍地开花。

惊蛰不过不下种。

惊蛰地气通。

惊蛰不藏牛。

惊蛰点瓜，不开空花。

惊蛰不放蜂，十笼九笼空。

点在惊蛰口，一碗打一斗。

过了惊蛰节，亲家有话田间说。

惊蛰过后雷声响，蒜苗谷苗迎风长。

雷响惊蛰前，夜里捕鱼日过鲜。

惊蛰云不动，寒到五月中。

惊蛰刮北风，从头另过冬。

第四章　春分：杨柳青青，莺飞草长

昼夜等长，阴阳相半，严寒逝去，气温回升，辽阔大地上，桃红李白迎春黄。

春分与气象农事

○春分时节的气象特色

春分，是春季九十天的中分点，也就是每年阳历的 3 月 21 日前后，太阳到达黄经 0° 的时候。分者，半也，这一天为春季的一半，故叫春分。春分在中国古历中的记载为："春分前三日，太阳入赤道内。"也就是说在春分这一天，太阳位于赤道的正上方，昼夜持续时间几乎相等，各为 12 小时。春分过后，太阳的位置逐渐北移，开始昼长夜短。所以春分在古时又被称为"日中""日夜分""仲春之月"。

《月令七十二候集解》也有记载："二月中，分者半也，此当九十日之半，故谓之分。"另《春秋繁露·阴阳出入上下篇》说："春分者，阴阳相半也，故昼夜均而寒暑平。"另有《明史·历一》说："分者，黄赤相交之点，太阳行至此，乃昼夜平分。"所以，春分的意义有两方面，一是指一天时间白天黑夜平分；二是古时以立春至立夏为春季，春分正当春季三个月之中，平分了春季。

春分过后，除了全年皆冬的高寒山区和北纬 45° 以北的地区外，我国各地日平均气温均稳定升达 0℃以上。严寒已经逝去，气温回升较快，尤其是华北地区和黄淮平原，日平均气温几乎与多雨的沿江江南地区同时升达 10℃以上而进入明媚的春季。辽阔的大地上，岸柳青青，莺飞草长，小麦拔节，油菜花香，桃红李白迎春黄，而华南地区更是一派暮春景象。从气候规律说，这时江南的降水迅速增多，进入春季“桃花汛”期。

春分时节，南方北方都是春意融融的大好时节。对于春分景色，欧阳修曾有过一段精彩的描述：“南园春半踏青时，风和闻马嘶，青梅如豆柳如眉，日长蝴蝶飞。”

※ 春分三候

我国古代将春分的十五天分为三候：“一候元鸟至，二候雷乃发声，三候始电。”是说春分日后，燕子便从南方飞来了，下雨时天空要打雷并发出闪电。

○春分时节的农事活动

春分一到，雨水明显增多，我国平均地温已稳定在10度，这是气候学上所定义的春季温度。而春分节气后，气候温和，中国南方大部分地区雨水充沛，阳光明媚，越冬作物进入春季生长阶段。南方大部分地区各地气温则继续回升，但一般不如雨水至春分这段时期上升得快。3月下旬平均气温华南北部多为13℃～15℃，华南南部多为15℃～16℃。高原大部分地区已经雪融冰消，旬平均气温5℃～10℃。我国南方大部分地区等河谷地区气温最高，平均已达18℃～20℃。南方除了边缘山区以外，平均十有七八年日平均气温稳定上升到12℃以上，有利于水稻、玉米等作物播种，植树造林也非常适宜。但是，春分前后华南常

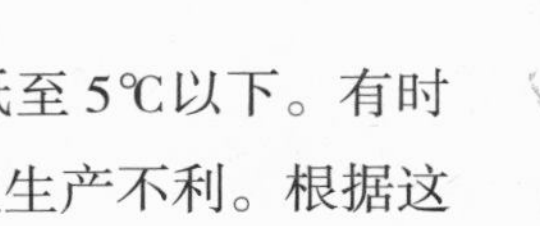

常有一次较强的冷空气入侵，气温显著下降，最低气温可低至5℃以下。有时还有小股冷空气接踵而至，形成持续数天低温阴雨，对农业生产不利。根据这个特点，应充分利用天气预报，抓住冷尾暖头适时播种。

“春分麦起身，一刻值千金”，春耕进入繁忙阶段，需水量较大，但在“春雨贵如油”的东北、华北和西北广大地区降水依然很少，所以广大农民要做好蓄水准备。

了解春分传统民俗

这一时节，草长莺飞，柳暗花明，是出游的好时节，人们不仅可以游玩踏青，还可以品尝到鲜嫩的菜蔬。

○竖蛋

“春分到，蛋儿俏。”在每年的春分来临之际，许多地方的人都会玩一种叫作“竖蛋”的游戏。玩法简单易行且富有趣味：选择一个光滑匀称、刚生下四五天的新鲜鸡蛋，轻轻地在桌子上把它竖起来。虽然失败者颇多，但成功者也不少。

为什么会有春分这一天鸡蛋比较容易竖起来这种说法呢？首先，春分是南北半球昼夜都一样长的日子，呈66.5度倾斜的地球地轴与地球绕太阳公转的轨道平面处于一种力的相对平衡状态，有利于竖蛋；其次，春分正值春季的中间，不冷不热，花红草绿，人心舒畅，思维敏捷，动作利索，易于竖蛋成功；最后，鸡蛋的表面高低不平，有许多凸起的“小山”。“山”高0.03毫米左右，山峰之间的距离在0.5 ~ 0.8毫米之间。根据三点构成一个三角形和决定一个平面的道理，只要找到三个“小山”和由这三个“小山”构成的三角形，并使鸡蛋的重心线通过这个三角形，那么这个鸡蛋就能竖立起来了；此外，最好要选择生下后4 ~ 5天的鸡蛋，这是因为此时鸡蛋的蛋黄素带松弛，蛋黄下沉，鸡蛋重心下降，有利于鸡蛋的竖立。

○吃春菜

昔日四邑（现在加上鹤山为五邑）的开平苍城镇的谢姓，有个不成节的习俗，叫作“春分吃春菜”。春菜是一种野苋菜，乡人称为“春碧蒿”。春分那天，全村人都去采摘春菜。在田野中搜寻时，多是嫩绿的，细细棵，约有巴掌那样长短。采回的春菜一般家里与鱼片“滚汤”，名曰“春汤”。有顺口溜道：“春汤灌脏，洗涤肝肠。阖家老少，平安健康。”因此，这个习俗祈求的还是家宅安宁，身壮力健。

○送春牛

春分到来之时会出现挨家送春牛图的。就是把二开红纸或黄纸印上全年农历节气，再印上农夫耕田图样，名曰“春牛图”。送图者都是些民间善言唱的人，主要说些春耕和吉祥不违农时的话，每到一家更是即景生情，见啥说啥，说得主人乐到给钱为止，言词虽随口而出，却句句有韵动听，俗称“说春”，说春人便叫“春官”。

○粘雀子嘴

春分这一天农民都会放假，每家都要煮汤圆吃汤圆。这时候要把不用包心的汤圆十多个或二三十个煮好，用细竹叉扦着置于室外田边地坎，名曰“粘雀子嘴”，防止雀子来破坏庄稼。

希望用汤圆将麻雀的嘴粘住当然只是农民们的美好愿望罢了，不过这也说明了一个道理，那就是汤圆的黏性比较大，不易消化，因此不宜多食。

○放风筝

春分期间风和日丽，是孩子们放风筝的好时候，甚至大人们也参与其中。风筝类别有王字风筝、鲢鱼风筝、眯蛾风筝、雷公虫风筝、月儿光风筝等等，大者有两米高，小的也有两三尺。市场上有卖风筝的，多比较小，适合于小孩子们玩耍，而较大的大多数都是自己糊的，放时还要相互竞争看谁放得高。

○春祭

二月春分，开始扫墓祭祖，也叫春祭。扫墓前先要在祠堂举行隆重的祭祖仪式，杀猪、宰羊，请鼓手吹奏，由礼生念祭文，带引行三献礼。扫墓开始时，首先扫祭开基祖和远祖坟墓，全族和全村都要出动，规模很大，队伍往往达几百甚至上千人。开基祖和远祖墓扫完之后，然后分房扫祭各房祖先坟墓，最后各家扫祭家庭私墓。大部分客家地区春季祭祖扫墓，都从春分或更早一些时候开始，最迟清明要扫完。关于扫墓的时间问题有一种说法，谓清明后墓门就关闭，那时候再扫祖先英灵就受用不到了。

○拜神

春分前后的民俗节日有二月十五日开漳圣王诞辰。开漳圣王又称“陈圣王”，为唐代武进士陈元光，对漳州有功，死后成为漳州守护神。二月十九日观世音菩萨诞辰，每逢诞辰，信徒们前往各观音寺庙祭拜。另外，二月二十五日又是三山国王祭日。三山国王是指广东省潮州府揭阳县的独山、明山、巾山三座山的山神，早年由潮州客家移民尊为守护神，因此信徒以客籍人士为主。

春分时节的养生保健

○春分养生知识

由于春分节气平分了昼夜、寒暑，人们在保健养生时应注意保持人体的阴阳平衡状态。这一法则无论在精神、饮食、起居等方面的调摄上，还是在自我保健和药物的使用上都是至关重要的。而如何在养生中运用阴阳平衡规律，协调机体功能，达到机体内外的平衡状态，使人体这一有机的整体始终保持一种相对平静、平衡的状态是养生保健的根本。

《素问·至真要大论》有言：“谨察阴阳所在而调之，以平为期。”是说人体应该根据不同时期的阴阳状况，使“内在运动”也就是脏腑、气血、精气的生理运动，与“外在运动”即脑力、体力和体育运动和谐一致，保持“供销”关系的平衡。不适当运动则会破坏人体内外环境的平衡，加速人体某些器官的损伤和生理功能的失调，进而引起疾病的发生，缩短人的寿命。

现代医学研究证明，新陈代谢的不协调，可导致体内某些元素不平衡状态的出现，即有些元素的积累超量，有些元素的含量不足，从而致使早衰和疾病的发生。而一些非感染性疾病都与人体元素平衡失调有关。如当前世界上危害人类健康最大的心血管病和癌症，都与体内物质交换平衡失调密切相关，究其根本原因，均是阴阳失调之故。因此，在不同的年龄阶段，根据不同的生理特点，调整相应的饮食结构，补充必要的微量元素，维持体内各种元素的平衡，将会有益于我们的健康。

《素问·骨空论》有言："调其阴阳，不足则补，有余则泻。"传统饮食养生与中医治疗均可概括为补虚和泻实两方面。如益气、养血、滋阴、助阳、填精、生津为补虚；解表、清热、利水、泻下、祛寒、祛风、燥湿等方面则可视为泻实。中医养生实践证明，无论补或泻，都应坚持调整阴阳，以平为期的原则，科学地进行饮食保健，才能有效地防治很多非感染性疾病。

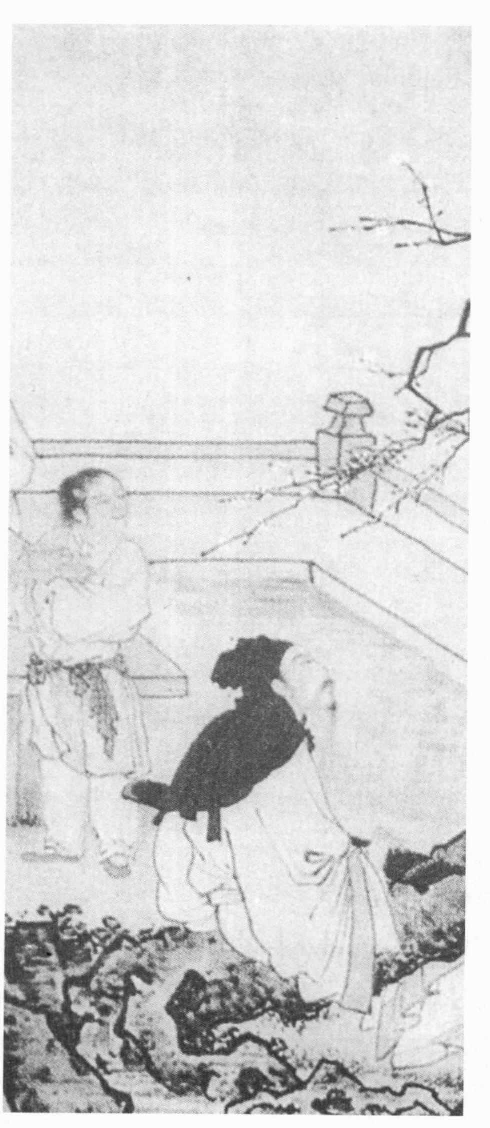

○春分时节的疾病预防

春分时节前后是草木生长萌芽期，人体血液正处于旺盛时期，激素水平也处于相对高峰期，此时易发常见的非感染性疾病有高血压、月经失调、痔疮及过敏性疾病等。为了预防这些疾病，请在平时生活中多多注意以下几点。

● 提高居室的舒适度

在春分时节，暖湿气流活跃，冷空气活动也很频繁，因此，阴雨天气较多，将居室安排得舒适而有序，对身心的健康很有益处。比如，将客厅布置得温和舒畅，同室外的阴雨天气形成反差，又同风和日丽的天气相和谐；将卧室布置得温馨适意，室内的温度保持在14℃~16℃之间，会给人一种温馨静谧的感觉；将书房布置得明亮温和，空气清新，但又不湿气太重，能给人以品味高雅的感觉；饭厅注重色彩搭配，会唤起人的食欲；将阳台布置成一个小花园，鲜花绚丽，清香四溢，空气清新，悦人心目，这种营造出来的小气候既可以解人体疲劳，又能使人心安神怡。

● 调整生活细节

春分时节，天地间阴阳交合，春天高气调和，万物新生。人们可以晚点睡，早点起，定时睡眠。逐渐开始晨练，最好的方法是散步、慢跑、打太极拳等。定量用餐，以达阴阳互补。当然，还要顺应节气变化，注意增减衣服，保持心情愉快、乐观向上的精神状态，特别要防盛怒。

● 合理的饮食调养

在此节气的饮食调养，应当根据自己的实际情况选择能够保持机体功能协调平衡的膳食。

春分时节“吃”的学问

○春分饮食宜忌：注意寒热均衡

在春分时节，饮食调养方面要禁忌偏寒、偏热、偏升、偏降的饮食习惯，保持寒热均衡，也不适宜饮用过肥腻的汤品。如在烹调鱼、虾、蟹等寒性食物时，其原则必佐以葱、姜、酒、醋类温性调料，以防止本菜肴性寒偏凉，食后有损脾胃而引起脘腹不舒之弊；又如在食用韭菜、大蒜、木瓜等助阳类菜肴时常配以蛋类滋阴之品，以达到阴阳互补之目的。

宜食：粳米、赤小豆、金针菜、萝卜、平菇、芋头、鹌鹑肉、鳝鱼、芦笋、紫薯等。

忌食：咸鱼、辣椒、咖喱、胡椒、羊肉、狗肉、大葱等。

○春分食谱攻略

拌茄泥

用料：

茄子 250 克，盐 5 克，香油 5 克，蒜泥 5 克，酱油 15 克。

做法：

将茄子削皮，切成两半，装在盆内上蒸笼蒸烂，然后将蒸烂的茄子晾凉，放酱油、香油、蒜泥、盐拌匀即可食用。

功效：祛风清热，又可健脾，尤适宜于在春季感受温热之邪者。

鹌鹑肉片

用料：

鹌鹑肉 100 克，冬笋 10 克，水发口蘑 5 克，黄瓜 15 克，鸡蛋清 0.5 个，酱油、料酒、花椒水、精盐、淀粉、味精、汤各适量。

做法：

将鹌鹑肉切成薄片，用鸡蛋清和淀粉拌匀；将冬笋、口蘑、黄瓜均切成片，再在锅内放入猪油，五成热时，将鹌鹑肉片放入，炒熟后倒入漏勺内；最后将汤放入锅内，加入精盐、料酒、花椒水、酱油、冬笋、口蘑、黄瓜和炒熟的鹌鹑肉片，烧开后，打去浮沫，放入少许味精即成。

功效：补五脏、益中气，适用于身体虚弱、脏腑功能减退者。

首乌肝片

用料：

首乌液 20 毫升，鲜猪肝 250 克，木耳 20 克，青菜叶少许，葱、姜、味精、酱油适量。

方法：

先把猪肝洗净、切片，再用少量首乌液、盐、淀粉拌匀，放入烧热油中滑熘，再与木耳、青菜、剩余的首乌液、葱、姜、味精、酱油等炒熟即成。首乌液可用新鲜首乌榨汁，或用干首乌浓煎成汁。

功效：健身益寿，人人皆可食用。

核桃淮山药羹

用料：

核桃仁 15 克，淮山药 20 克，冰糖少许。

做法：

将核桃仁炒香，同淮山药共研成细粉；冰糖放滚水中溶化成汁；将适量水加入铝锅内，烧滚后，将核桃仁与淮山药粉、冰糖汁倒入锅内，不断搅拌，待成浆糊状即成。

功效：健脾除湿，固肾止遗，适用于脾胃虚弱、大便燥结、阳痿、遗精、带下者。

禁忌：肠炎腹泻者忌服。

姜韭牛奶羹

用料：

生姜 25 克，韭菜 250 克，牛奶 250 克。

做法：

将韭菜除去杂质、黄叶，洗净切碎，生姜洗净切碎；将韭菜、生姜捣碎绞汁，放入锅内加入牛奶，加水适量，将锅置武火上烧沸即成。

功效：温中行气，散血解毒，适用于胃寒型胃溃疡、慢性胃炎、胃脘痛、呕恶者。

品味春分文化情趣

○品春分诗词

仲春郊外

【唐】王勃

东园垂柳经，西堰落花津。

物色连三月，风光绝四邻。

鸟飞村觉曙，鱼戏水知春。

初转山院里，何处染嚣尘。

《仲春郊外》由题而知，自是描写了春分时节郊外的一片大好风光。开头两句“东园垂柳经，西堰落花津”。寥寥数笔勾勒出了一幅美妙郊区风景，试想：一条杨柳细枝轻轻舞动，柳絮飘来片片黄，脚踩一堆“柳花”，望着水塘上红花漂浮，分外美丽。不觉村落已天明，鸟儿飞了，鱼儿扑腾于水层之中。而最后一句表达了诗人自己的感悟。“何处染嚣尘”一句颇有佛学祖师第六代祖师慧能的风格。“菩提本无树，明镜亦非台。佛法常清静，何处为尘埃。”但王勃更现实，雨后大地，灰尘由于心中沾染了雨而杂念俱消，心静皆无垢，诗人的崇高理念正融于自然。

赋得巢燕送客

【唐】钱起

能栖杏梁际，不与黄雀群。

夜影寄红烛，朝飞高碧云。

含情别故侣，花月惜春分。

钱起（约 722—约 780），字仲文，吴兴（今浙江湖州市）人，早年数次赴试落第，唐天宝十年进士，大书法家怀素和尚之叔。曾任考功郎中，故世称钱考功，翰林学士，与韩翃、李端、卢纶等号称“大历十才子”。

这首诗中，作者用清丽而又不失深情的语言，描述了春分时节与爱人依依惜别的场景，诗风清空闲雅、流丽纤秀，读来清新自然，令人回味。

答丁元珍

【北宋】欧阳修

春风疑不到天涯，二月山城未见花。

残雪压枝犹有橘，冻雷惊笋欲抽芽。

夜闻归雁生乡思，病入新年感物华。

曾是洛阳花下客，野芳虽晚不须嗟。

欧阳修（1007—1072），字永叔，号醉翁、六一居士，吉州永丰（今江西省吉安市永丰县）人，北宋政治家、文学家。与韩愈、柳宗元和苏轼合称“千古文章四大家”，与韩愈、柳宗元、苏轼、苏洵、苏辙、王安石、曾巩被世人称为“唐宋散文八大家”。

这首诗是欧阳修被贬到峡州时所作，诗中“冻雷”是指惊蛰时的雷，“曾是洛阳花下客”一句道出了他还是想念在洛阳做官的时期。

踏莎行

欧阳修

雨霁风光，春分天气。千花百卉争明媚。画梁新燕一双双，玉笼鹦鹉愁孤睡。

薜荔依墙，莓苔满地。青楼几处歌声丽。蓦然旧事心上来，无言敛皱眉山翠。

这首词中，春分时节的明媚风光跃然纸上：百花争艳，新燕归来，还有依墙而长的薜荔，遍生满地的莓苔。哪知青楼的歌声却引来愁绪，突然想起了一

些以前的事，无言以对，皱起了眉头，可惜了这美好的春分时光。词人由景到情，情景交融，道出了难言的心境。

春日田家

【清】宋琬

野田黄雀自为群，
山叟相过话旧闻。
夜半饭牛呼妇起，
明朝种树是春分。

宋琬（1614—1673），清初著名诗人，清八大诗家之一，字玉叔，号荔裳，山东莱阳人。宋琬的诗与施闰章齐名，有“南施北宋”之说，又与严沆、施闰章、丁澎等合称为“燕台七子”。著有《安雅堂集》《二乡亭词》。

这是一首写春分前后农家生活的诗。诗人通过耳闻目见，勾勒出一幅清新、素淡的春日田家图。质朴的语气中流露出对田园生活的欣羡之情。“饭牛”就是喂牛的意思。

○读春分谚语

春分秋分，昼夜平分。
吃了春分饭，一天长一线。
春分有雨到清明，清明下雨无路行。
春分无雨到清明。
春分雨不歇，清明前后有好天。
春分阴雨天，春季雨不歇。
春分降雪春播寒。
春分无雨划耕田。
春分有雨是丰年。
春分不暖，秋分不凉。

春分不冷清明冷。

春分前冷，春分后暖；春分前暖，春分后冷。

春分西风多阴雨。

春分刮大风，刮到四月中。

春分大风夏至雨。

春分南风，先雨后旱。

春分早报西南风，台风虫害有一宗。

第五章　清明：气清景明，万物皆显

桃花初绽，杨柳泛青，凋零枯萎随风过，处处都是一派明朗清秀的好景致。

清明与气象农事

○清明时节的气象特色

清明，在仲春与暮春之交，公历每年的4月4日至6日之间，也就是太阳到达黄经15度的时候。按农历，则是在三月上半月，也就是冬至后的第106天。《淮南子·天文训》云："春分后十五日，斗指乙，则清明风至。"在二十四个节气中，既是节气又是节日的只有清明。

清明，乃天清地明之意。《岁时百问》中说："万物生长此时，皆清洁而明净。故谓之清明。"清明最早只是一种节气的名称，它在古代不如前一日的寒食节重要，因为清明及寒食节的日期接近，民间渐渐将两者的习俗融合。到了隋唐年间，清明节和寒食节便渐渐融合为同一个节日，成为扫墓祭祖的日子，即今天的清明节。

清明节，又称扫坟节、鬼节、冥节，与七月十五中元节及十月十五下元节合称三冥节，都与祭祀鬼神有关。扫墓活动通常是在清明节的前10天或后10天。有些地方人们的扫墓活动长达一个月之久。

清明节气，我国大部分地区的日均气温已升到12度以上，此时桃花初绽，杨柳泛青，凋零枯萎随风过，处处都是明朗清秀景致，此时最适合踏青，故清明节又叫踏青节。

※ 清明三候

中国古代将清明的十五天分为三候："一候桐始华，二候田鼠化为鴽，三候虹始见。"意即在这个时节先是白桐花开放，接着喜阴的田鼠不见了，全回到了地下的洞中，然后是雨后的天空可以见到彩虹了。

○清明时节的农事活动

清明一到，气温升高，雨量增多，正是春耕春种的大好时节，故有"清明前后，点瓜种豆""植树造林，莫过清明"的农谚。东汉崔寔《四民月令》记载："清明节，命蚕妾，治蚕室……"说的是这时开始准备养蚕。

所谓"清明时节，麦长三节"。黄淮地区以南的小麦即将孕穗，油菜已经开花，东北和西北地区小麦也进入拔节期。此时，应抓紧搞好后期的肥水管理和病虫防治工作。北方的旱作、江南的早中稻进入大批播种的最佳时期，要抓紧时机抢晴早播。华南早稻栽插扫尾，耘田施肥应及时进行。各地的玉米、高粱、棉花也将要播种。

"梨花风起正清明"，这时多种果树进入花期，要注意搞好人工辅助授粉，提高坐果率。"明前茶，两片芽"，茶树新芽抽长正旺，要注意防治病虫；名茶产区已陆续开采，应严格科学采制，确保产量和品质。

了解清明传统民俗

清明节除了扫墓的传统，还有一些禁忌，比如禁火、忌使针、忌洗衣，民间大部分地区妇女忌行路。傍晚以前，要在大门前洒一条灰线，据说可以阻止鬼魂进宅。除此之外，这个时节的娱乐活动也是非常丰富，如踏青、荡秋千、蹴鞠、打马球、插柳等一系列风俗体育活动。相传是因为寒食节要寒食禁火，为了防止寒食冷餐伤身，所以大家参加一些体育活动，来锻炼身体。因此，这个节日中既有祭坟祭奠的悲酸泪，又有踏青游玩的欢笑声，是一个富有特色的节日。

○扫墓

清明时节，自古以来就是人们祭祖扫墓的日子，作为中国人更是重视"祭

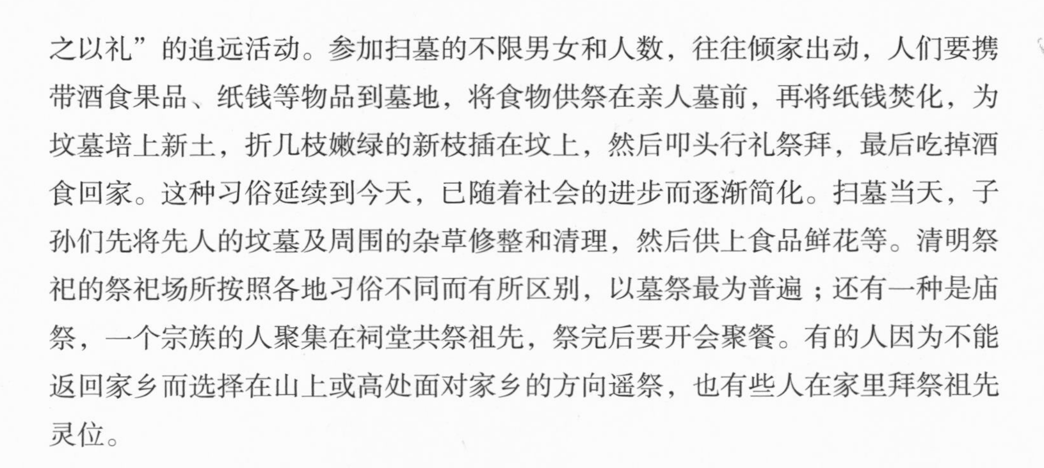
之以礼”的追远活动。参加扫墓的不限男女和人数，往往倾家出动，人们要携带酒食果品、纸钱等物品到墓地，将食物供祭在亲人墓前，再将纸钱焚化，为坟墓培上新土，折几枝嫩绿的新枝插在坟上，然后叩头行礼祭拜，最后吃掉酒食回家。这种习俗延续到今天，已随着社会的进步而逐渐简化。扫墓当天，子孙们先将先人的坟墓及周围的杂草修整和清理，然后供上食品鲜花等。清明祭祀的祭祀场所按照各地习俗不同而有所区别，以墓祭最为普遍；还有一种是庙祭，一个宗族的人聚集在祠堂共祭祖先，祭完后要开会聚餐。有的人因为不能返回家乡而选择在山上或高处面对家乡的方向遥祭，也有些人在家里拜祭祖先灵位。

○踏青

踏青又叫春游，古时叫探春、寻春等。三月清明，春回大地，大自然到处呈现一派生机勃勃的景象，花绽柳青，正是外出郊游赏美景的大好时光。我国民间长期保持着清明踏青的习惯。

○荡秋千

荡秋千是由来已久的清明习俗。秋千，意即揪着皮绳而迁移。秋千的历史相当古老，最早叫千秋，后也是为了避及某些方面的忌讳，改为秋千。那时的秋千多用树枝为架，再栓上彩带做成，后来逐步发展为用两根绳索加上踏板的秋千。荡秋千作为一项娱乐活动，深受宫廷女子和深闺女子的喜爱，在民间也颇受欢迎。荡秋千不仅可以增进健康，而且可以培养勇敢精神，至今为人们特别是儿童所喜爱。

○蹴鞠

蹴鞠是古代清明节时人们喜爱的一种游戏。“鞠”指一种古老的皮球，球皮用皮革做成，球内用毛塞紧。“蹴”就是用脚踢的意思。蹴鞠运动类似今天的足球，相传早在战国时期就在我国民间流行，汉代成为兵家练兵之法，宋代则出现了蹴鞠组织与蹴鞠艺人。

○放风筝

放风筝是清明时节人们所喜爱的活动。清明的时候，人们不仅白天放，夜间也放。夜里在风筝下或拉线上挂上一串串彩色的小灯笼，犹如闪烁的星星，被称为“神灯”。过去，有的人把风筝放上蓝天后，便剪断牵线，任凭它们被清风带走，飘至天涯海角，据说这样能除病消灾，给自己带来好运。

○拔河

拔河最早叫“牵钩”“钩强”，唐朝开始叫“拔河”。它发明于春秋后期，盛行于军旅，后来流传到民间。唐玄宗时曾在清明时举行大规模的拔河比赛。从那时起，拔河便成为清明习俗了。

○植树

清明前后，春阳照临，春雨飞洒，种植树苗成活率高，成长快。因此，自古代以来，清明期间便有了植树的习惯。有人还把清明节叫作“植树节”。植树风俗一直流传至今。还有一种说法，相传清明节植树的习俗，发端于清明戴柳插柳的风俗。

○插柳

关于清明插柳的风俗，素来有三种说法。

其一，是为了纪念“教民稼穑”的农事祖师神农氏的。古谚有“柳条青，雨蒙蒙；柳条干，晴了天”的说法，因此，有些地方的人们把柳枝插在屋檐下，以预报天气。而且杨柳有强大的生命力，俗话说：“有心栽花花不发，无心插柳柳成荫。”柳条插土就活，插到哪里，活到哪里，年年插柳，处处成荫。

其二，防病辟邪。唐人认为三月三在河边祭祀时，头戴柳枝可以摆脱毒虫的伤害。宋元以后，清明节插柳的习俗非常盛行，人们踏青玩游回来，在家门口插柳以避免虫疫。无论是民间传说还是史籍典章的记载，清明节插柳总是与避免疾疫有关。春节气候变暖，各种病菌开始繁殖，人们在医疗条件差的情况下只能寄希望于摇摇柳枝了。关于辟邪的说法是：中国人以清明、七月半和十月朔为三大鬼节，是百鬼出没讨索之时。人们为防止鬼的侵扰迫害，而插柳戴柳。因为受佛教的影响，观世音以柳枝沾水济度众生，人们认为柳可以驱鬼，称为“鬼怖木”。北魏贾思勰《齐民要术》里说：“取柳枝著户上，百鬼不入家。”清明既是鬼节，值此柳条发芽时节，人们自然纷纷插柳戴柳以辟邪了。

其三，纪念介子推。晋文公欲封官于介子推，介子推不愿出山而焚身于大柳树下，让晋文公痛心不已。第二年，晋文公亲率群臣爬上山来祭拜介子推时，发现当年被烧毁的那棵老柳树竟然死而复生。晋文公便将老柳树赐名为“清明柳”，并且当场折下几枝柳条戴在头上，以示怀念之情。从此以后，群臣百姓纷纷效仿，并逐渐演变为习俗。

此外，关于清明节还有个传说和宋代大词人柳永有关。柳永常往来于花街柳巷之中，当时的歌伎无不爱其才华，并以受柳永青睐为荣。因为生活不轨，柳永一生仕途不顺，虽中过进士做过县令，但晚年贫困潦倒，死时无钱下葬。他的墓葬费用都是仰慕他的歌女集资的。每年清明节，歌女们都到他坟前插柳枝以示纪念。

○拜“城隍爷”

老北京清明节时的有这样一个习俗，这一天要去城隍庙烧香叩拜求签还愿问卜，明清民国时老北京有七八座城隍庙，香火亦以那时最盛。城隍庙里供奉的“城隍爷”，是那时百姓信奉灶王爷、财神爷外最信奉的神佛。城隍庙在每年的清明节开放时，人们纷纷前往求愿，为天旱求雨（多雨时求晴），出门求平安、有病企求康复，为死者祈祷冥福等诸事焚香拜神，那时庙会内外异常热闹，庙内有戏台演戏，庙外商品货什杂陈。有一首杂咏：“神庙还分内外城，春来赛会盼清明。更兼秋始冬初候，男女烧香问死生。”即说的清明节这一习俗。

○节令吃食

● 吃冷食

由于寒食节与清明节合二为一的

关系，一些地方还保留着清明节吃冷食的习惯。在山东，即墨吃鸡蛋和冷饽饽，莱阳、招远、长岛吃鸡蛋和冷高粱米饭，据说不这样的话就会遭冰雹。泰安吃冷煎饼卷生苦菜，据说吃了眼睛明亮。

● 吃青团

部分地区清明节时有吃青团的风俗。青团又称清明饼、棉菜馍糍、茨壳粿、清明粑、艾叶粑粑、艾糍、清明果、菠菠粿、清明粿、艾叶糍粑、艾粄、艾草糕、清明团子、暖菇包，等等。将雀麦草汁和糯米一起舂合，使青汁和米粉相互融合，然后包上豆沙、枣泥等馅料，用芦叶垫底，放到蒸笼内。蒸熟出笼的青团色泽鲜绿，香气扑鼻，是本地清明节最有特色的节令食品。

● 吃螺蛳

俗话说："清明螺，赛只鹅。"农家有清明吃螺蛳的习惯，这天用针挑出螺蛳肉烹食，叫"挑青"。吃后将螺蛳壳扔到房顶上，据说屋瓦上发出的滚动声能吓跑老鼠，有利于清明后的养蚕。

清明时节的养生保健

○清明养生知识

● 养神

清明时节，柳暗花明，草长莺飞，人的心情也会豁然开朗。对于养生来说，此时正是怡心养神的好时机。

所谓神，就是指一个人的精神面貌，它是人体生命活力的综合体现。养神是一种境界，是一种强心健体的绝好妙法。比如，神补就是通过精神调节，影响神经系统和内分泌系统的功能，使其相互协调，促进健康，这是任何药物和营养品都不能代替的。

养神的重要前提就是怡心。春天应做到心胸开阔，情绪乐观，让情志生机盎然，而不要使情绪抑郁，从而增强体力和抗病能力。故《医先》中说："一切病在于心，心神安宁，病从何生？"

现代医学认为，不良的情绪将导致神经系统和内分泌系统功能紊乱，还会诱发多种疾病。而快乐和欢笑则能调节神经系统，使体内各项生理活动相互

协调。

而保持愉快的心情，就要把日常生活安排得丰富多彩。比如，在闲暇的时刻可以独处静坐，闭目调息，或轻轻松松地聆听音乐，或踏青问柳，游山戏水，陶冶性情。

● 养阳

春天万物复苏，正是阳气生发的时候，人们应当适当晚睡一点、早起一些，舒缓形体，使神志随着春气而舒畅怡然，这是养生的自然法则，违背了就会伤肝。

注意，这里说的晚睡，并不是让人熬夜，早起也不是起得比鸡早，而是相对于冬天的早睡晚起而言。春季适当地晚睡早起能让人神清气爽。早晨7点是辰时，胃经最旺，可以在此时起床并进食。

这个时节，应该掌握春令之气升发舒畅的特点，保护体内的阳气不耗损无阻碍，并使之不断充沛，逐渐旺盛起来。

○清明时节的疾病预防

● 防花毒

清明时节外出春游踏青需防花毒，更不能因一时好奇而误食了有毒的花果。有些人在花丛前待久了，会出现头昏脑涨、咽喉肿痛等症状。有些人因为接触了植物的花粉引起过敏反应，出现全身瘙痒、皮肤发红，还有人出现阵发性喷嚏、鼻塞、流涕、流泪、哮喘等症状。所以春游之时，注意防劳累，也要注意防花粉过敏。

● 防感冒

随着气温升高，有些人，特别是年轻爱美的女性，便迅速脱下厚重的冬衣，换上轻薄的春衣，这是不利于健康的。因为清明时节乍暖还寒，气温波动很大，早晚有些凉，因此不宜过早过快减少衣服，否则极容易受凉感冒。而且这个时候湿热邪毒开始活动，致病的微生物、细菌、病毒等开始活跃，是各种传染疾病的高发季节，一定要做好预防。

● 防寒湿

清明前后除了注意穿衣外，还要注意膝关节保暖。当遇到天气寒冷又阴雨绵绵的日子，如果不注意为下肢保暖，风寒和湿气的袭击则会导致下肢发凉麻木、行动不灵、酸痛不适。尤其是膝关节处皮下脂肪组织少，缺乏保护，更容易受寒湿的侵袭。久而久之，会引起关节炎，给今后日常生活带来不便。

● 防上火

清明时节，风比较干燥，加上人体内肝火旺盛，内火外干，就容易出现口干、鼻干等症状。因此，平时除了注意保暖，还要多饮水，经常泡菊花茶喝。

清明时节“吃”的学问

○清明饮食宜忌：忌酸宜温避“发物”

清明时节在饮食调养方面需定时定量，也需减少甜食，限制热量摄入，多食瓜果蔬菜。这个时候，一定要注意以下几项饮食的宜忌。

● 忌酸

清明是人之阳气生发的难得时段，肝气在暮春之际的清明期间可以达到顶峰。如果肝气过旺，会对脾胃产生不良影响，妨碍食物的正常消化吸收，还可造成情绪失调、气血运行不畅，从而引发各种疾病。肝在五味中对应的是“酸”，此时如果再多吃酸性食物，就会不利于脾胃功能，影响消化吸收。

● 宜温

由于清明雨多湿气较重，因此在饮食上还要注意选择一些温胃祛湿的食物。

● 避“发物”

发物是动风生痰、发毒助火助邪之品，有慢性病的人要忌口。

宜食：白菜、萝卜、芋头、螺蛳、鸡蛋、韭菜、山药、粳米、鹌鹑、苹果、樱桃等。

忌食：羊肉、狗肉、鹌鹑、炒花生、海产品、竹笋、菌类等。

○清明食谱攻略

家常公鸡

用料：

嫩公鸡250克，芹菜75克，冬笋10克，辣椒20克，瘦肉汤30克，姜、豆瓣酱、白糖、酱油、醋、食盐、淀粉、味精、植物油各适量。

做法：

①鸡肉切成小块，用热水焯后捞出备用；芹菜切成段，冬笋切细条，辣椒剁碎，姜切成末。

②淀粉兑成湿粉，取一半和酱油、料酒、醋、盐放入同一碗内拌匀，另一半湿淀粉和白糖、味精、高汤调和成粉芡备用。

③植物油入锅加热，先煸鸡块至鸡肉变白，水分将干时放进冬笋、豆瓣酱、姜等用大火急炒至九成熟，加入切好的芹菜略炒，倒入调好的粉芡，至熟起锅即成。

功效：温中补虚、降压安神，适用于高血压、冠心病、营养不良、术后恢复期患者食用。

猪肝枸杞鸡蛋汤

用料：

猪肝 100 克，枸杞子 15~20 克，鸡蛋 1 只，盐等调味品适量。

做法：

①先将猪肝洗净，切成薄片，加入适量淀粉，加少许盐等调味品腌一下；将枸杞子洗净备用。

②锅中加水煮开后，放入枸杞子和腌好的猪肝，大火煮开后即可食用。

功效：养肝明目，补益气血，滋肾养阴。

猪肝羹

用料：

猪肝 100 克，鸡蛋 2 个，淡豆豉 10 克，葱白少许，盐等调味品适量。

做法：

①先将猪肝洗净，切成薄片，加入适量淀粉，打入鸡蛋，加淡豆豉及少许盐等调味品腌一下。

②锅中加水煮开后，放入腌好的猪肝，大火煮开后，加入葱白及其他调味品即可食用。

功效：养肝明目，补益气血。

萝卜粥

用料：

新鲜萝卜 250 克，粳米 100 克。

做法：

①将萝卜切碎粒，备用。

②锅内加适量水，用武火烧开，下入萝卜粒、粳米，同煮成粥即可食用。

功效：止咳化痰，顺气消食，除燥生津，清热解毒，通利大便。

品味清明文化情趣

○品清明诗词

唐代之前，寒食与清明是两个前后相继但主题不同的节日，前者怀旧悼亡，后者求新护生，唐玄宗时，朝廷曾以政令的形式将民间扫墓的风俗固定在清明节前的寒食节，由于寒食与清明在时间上紧密相连，寒食节俗很早就与清明发生关联，扫墓也由寒食顺延到了清明。后来慢慢就只过清明节，相当于寒食清明一起过。

寒食

【唐】韩翃

春城无处不飞花，

寒食东风御柳斜。

日暮汉宫传蜡烛，

轻烟散入五侯家。

诗的前两句写的是白昼，后两句则是写夜晚。“汉宫”是借古讽今，实指唐朝的皇宫。“五侯”一般指东汉时，同日封侯的五个宦官。这里借汉喻唐，暗指中唐以来受皇帝宠幸、专权跋扈的宦官。

与其他写寒食清明的诗作有些不同，韩翃的这首诗明显地被赋予了些许政治色彩。寒食节那天的傍晚，蜡烛之火燃起的烟雾笼罩着宫殿，并四散开去，宫外却是一片漆黑，百姓的房屋埋在深深的暮色里。民间禁火，朝廷的权贵们却点起了蜡烛，作者委婉含蓄地表达了对当时政治腐败的讽刺。

寒食日题杜鹃花

【唐】曹松

一朵又一朵，

并开寒食时。

谁家不禁火，

总在此花枝。

寒食节、清明节插柳枝、赏杜鹃，经常受到诗人歌咏。这首诗的意思就是杜鹃花怒放枝头，给禁火的清明节带来了“火焰”。

丙辰年鄜州遇寒食城外醉吟

【唐】韦庄

满街杨柳绿丝烟，

画出清明二月天。

好是隔帘花树动，

女郎撩乱送秋千。

韦庄在此诗中用轻松明快的语言描绘陕西地区女子过清明节时荡秋千的趣景。语言清新典雅，格调婉曲优美，清爽怡人，令人回味。

清明

【唐】杜牧

清明时节雨纷纷，

路上行人欲断魂。

借问酒家何处有，

牧童遥指杏花村。

杜牧的《清明》是现今流传最广的一首清明诗。首句描写清明时节，细雨纷纷。最精彩的则是“欲断魂”一句，凭吊之人那种悲伤的神情跃然纸上，让人看字见景。最后两句写想喝酒歇脚，向牧童问路，牧童只朝远方一指，诗便到这里终止，以此引发读者的无限联想，读罢意犹未尽。

阊门即事

【唐】张继

耕夫召募爱楼船，

春草青青万顷田。

试上吴门窥郡廓，

清明几处有新烟。

此诗精妙之句是“清明几处有新烟”。由于寒食禁火，清明后本应处处有新烟，但农民百姓们都被招募去了战场，田地荒芜，燃起烟火的也只有寥寥几家，景象十分凄清。特别是“试上”一词，把作者不敢窥望凄凉之景的心情生动地勾画了出来。

寒食野望吟

【唐】白居易

乌啼鹊噪昏乔木，清明寒食谁家哭。

风吹旷野纸钱飞，古墓垒垒春草绿。

棠梨花映白杨树，尽是生死别离处。

冥冥重泉哭不闻，萧萧暮雨人归去。

作者在这首诗中凭借生动的描写来渲染氛围，野外随风而起的纸钱四处飘散，一座座古墓给人以肃杀之感，也让人顿生幽古之情。棠梨白杨本是风景所在，但在作者的眼里，却“尽是生死离别处”，道出了人生之无常。

宫词

【五代】花蕊夫人

寒食清明小殿旁，

彩楼双夹斗鸡场。

内人对御分明看，

先赌红罗被十床。

清明之际，皇宫里举行斗鸡比赛，斗鸡场旁搭彩楼供人观看，在座的都是内宫的女眷们，场面热闹非凡，看客们还用10床被子当作赌注，玩兴极浓。

清明

【北宋】黄庭坚

佳节清明桃李笑，野田荒冢只生愁。

雷惊天地龙蛇蛰，雨足郊原草木柔。

人乞祭余骄妾妇，士甘焚死不公侯。

贤愚千载知谁是，满眼蓬蒿共一丘。

黄庭坚，(1045—1105)，字鲁直，号山谷道人，晚号涪翁，北宋著名文学家、书法家，为盛极一时的江西诗派开山之祖。与张耒、晁补之、秦观都游学于苏轼门下，合称为“苏门四学士”。生前与苏轼齐名，世称“苏黄”。

清明时节，桃李花开，但野外荒坟却是一片凄凉，作者由此联想到人生的意义。虽然人到最后都是蓬蒿一丘，但每个人的价值各不相同。自有那整天去墓地偷祭品还要在家吹嘘的可笑之人，也有守志不动摇抱树烧死的贤者名士。这首清明诗立意深刻，不仅仅是凭吊亡人，更是警醒活着的人。

江城子

【北宋】苏轼

十年生死两茫茫，不思量，自难忘。千里孤坟，无处话凄凉。纵使相逢应不识，尘满面，鬓如霜。

夜来幽梦忽还乡，小轩窗，正梳妆。相顾无言，惟有泪千行。料得年年肠断处，明月夜，短松冈。

这是一首写于清明时节悼念亡妻的爱情诗。苏轼十九岁与王弗结婚，夫妻二人十分恩爱。后来王弗亡故，葬于家乡。妻故十年后，在密州做官的苏轼在清明时节梦见了亡妻，妻子仍在梳妆打扮，还似当年。二人相见都是说不出话来，唯有流泪，想妻子在阴间应是寂寞孤独的，跟自己一样。整首词字里行间的深情令人感动。

抛球乐

【北宋】柳永

晓来天气浓淡，微雨轻洒。近清明，风絮巷陌，烟草池塘，尽堪图画。艳杏暖、妆脸匀开，弱柳困、宫腰低亚。是处丽质盈盈，巧笑嬉嬉，平簇秋千架。戏彩球罗绶，金鸡芥羽，少年驰骋，芳郊绿野。占断五陵游，奏脆管、繁弦声和雅。

向名园深处，争泥画轮，竞羁宝马。取次罗列杯盘，就芳树、绿阴红影下。舞婆娑，歌宛转，仿佛莺娇燕姹。寸珠片玉，争似此、浓欢无价。任他美酒，十千一斗，饮竭仍解金貂贳。恣幕天席地，陶陶尽醉太平，且乐唐虞景化。须信艳阳天，看未足、已觉莺花谢。对绿蚁翠蛾，怎忍轻舍。

这首词中描写的是清明时分汴京的盛况。词以写景物为主，细雨、柳絮、芳草、杏花，处处美不胜收，四处都是游玩之人的欢声笑语。此时此刻的欢乐是金银珠宝所换不来的，只要尽情喝酒就行了，哪怕到了花谢的时候，也不愿舍弃这些春色。作者用整篇的笔墨营造出了欢乐热闹而又生机无限的春色氛围。

苏堤清明即事

【南宋】吴惟信

梨花风起正清明，

游子寻春半出城。

日暮笙歌收拾去，

万株杨柳属流莺。

吴惟信，字仲孚，霅川（今浙江吴兴）人。南宋后期诗人。作品多以对景物的精致描述以抒情。

作者写游人清明时节游览西湖，朝而往暮而归，尽兴游玩一整天，到了晚上，郁郁葱葱的树林又成了莺雀的天下，足见景色秀丽非凡。整首诗写了清明郊游的乐趣。

寒食上冢

【南宋】杨万里

迳直夫何细！桥危可免扶？

远山枫外淡，破屋麦边孤。

宿草春风又，新阡去岁无。

梨花自寒食，进节只愁余。

杨万里（1127—1206），字廷秀，号诚斋。南宋大臣，著名文学家、爱国诗人，与陆游、尤袤、范成大并称“南宋四大家”“中兴四大诗人”。

这首诗刻画了杨万里清明上坟祭奠时的感受，重点渲染上坟的路上那凄凉之景。孤零零的破屋，破败的危桥，都给人无依无助的感觉，所以“只愁余”。

○读清明谚语

清明前后，点瓜种豆。

清明前，去种棉。

憨到死，清明不插插谷雨。

清明不戴柳，红颜变白首。

清明忙种麦，谷雨种大田。

清明不插柳，死后变黄狗。

二月清明你莫赶，三月清明你莫懒。

清明出现大头鲑，白带鱼跟在后面追。

清明秧子谷雨花，立夏苞谷顶呱呱。

阴雨下了清明节，断断续续三个月。

雨打清明前，春雨定频繁。

清明难得晴，谷雨难得阴。

清明不怕晴，谷雨不怕雨。

雨打清明前，洼地好种田。

清明雨星星，一棵高粱打一升。

清明断雪不断雪，谷雨断霜不断霜。

清明无雨旱黄梅，清明有雨水黄梅。

清明起尘，黄土埋人。

麦怕清明霜，谷要秋来早。

清明宜晴，谷雨宜雨。

清明有霜梅雨少。

清明刮动土，要刮四十五。

清明有雾，夏秋有雨。

清明暖，寒露寒。

清明响雷头个梅。

清明雾浓，一日天晴。

清明冷，好年景。

清明北风十天寒，春霜结束在眼前。

清明一吹西北风，当年天旱黄风多。

清明南风，夏水较多；清明北风，夏水较少。

清明断雪，谷雨断霜。

清明晴，斗笠蓑衣跟背行；清明落，斗笠蓑衣挂屋角。

清明淋，果果吃不成；清明晴，果果吃不赢。

清明晒干柳，撑死老黄狗。

清明谷雨风，冻死老家公。

第六章　谷雨：雨生百谷，时至暮春

寒潮天气基本结束，气温回升加快，大大有利于谷类农作物的生长。

谷雨与气象农事

○谷雨时节的气象特色

谷雨是春季最后一个节气，也就是每年阳历 4 月 20 日或 21 日，太阳到达黄经 30 度的时候。

《通纬·孝经援神契》记载："清明后十五日，斗指辰，为谷雨，三月中，言雨生百谷清净明洁也。"而《群芳谱》则有这样的解释："谷雨，谷得雨而生也。"

关于谷雨的来历，还有一种说法。相传轩辕黄帝时的左史官仓颉曾把流传于先民中的文字加以搜集、整理，并根据日月形状、鸟兽足印制造了文字，玉帝颇受感动而降了一场"谷子雨"，"谷雨"便由此而来。

谷雨时节，由于天气转温，北方地区的桃花、杏花等纷纷开放，杨絮、柳絮四处飞扬。南方的气温升高较快，一般 4 月下旬平均气温，除了华南北部和西部部分地区外，已达 20℃至 22℃，比中旬增高 2℃以上。华南东部常会有一两天出现 30℃以上的高温，使人开始有炎热之感。低海拔河谷地带也已进入夏季。

※ 谷雨三候

中国古代将谷雨的十五天分为三候："第一候萍始生，第二候鸣鸠拂其羽，第三候戴胜降于桑。"是说谷雨后降雨量增多，浮萍开始生长，接着布谷鸟便开始提醒人们播种了，然后是桑树上开始见到戴胜鸟。

○谷雨时节的农事活动

“雨生百谷”四个字，反映了“谷雨”的农业气候意义。谷雨的天气最主要的特点多雨，而且这个时候寒潮天气基本结束，气温回升加快，大大有利于谷类农作物的生长。适量的雨水有利于越冬作物的返青拔节和春播作物的播种出苗。但雨水过量或严重干旱，则往往造成危害，影响作物后期产量。谷雨对于黄河中下游地区具有十分重要的农业意义，进一步说明了“春雨贵如油”。

了解谷雨传统民俗

谷雨是春季的最后一个节气，民间对其是极为重视的，从各个地方的习俗上就能看出来。

○喝谷雨茶

南方很多地方有谷雨摘茶的习俗，传说谷雨这天的茶喝了会清火、辟邪、明目等。所以谷雨这天不管是什么天气，人们都会去茶山摘一些新茶回来喝。

谷雨茶也就是雨前茶，是谷雨时节采制的春茶，又叫二春茶。春季气候温和，雨量充沛，茶树经过半个冬季的休养生息，其春梢芽叶格外肥硕，色泽翠绿，叶质柔软，富含多种维生素和氨基酸，冲泡后滋味鲜活，香气怡人。谷雨茶除了嫩芽外，还有一芽一嫩叶的或一芽两嫩叶的。一芽一嫩叶的茶叶泡在水里像展开旌旗的古代的枪，被称为旗枪；一芽两嫩叶的则像一个雀类的舌头，被称为雀舌。谷雨茶与清明茶同为一年之中的佳品。一般谷雨茶价格比较经济实惠，水中造型好，口感上也不比清明茶逊色，大多数茶客通常都更追捧谷雨茶。

茶农们说，真正的谷雨茶是谷雨这天采的鲜茶叶做的干茶，而且要是上午采的。民间还传说真正的谷雨茶能让死人复活，但这只是传说。不过由此可以看出谷雨茶在人们心目中的分量有多重。茶农们那天采摘来做好的茶都是留起来自己喝或用作招待客人。他们在泡茶给客人喝的时候，会颇为炫耀地对客人说，这是谷雨那天做的茶哦。言下之意，只有贵客来了才会拿出来。

○祭海

渔家在谷雨节流行祭海习俗。谷雨时节正是春海水暖之时，百鱼行至浅海地带，是下海捕鱼的好日子。俗话说“骑着谷雨上网场”。为了能够出海平安、满载而归，谷雨这天渔民要举行海祭，祈祷海神保佑，因此，谷雨节也叫作渔民出海捕鱼的“壮行节”。这一习俗在今天山东荣成一带仍然流行。过去，渔家由渔行统一管理，海祭活动一般由渔行组织。祭品为去毛烙皮的肥猪一头，用腔血抹红，白面大饽饽十个，另外，还要准备鞭炮、香纸等。渔民合伙组织的海祭没有整猪的，则用猪头或蒸制的猪形饽饽代替。旧时的海边村落都有海神庙或娘娘庙，祭祀时刻一到，渔民便抬着供品到海神庙、娘娘庙前摆供祭祀，有的则将供品抬至海边，敲锣打鼓，燃放鞭炮，面海祭祀，场面十分隆重。

○禁五毒

谷雨后气温升高，病虫害进入高繁衍期，为此，农家一边进田灭虫，一边张贴谷雨贴，上面刻绘神鸡捉蝎、天师除五毒形象等，由此进行驱凶纳吉的祈祷。这一习俗反映了人们驱除害虫及渴望平安丰收的心情，在山东、山西、陕西一带十分流行。

旧时，山西临汾一带的百姓于谷雨日画张天师符贴在门上，名曰“禁蝎”。陕西凤翔一带的禁蝎咒符，以木刻印制，可见需求量是很大的。咒符上印有：“谷雨三月中，蝎子逞威风。神鸡叼一嘴，毒虫化为水……”画面中央雄鸡衔虫，爪下还有一只大蝎子。雄鸡治蝎的说法早在民间流传。《西游记》第五十五回中，孙悟空猪八戒敌不过蝎子精，观音也自知近他不得，只好让孙悟空去请昴日星官。昴日星官本是一只双冠子大公鸡。书中描写，昴日星官现出本相——大公鸡，对着蝎子鸣叫一声，蝎子精即时现了原形，是个琵琶大小的蝎子。大公鸡再叫一声，蝎子精浑身酥软，死在山坡。此外，山东民俗也禁蝎。清乾隆六年《夏津县志》记：“谷雨，朱砂书符禁蝎。”

○走谷雨

古时有“走谷雨”的风俗。谷雨这天，庄户人家的大姑娘小媳妇无论有事没事，都要挎着篮子到野外走一圈。她们这样做是为了寄托一个美好的愿望，想走出一个五谷丰登、六畜兴旺的好年成，而且亲近大自然对身体健康也颇有好处。

○食香椿

北方谷雨一般都有食香椿习俗。谷雨前后是香椿上市的时节，这时的香椿醇香爽口、营养价值高，通常有“雨前香椿嫩如丝”之说。香椿具有提高机体免疫力，健胃、理气、止泻、润肤、抗菌、消炎、杀虫之功效，因为香椿嫩芽只有谷雨这个时节才有，不妨趁此时候食用一些，有益无害。

○祭仓颉

陕西白水县有谷雨祭祀文祖仓颉习俗，“谷雨祭仓颉”是自汉代以来流传千年的民间传统，每年这个时候，县里的村民都会组织庙会纪念仓颉。

○桃花水浴

谷雨的河水非常珍贵，旧时西北地区，人们称为“桃花水”。相传以桃花水洗浴，可祛灾消祸。谷雨节人们在洗浴之后，通常还会举行射猎、跳舞等活动。

○赏牡丹

谷雨前后，牡丹花开最艳，因此，牡丹花也被称为“谷雨花”。赏牡丹成为人们闲暇时重要的娱乐活动，素有“谷雨三朝看牡丹”之说。现今，河南洛阳、山东菏泽、四川彭州多于谷雨时节举办牡丹花会，供人们游玩观赏。

谷雨时节的养生保健

○谷雨养生知识

谷雨节气后，气温升高，降雨增多，空气中的湿度逐渐加大，此时我们在调摄养生中不可脱离自然环境变化的轨迹，通过人体内部的调节使内环境（体内的生理变化）与外环境（外界自然环境）的变化相适应，保持各脏腑功能的正常。

《素问·保命全形论》说："人以天地之气生，四时之法成。"这就是说，人生于天地之间，自然界中的变化必然会直接或间接地对人体的内环境产生影响，保持内外环境的平衡协调是避免、减少发生疾病的基础。因此，在调摄养生时要考虑谷雨节气的因素，针对其气候特点有选择地进行调养。

作为一个阳气生发的时节，养生正当时。根据春令之气升发舒畅的特点，我们不妨给身体做个"大扫除"。

起居方面。此时阳气渐长，阴气渐消，务必早睡早起，注意别过度出汗，以调养脏气。

精神方面。这一点与清明节养生一样，保持心情舒畅、心胸宽广，像听音乐、钓鱼、春游、太极拳、散步等都能陶冶性情，切忌遇事忧愁焦虑，不要妄动肝火，注意劳逸结合，给自己减压。

运动方面。要讲究适当运动，尽量选择动作柔和的锻炼方式来舒展筋骨。

○谷雨时节的疾病预防

● 神经痛

谷雨节气以后是神经痛的发病期，如肋间神经痛、坐骨神经痛、三叉神经痛等等。

肋间神经痛，多为临床常见的一种自觉症状，表现为一侧或两侧胁肋疼痛。中医将其称为"胁痛"，《灵枢·五邪》曰："邪在肝，则两胁中痛。"《素问·藏气法时论》又说："肝病者，两胁下痛引少腹。"从病因病机上讲，肝位于胁部，其脉分布于两胁，故肝脏受病，往往出现胁痛的症状，且肝为风木之脏，其性喜调达，恶抑郁。如遇情志郁结，肝气失于疏泄，络脉受阻，经气运行不畅，均可发为胁痛。若肝气郁结日久，气滞产生血瘀或因跌扑闪挫，引起络脉停瘀，也可导致血瘀胁痛。不论属于何种病因，其根本都与肝气不舒有关。因此，在治疗上都离不开疏肝行气、活血通络的原则。

坐骨神经痛是指在坐骨神经通路及其分布区内的疼痛而言。多表现在臀部、大腿后侧、小腿踝关节后外侧的烧灼样或针刺样疼痛，严重者痛如刀割，活动时加重。本病属祖国医学的“痹证”范畴，痹有闭阻不通的含义。其病因不外乎风、寒、湿邪侵袭经络，致使该经气血痹阻不畅。根据临床症状不同，可分为四种类型；感受风邪为主，疼痛呈游走性者，称为行痹；感受寒邪为主，疼痛剧烈者，称为痛痹；感受湿邪为主，表现酸楚、麻木、困重者，称为着痹；发病急剧，伴有发热症状者，称为热痹。凡是患上坐骨神经痛者，都应根据上述四型辨证施治，以疏通经络气血的闭滞，祛风、散寒、化湿，使营卫调和而痹病得解。

三叉神经痛是面部一定的部位出现阵发性、短暂性剧烈疼痛。本病多发生于面部一侧的额部、上颁或下颈部。疼痛常突然发作，呈闪电样、刀割样难以忍受。该病的发病年龄多在中年以后，女性患者较多。其病因病机多为感受风寒之邪，致硬经络拘急收引，气血运行受阻，而突然疼痛。

● 防过敏

天气转温，人们的室外活动增加，北方地区的桃花、杏花等开放；杨絮、柳絮四处飞扬。过敏体质的人群应注意预防花粉症及过敏性鼻炎、过敏性哮喘等，出门注意戴口罩，风天少户外活动，如果出现了不良症状应及时去医院就医。

● 防风沙

谷雨处在春夏交接之际，许多地方尤其是北方，风大沙多，对健康极为不利。这时应做到以下几点。

首先，尽量避免在沙尘天气进行户外活动，即便活动也要尽可能选择浮尘较轻的时段，并在外出时戴口罩或用纱巾蒙头，这样可以相应减少浮尘的吸入量；

其次，要关闭好居室或工作场所的门窗，避免浮尘进入室内；

再次，注意饮食调理，多喝水，适当吃些具有清除肺部污染的食物，例如猪血等。

谷雨时节“吃”的学问

○谷雨饮食宜忌：补身好时候，五低要注意

谷雨前后 15 天及清明的最后 3 天中，脾处于旺盛时期。脾的旺盛会使胃强健起来，从而使消化功能处于旺盛的状态，消化功能旺盛更有利于营养的吸收，因此，谷雨时节正是补身的大好时机。

这个时候，饮食应该注意五低，即低盐、低脂、低糖、低胆固醇和低刺激。每天食盐不超过 6 克，每天摄油量不超过膳食总量的 30%，少吃游离糖，每天食肉类食品不超过 300 克，少吃辛辣食品。

宜食：猪血、香椿、菠菜、豆芽、萝卜、番茄、薏仁、山药、瘦肉、香蕉等。

忌食：芹菜、柿子、海带、肉桂、辣椒、西瓜等。

○谷雨食谱攻略

枸杞子炖蛋

用料：

枸杞子 15 克，鸡蛋 1~2 个。

做法：

先将鸡蛋打入碗内调匀，加入枸杞子，加入少许调味品，隔水炖熟即可食用。

功效：补益肝肾，明目，适用于肝肾不足的腰膝酸软、阳痿、早泄、遗精、目视物昏花、头晕、阴血不足者。

禁忌：脾虚泄泻者少食。

玄参炖猪肝

用料：

玄参 15 克，猪肝 500 克，生姜、盐等调味品适量。

做法：

将猪肝切成薄片，用生粉、姜、盐等腌一下；玄参先用水煮半小时，然后与腌好的猪肝隔水同炖，炖 10 分钟左右即可食用。

功效：养肝明目，补益气血，凉血滋阴，软坚解毒，适用于夜盲症、目赤、视力减退、弱视、眼目昏花及气血不足之面色萎黄、贫血、水肿、脚气病者。

禁忌：脾胃虚寒者、腹泻者少食。玄参不可与藜芦同食。

兔肝鸡蛋汤

用料：

兔肝 1~2 只，鸡蛋 1~2 个，盐等调味品适量。

做法：

将兔肝切片，用生粉、盐、姜、酱油腌一下；锅内水烧开后倒入腌好的兔肝，再打入鸡蛋搅匀，煮开几分钟，加入适量调味品即可食用。

功效：养肝明目，清肝止痛，适用于夜盲症及肝热目赤痛者。

兔的肝脏，其味甘、苦、咸，性寒，归肝经。其主要成分有蛋白质、脂肪、维生素 A、钙、磷、铁等。兔肝可养肝清肝以明目，最适于肝热所致之目花、目赤肿痛之人。

鱼鳔龟肉汤

用料：

鱼鳔 20 克，龟肉 100 克，盐等调味品适量。

做法：

将龟肉切成块，与鱼鳔同煮汤，加入调味品，待龟肉熟即可食用。

功效：补肾止遗，适用于肾虚之夜尿多、遗尿、慢性肾炎者。

龟又名乌龟，其味甘、酸，性平，归肺、肝、肾经。龟肉主补肾经，凡肾气不中或肾阴不足之病症，均可常食龟肉。本汤中鱼鳔滋补肾阴，二者起相辅相成的作用。

禁忌：龟肉不宜同苋菜、猪肉同食。

天麻炖猪脑

用料：

猪脑 1 个，天麻 10~15 克，生姜、盐等调味品适量。

做法：

将天麻洗净，与猪脑同放入炖盅内，加入水，适量调味品，隔水炖 1 小时左右即可食用。

功效：补脑益髓，平肝息风，适用于头痛、头风、偏头痛、高血压、眩晕、脑鸣、神经衰弱、手足麻木及小儿惊风等。

品味谷雨文化情趣

○品谷雨诗词

渔歌子

【唐】张志和

西塞山前白鹭飞，

桃花流水鳜鱼肥。

青箬笠，绿蓑衣，

斜风细雨不须归。

张志和（732—774），字子同，初名龟龄，号玄真子。后有感于宦海风波和人生无常，在母亲和妻子相继故去的情况下，弃官弃家，浪迹江湖。

这首词勾勒了一幅江南水乡春汛时期的垂钓山水图。全诗色彩鲜明柔和，有动有静，青山、绿水、白鹭、桃花、青笠，一切都被斜风细雨所笼罩，用词活泼，意境优美，整首诗读下来，一幅美丽的山水画浮现在脑海中，而渔父那悠闲自在的生活情趣着实让人欣羡不已。西塞山：位于浙江省吴兴县西南，是一座凸起在苕溪边的大岩山。

滁州西涧

【唐】韦应物

独怜幽草涧边生，

上有黄鹂深树鸣。

春潮带雨晚来急，

野渡无人舟自横。

韦应物（737—792），长安（今陕西西安）人，因出任过苏州刺史，世称“韦苏州”。诗风恬淡高远，以善于写景和描写隐逸生活著称。

这是一首山水诗的名篇，也是韦应物的代表作之一。头两句写景，诗人独爱幽草，自甘寂寞，表露出当时心境的恬淡。但后面两句写郊野荒凉，让他联想到自身怀才不遇的处境，蕴含着无奈之情。

台城

【唐】韦庄

江雨霏霏江草齐，

六朝如梦鸟空啼。

无情最是台城柳，

依旧烟笼十里堤。

韦庄（约836—约910），字端己，晚唐诗人、词人，早年屡试不第，直到年近六十时方考取进士，任校书郎。

首句通过江、雨、草三种意象，勾勒出一幅迷蒙的风景图，接着诗人叹王朝更迭，快得就像梦境一样。大唐繁盛的昔景已不在，所以那台城柳最是无情，还如从前那般郁郁葱葱，好不明白人的心情。“最是”二字，突出强调了堤柳的“无情”和诗人的感伤怅惘。

大观间题南京道河亭

【宋】史微

谷雨初晴绿涨沟，

落花流水共浮浮。

东风莫扫榆钱去，

为买残春更少留。

这首诗说的是谷雨一过夏天就要来了，希望生机盎然的春天能多留一会儿。

吴歌

【清】蔡云

神祠别馆聚游人，

谷雨看花局一新。

不信相逢无国色，

锦棚只护玉楼春。

吴歌，即吴地的民谣，内容涉及苏州地区各个方面的风土人情。这首诗是说苏州地区有谷雨看花的习俗。看什么花？谷雨时节开的是牡丹花。到什么地方去看？神祠别馆。苏州园林举世闻名，因此大家都在谷雨这天到园林里去看牡丹，同时品尝一下新鲜的碧螺春茶。这种游玩体验实在叫人舒服愉快。

○读谷雨谚语

谷雨补老母。

谷雨鸟儿做母。

谷雨下秧，立夏栽。

过了谷雨，不怕风雨。

谷雨麦挑旗，立夏麦头齐。

谷雨麦怀胎，立夏长胡须。

谷雨阴沉沉，立夏雨淋淋。

谷雨下雨，四十五日无干土。

谷雨前，清明后，种花正是好时候。

谷雨前后一场雨，胜似秀才中了举。

谷雨有雨兆雨多，谷雨无雨水来迟。

谷雨到，布谷叫；前三天叫干，后三天叫淹。

清明谷雨两相连，浸种耕田莫迟延。

谷雨三日满海红，百日活海一时兴。

春田播到谷雨兜，晚田播到大暑后。

棉花种在谷雨前，开得利索苗儿全。

谷雨前后栽地瓜，最好不要过立夏。

谷雨前，应种棉；谷雨后，应种豆。

谷雨花，大把抓；小满花，不回家。

早稻播谷雨，收成没够饲老鼠。

谷雨种棉花，不用问人家。

谷雨在月头，秧多不要愁。

谷雨在月中，寻秧乱筑冲。

谷雨在月尾，寻秧不知归。

谷雨种棉花，能长好疙瘩。

谷雨雨，蓑衣笠麻高挂起。

谷雨下谷种，不敢往后等。

谷雨不种花，心头像蟹爬。

谷雨无雨，后来哭雨。

谷雨无雨，交回田主。

谷雨前后，安瓜点豆。

谷雨有雨好种棉。

谷雨有雨棉苗肥。

谷雨前，好种棉。

谷雨三朝看牡丹。

谷雨三朝蚕白头。

谷雨种棉家家忙。

谷雨南风好收成。

过了谷雨种花生。

谷雨打苞，立夏龇牙，小满半截仁，芒种见麦茬。

清明早，小满迟，谷雨立夏正相宜。

第二季 夏满芒夏暑相连

第七章　立夏：春光万象中，夏日初长成

温度明显升高，炎暑将临，雷雨增多，农作物进入旺季生长的重要时期。

立夏与气象农事

○立夏时节的气象特色

立夏是夏季的第一个节气，也就是每年的阳历5月5日或6日，太阳到达黄经45度的时候。立夏表示即将告别春天，表示盛夏时节的正式开始。这个节气在战国末年就已经确立了，预示着季节的转换。

《月令七十二候集解》中说："立夏，四月节。立字解见春。夏，假也。物至此时皆假大也。"若按气候学的标准，日平均气温稳定升达22℃以上为夏季开始。然而实际上，立夏前后，我国只有福州到南岭一线以南地区真正进入夏季，而东北和西北的部分地区这时则刚刚进入春季，全国大部分地区平均气温在18℃~20℃，正是"百般红紫斗芳菲"的仲春和暮春季节。

立夏一般都会被人们认为是温度明显升高，炎暑即将来临，雷雨不断增多，农作物进入旺季生长的一个重要节气。

※ 立夏三候

我国古代将立夏的十五天分为三候："一候蝼蝈鸣，二候蚯蚓出，三候王瓜生。"即说这一节气中首先可听到蝌蝌蛄（即蝼蛄）在田间的鸣叫声（一说是蛙声），接着大地上便可看到蚯蚓翻松泥土，然后王瓜的蔓藤开始快速攀爬生长。

○立夏时节的农事活动

立夏时节，进入了万物繁茂的时期。正如明人《莲生八戕》一书中写道："孟夏之日，天地始交，万物并秀。"我国古来很重视立夏节气，因为它对农业非常重要。据记载，周朝时，立夏这天，帝王要亲率文武百官到郊外"迎夏"，并指令司徒等官去各地勉励农民抓紧耕作。

这时，夏收作物进入了生长后期，冬小麦扬花灌浆，油菜接近成熟，夏收作物年景基本定局，故农谚有"立夏看夏"之说。这时候是早稻大面积栽插的关键时期，而且这时期雨水来临的迟早和雨量的多少，与日后收成关系密切。因此有两句农谚说得好："立夏不下，犁耙高挂。""立夏无雨，碓头无米。"

立夏以后，江南正式进入雨季，连绵的阴雨不仅会导致作物的湿害，还会引起多种病害的流行。小麦抽穗扬花是最易感染赤霉病的时期，若预计未来有温暖但多阴雨的天气，要抓紧在始花期到盛花期喷药防治；南方的棉花在阴雨连绵或乍暖乍寒的天气条件下，往往会引起炭疽病、立枯病等病害的暴发，造成大面积的死苗、缺苗。应及时采取必要的增温降湿措施，并配合药剂防治，以保全苗争壮苗；"多插立夏秧，谷子收满仓"，立夏前后正是大江南北早稻插秧的季节。但这时气温仍较低，栽秧后要立即加强管理，早追肥，早耘田，早治病虫，促进早发；此外，中稻播种要抓紧扫尾；茶树在这个时候春梢发育最快，稍一疏忽，茶叶就要老化，正所谓“谷雨很少摘，立夏摘不辍”，因此要集中全力，分批突击采摘茶叶。

立夏前后，华北、西北等地气温回升很快，但降水仍然不多，加上春季多风，蒸发强烈，大气干燥和土壤干旱经常严重影响农作物的正常生长。尤其是小麦灌浆乳熟前后的干热风更是导致减产的重要灾害性天气，适时灌水是抗旱防灾的关键措施。“立夏三天遍地锄”，这个时期的杂草生长很快，所谓“一天不锄草，三天锄不了”。中耕锄草不仅能除去杂草，抗旱防渍，又能提高地温，加速土壤养分分解，对促进棉花、玉米、高粱、花生等作物苗期健壮生长有十分重要的意义。

了解立夏传统民俗

古代，人们非常重视立夏的礼俗。直到现在，遗留下来的传统民俗依然很多。

○食俗

● 立夏饭

立夏当天，很多地方的人们用赤豆、黄豆、黑豆、青豆、绿豆等五色豆拌和白粳米煮成“五色饭”，后演变为倭豆肉煮糯米饭，菜有苋菜黄鱼羹，称为“立夏饭”。在南方很多地区的立夏饭是糯米饭，饭中掺杂豌豆。桌上必有煮鸡蛋、全笋、带壳豌豆等特色菜肴。乡俗为蛋吃双，笋成对，豌豆多少不论。民间相传，在立夏日吃蛋拄（意为“支撑”）心，吃笋拄腿，吃豌豆拄眼。

宁波的立夏习俗是吃“脚骨笋”。用乌笋烧煮，每根三四寸长，不剖开，吃时拣两根相同粗细的笋一口吃下，说吃了能“脚骨健”（身体康健）。再是吃软菜（君踏菜），说吃后夏天不会生痱子，皮肤会像软菜一样光滑。

湖南长沙人立夏日吃糯米粉拌鼠曲草做成的汤丸，名“立夏羹”，民谚云“吃了立夏羹，麻石踩成坑”“立夏吃个团（音为“坨”），一脚跨过河”，意喻力大无比，身轻如燕。

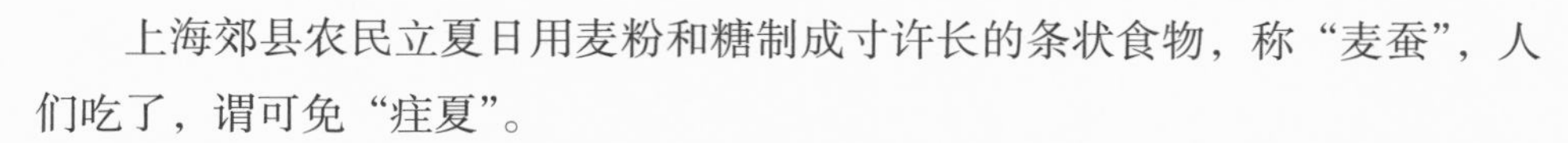

上海郊县农民立夏日用麦粉和糖制成寸许长的条状食物，称“麦蚕”，人们吃了，谓可免“疰夏”。

湖北省通山县民间把立夏作为一个重要节日，通山人立夏吃泡（草莓）、虾、竹笋，谓之“吃泡亮眼、吃虾大力气、吃竹笋壮脚骨”。

闽南地区立夏吃虾面，即购买海虾掺入面条中煮食，海虾熟后变红，为吉祥之色，而虾与夏谐音，以此为对夏季之祝愿。

闽东地区立夏以吃“光饼”（面粉加少许食盐烘制而成）为主。闽东周宁、福安等地将光饼入水浸泡后制成菜肴，而蕉城、福鼎等地则将光饼剖成两半，将炒熟了的豆芽、韭菜、肉、糟菜等夹而食之。

周宁县纯池镇一些乡村吃“立夏糊”，主要有两类，一是米糊，一是地瓜粉糊。大锅熬糊汤，汤中内容极其丰富，有肉、小笋、野菜、鸡鸭下水、豆腐等等，邻里互邀喝糊汤。这与浙东农村立夏吃“七家粥”风俗有点相似。

“七家粥”与“七家茶”也算是立夏尝新的另一种形式，七家粥是会集了左邻右舍各家的米，再加上各色豆子及红糖，煮成一大锅粥，大家来分食。七家茶则是各家带了自己新烘焙好的茶叶，混合后烹煮或泡成一大壶茶，大家欢聚一堂共饮。

● 尝新

立夏有尝新的习俗。如苏州有“立夏见三新”之谚，三新为樱桃、青梅、麦子，用来祭祖。而在常熟，尝新的食物则更为丰盛，有“九荤十三素”之说，九荤为鲫、咸蛋、螺蛳、熄鸡、腌鲜、卤虾、樱桃肉；十三素包括樱桃、梅子、麦蚕、笋、蚕豆、矛针、豌豆、黄瓜、莴笋、草头、萝卜、玫瑰、松花。在南通，则吃煮鸡、鸭蛋。

○称人

立夏吃罢中饭有称人的习俗。人们在村口或大门前挂起一杆大木秤，秤钩悬一个凳子，大家轮流坐到凳子上面称人。司秤人一面打秤花，一面讲着吉利话。称老人要说“秤花八十七，活到九十一”。称姑娘说“一百零五斤，员外人家找上门。勿肯勿肯偏勿肯，状元公子有缘分”。称小孩则说“秤花一打二十三，小官人长大会出山。七品县官勿犯难，三公九卿也好攀”。打秤花只能里打外（即从小数打到大数），不能外打里。

立夏“称人”的习俗，相传与孟获和刘阿斗的故事有关。孟获被诸葛亮收服，归顺蜀国之后，对诸葛亮言听计从。诸葛亮临终前嘱托孟获每年要来看望蜀主一次。诸葛亮嘱托之日，正好是这年立夏，孟获当即去拜阿斗。从此以后，每年夏日，孟获都依诺来蜀拜望。数年之后，晋武帝司马炎灭掉蜀国后掳走阿斗。而孟获不忘丞相之托，每年立夏带兵去洛阳看望阿斗，每次去则都要称阿斗的重量，以验证阿斗是否被晋武帝亏待。他扬言如果亏待阿斗，就要起兵反晋。晋武帝为了迁就孟获，就在每年立夏这天，用糯米加豌豆煮成中饭给阿斗吃。阿斗见豌豆糯米饭又糯又香，就加倍吃下。因此孟获进城称人，每次都比上年重几斤。阿斗虽然没有什么本领，但有孟获立夏称人之举，晋武帝也不敢欺侮他，日子过得清静安乐，福寿双全。 这一传说虽与史实有异，却是寄托了百姓对“清静安乐，福寿双全”的希冀。

○斗蛋

立夏当天中午，家家户户煮好囫囵蛋（鸡蛋带壳清煮，不能破损），在冷水里浸上数分钟之后，套上早已编织好的丝网袋，挂于孩子颈上。孩子们便三五成群，进行斗蛋游戏。蛋分两端，尖者为头，圆者为尾。斗蛋时蛋头斗蛋头，蛋尾击蛋尾。一个一个斗过去，破者认输，最后分出高低。蛋头胜者为第一，蛋称大王；蛋尾胜者为第二，蛋称小王或二王。

○忌坐门槛

立夏日还有忌坐门槛之说。在安徽，道光十年《太湖县志》中记载：“立夏日，取笋苋为羹，相戒毋坐门坎，毋昼寝，谓愁夏多倦病也。”意思是说这天如果坐了门槛，夏天里会疲倦多病。

立夏时节的养生保健

○立夏养生知识

炎炎的夏日到来，夏天主令为暑、湿、汽，且常夹有火热之气。一般来说，暑为阳邪，性炎热、外散，易伤津耗气；湿为阴邪，湿性重浊，易阻遏气机，损伤阳气。因此，立夏过后养生保健的总体要求是：

● 补益气阴

暑邪易伤津耗气，人体大多偏虚，出汗多，常有口渴、疲乏的感觉，这是气阴两虚的典型表现，故夏天要常用益气阴、生津之品。中医有“冬补三九，夏养三伏”的说法，尤其在伏天，人体更加虚弱，天气越热，越要注意保护正气。一般多选用西洋参、太子参、沙参、石斛、麦冬、玉竹、黄精、山药、龟板等药性平和、偏凉的补益药。对气虚较明显者，可选择党参、黄芪等补益作用相对较强的补气药。夏天不宜选用大温大热、油腻的补品如红参、附子、桂圆、熟地、狗肉、羊肉等，以防止胃生火。

● 健脾除湿

湿邪是夏天一大邪气，加上夏天脾胃功能低下，人们经常感觉胃口不好，容易腹泻，出现舌苔白腻等湿邪较重的症状。所以应经常服用健脾利湿之品。一般多选择健脾芳香化湿及淡渗利湿之品，如藿香、佩兰、白豆蔻、砂仁、茯苓、薏米、白术、莲子等，不主张用温燥之品，如半夏、陈皮、厚朴、苍术等，以免伤阴，助长暑热。

● 清热消暑

夏天气温高，暑热邪盛，人体心火较旺，需要常用些具有清热解毒清心火作用的药物，如菊花、薄荷、金银花、连翘、荷叶等来祛暑。中医学认为，夏天用药应偏于辛凉浮散，而不宜苦寒沉降，即所谓的“夏宜用浮”。这是因为阳气于夏天处于生长旺盛的阶段，所以在清热解毒药中应选用辛凉发散或甘寒之品，如菊花、金银花、荷叶、莲心、竹叶等，以利于暑邪的外散，而少用过于苦寒沉降的中药，如黄芩、黄柏、黄连等。

● 补养肺肾

按五行规律，夏天心火旺而肺金、肾水虚衰，因此要注意补养肺肾之阴。可以选用枸杞子、生地、百合、桑葚、麦冬以及酸收肺气药，如五味子等，可防出汗太过，耗伤津气。

● 冬病夏治

中医历来有“冬病夏治”的说法，即夏天人体和外界阳气盛，用内服中药配合针灸等外治方法来治疗一些冬天好发的病。

如老年性慢性支气管炎和支气管哮喘，在三伏天期间，内服补益脾肺肾、增强卫气功能的中药丸、散、煎剂，以扶正固本，达到事半功倍的效果，可以预防感冒、老慢支和哮喘的发作，甚至使之根治。冻疮冬天好发，如果夏天用鲜芝麻花常搓易冻伤处，或农历五月取大蒜捣烂，用少许涂抹皮肤，可预防冬月冻疮。

● 养护心脏

人们在春末夏初应顺应天气的变化，重点关注心脏。因为心为阳脏，主阳气。初夏之时，老年人气血易滞，血脉易阻，每天清晨可吃少许葱头，喝少量的酒，促使气血流通，心脉无阻，便可预防心脏病发生。

○立夏时节的疾病预防

● 作息规律

立夏过后，日照时间延长，天亮得早，黑得晚，人们的起居和作息时间应该随之做一些相应的调整，起居作息要有规律，晚上 22：00~23：00 就寝，早上 5：30~6：30 起床，保证充足的睡眠，午饭后半小时可短时午睡，这样能提高对外界变化的适应能力。

人一旦养成了定时就寝的习惯，就能比较容易地排除气候对睡眠的干扰，上床不久即可入睡，并很快转入深睡，早晨也容易自然醒，并有舒适惬意感。

因此，立夏之后的作息时间一旦定下来，便要自我约束，决不无故违反。即使节假休息日也不例外，只有这样才能保护生物钟不致错乱，保持一个良好的身体状态。

● 放松身心

炎热的夏季，应该有计划地工作，这样可减少焦虑。还应为每天安排一定的休闲时间，听听音乐，看看电视，或去公园、广场散步，以放松身心，这些都是有必要的。也就是情宜开怀，安闲自乐，切忌暴喜伤心。

● 预防感冒

立夏节气常常衣单被薄，一旦稍有降温便可能受寒凉，因此，即使体健之人也要谨防外感，一旦患病，切不可轻易运用发汗之剂，以免造成汗多伤心。

● 预防皮肤病

夏季的时候，皮肤常常暴露在外，与外物接触多了便容易引发多种皮肤

病。由于这个季节是中药外用的时节，不妨尝试一下中药煎汤洗浴，能起到防治多种皮肤病的作用。

立夏时节“吃”的学问

○立夏饮食宜忌：低脂低盐，多维清淡

立夏时分膳食调养，我们应以低脂、低盐、多维、清淡为主。

由于夏季炎热，出汗很多，体内丢失的水分多，脾胃消化功能较差，所以多进稀食是夏季饮食养生的重要方法。如早、晚进餐时食粥，午餐时喝汤，这样既能生津止渴、清凉解暑，又能补养身体。

夏季的营养消耗较大，而炎热的天气又会影响人的食欲，因此，除了注意饮食清洁和多食清淡外，还要注意补充一些营养物质。如维生素、水和无机盐，特别是要注意钾的补充，多吃些清热利湿的食物，还应适量地补充蛋白质。

宜食：番茄、黄瓜、青椒、冬瓜、香菇、苦瓜、绿豆、西瓜、杨梅、甜瓜、桃等。

忌食：辣椒、花椒、胡椒、芥末、咖喱粉、咖啡、浓茶等。

○立夏食谱攻略

黄瓜蛋汤

用料：

鲜嫩黄瓜 4 根、鸡蛋 2 个、生姜 15 克、葱 10 克、独头蒜 15 克、黄花 15 克、盐 10 克（分两次用）、酱油 10 克、醋 6 克、料酒 15 克、白糖 40 克、味精 1 克、菜油 250 毫升（实耗约 70 毫升）、湿淀粉 30 克。

做法：

①生姜洗净切成薄片，葱洗净切成葱花，蒜剥去皮切成薄片；黄花用水发涨，洗净，摘去蒂头；黄瓜洗净切去两端，再切成刀花状，用盐将切好的黄瓜腌 10 分钟，压干水分；鸡蛋打散；将酱油、醋、白糖、料酒、味精调成汁待用。

②锅置火上，加菜油烧至七成热时，将黄瓜蘸满蛋液后放入油锅炸至表面呈黄色捞出，放入碗中。

③锅内放入菜油 30 毫升，待油热时下姜片、蒜片，出香味后，下黄花和兑好的汁，烧开后下黄瓜，煮入味时用湿淀粉勾芡起锅装盘即成。

功效：滋润生津。适用于阴虚内热所致的咽干咽痛、声音嘶哑、心烦失眠等症。经常食用能滋润咽喉，是嗓音工作者的良好保健膳食。

桂圆粥

用料：

桂圆 25 克，粳米 100 克，白糖少许。

做法：

将桂圆同粳米共入锅中，加适量的水，熬煮成粥，调入白糖即成。

功效：补益心脾，养血安神。尤其适用于劳伤心脾，思虑过度，身体瘦弱，健忘失虑，月经不调等症。

禁忌：喝桂圆粥忌饮酒、浓茶、咖啡等物。

荷叶凤脯

用料：

鲜荷叶 2 张，火腿 30 克，剔骨鸡肉 250 克，水发蘑菇 50 克，玉米粉 12 克，食盐、白糖、鸡油、绍酒、葱、姜、胡椒粉、味精、香油各适量。

做法：

鸡肉、蘑菇均切成薄片，火腿切成 10 片，葱切短节、姜切薄片，荷叶洗净，用开水稍烫一下，去掉蒂梗，切 成 10 块三角形备用。蘑菇用开水焯透捞出，用凉水冲凉，把鸡肉、蘑菇一起放入盘内加盐、味精、白糖、胡椒粉、绍酒、香油、鸡油、玉米粉、葱节、姜片搅拌均匀，然后分放在 10 片三角形的荷叶上，再各加一片火腿，包成长方形包，码放在盘内，上笼蒸约 2 小时，若放在高压锅内只需 15 分钟即可。出笼后可将原盘翻于另一干净盘内，拆包即可食用。

功效：清芬养心，升运脾气。可作为常用补虚之品，尤为适宜夏季食补。

鱼腥草拌莴笋

用料：

腥草 50 克，莴笋 250 克，大蒜、葱各 10 克，姜、食盐、酱油、醋、味精、香油各适量。

做法：

鱼腥草摘去杂质老根，洗净切段，用沸水焯后捞出，加食盐搅拌腌渍待用。莴笋削皮去叶，冲洗干净，切成 1 寸长粗丝，用盐腌渍沥水待用。葱、姜、蒜择洗后切成葱花、姜末、蒜米待用。将莴笋丝、鱼腥草放在盘内，加入酱油、味精、醋、葱花、姜末、蒜米搅拌均匀，淋上香油即成。

功效：清热解毒，利湿祛痰。对肺热咳嗽，痰多黏稠，小便黄少、热痛等症均有较好的疗效。

品味立夏文化情趣

○品立夏诗词

山亭夏日

【唐】高骈

绿树阴浓夏日长，

楼台倒影入池塘。

水精帘动微风起，

满架蔷薇一院香。

高骈（821—887），字千里，幽州（今北京西南）人。他身为武人，而好文学，被称为“雅有奇藻”。

这首诗意境清新，构思精巧。读完全诗，眼前便呈现出了一幅美丽的夏日山居图。

饮湖上初晴后雨

【北宋】苏轼

水光潋滟晴方好，

山色空蒙雨亦奇。

欲把西湖比西子，

淡妆浓抹总相宜。

这是一首赞美西湖美景的诗，写于苏东坡任杭州通判期间。诗人在湖边饮酒，本来阳光明媚，却是忽然下起了雨。前后两种截然不同的景致却是各有妙处，让观赏者喜爱不已。诗人在此诗中对西湖美景作了由衷的赞美和全面评价，为西湖的景色增添了光彩。

小池

【南宋】杨万里

泉眼无声惜细流，

树阴照水爱晴柔。

小荷才露尖尖角，

早有蜻蜓立上头。

这首诗描写了立夏时节小池塘上美丽的景色。一个泉眼、一道细流、一片树荫、几枝小荷、一只蜻蜓，种种景物构成一幅生动的小池风物图，比画卷更来得有意思。用词清新活泼，语言平易通俗，充满了浓郁的自然气息。

○读立夏谚语

立夏天气凉，麦子收得强。

立夏雷，六月旱。

立夏雨，涨大水。

立夏晴，雨淋淋。

立夏日晴，必有旱情。

立夏前后连阴天，又生蜜虫（麦蚜）又生疸（锈病）。

立夏前后天干燥，火龙往往少不了（火龙指红蜘蛛）。

小麦开花虫长大，消灭幼虫于立夏。

豌豆立了夏，一夜一个杈。

立夏大插薯。

清明秫秫谷雨花，立夏前后栽地瓜。

立夏芝麻小满谷。

立夏的玉米谷雨的谷。

季节到立夏，先种黍子后种麻。

立夏种麻，七股八杈。

立夏前后，种瓜点豆。

立夏种姜，夏至收“娘”。

立夏栽稻子，小满种芝麻。

立夏下雨，九场大水。

立夏下雨，夏至少雨。

立夏小满，江河水满。

立夏小满，河满缸满。

立夏见夏，立秋见秋。

立夏到夏至，热必有暴雨。

立夏汗湿身，当日大雨淋。

立夏日鸣雷，早稻害虫多。

立夏蛇出洞，准备快防洪。

上午立了夏，下午把扇拿。

立夏起北风，十口鱼塘九口空。

立夏小满青蛙叫，雨水也将到。

一年四季东风雨，立夏东风昼夜晴。

立夏无雨三伏热，重阳无雨一冬晴。

立夏小满，雨水相赶。

立夏不热，五谷不结。

立夏东风麦面多。

立夏北风当日雨。

第八章　小满：小满十日遍地黄

全国各地渐次进入夏季，南北温差进一步缩小，降水进一步增多，夏熟作物的籽粒开始灌浆饱满，但还未成熟。

小满与气象农事

○小满时节的气象特色

小满是夏季的第二个节气，也就是每年阳历的5月21日前后，太阳到达黄经60度的时候。

《月令七十二候集解》："四月中，小满者，物致于此小得盈满。"其含义是从小满开始，北方大麦、冬小麦等夏熟作物籽粒已开始饱满等夏收作物已经结果，籽粒渐渐饱满，但尚未成熟，约相当乳熟后期。

从气候特征来看，在小满节气到下一个芒种节气期间，全国各地都逐渐进入了夏季，南北温差进一步缩小，降水渐渐增多。

此时南方地区的降雨多、雨量大，小满节气的后期往往是这些地区防汛的紧张阶段；对于长江中下游地区，如果这个阶段雨水偏少，可能是太平洋上的副热带高压势力较弱，位置偏南，意味着到了黄梅时节，降水可能就会偏少；黄河中下游地区这个时间段则非常容易遭受干热风的侵害。

※ 小满三候

我国古代将小满的十五天分为三候："一候苦菜秀，二候靡草死，三候麦秋至。"是说小满节气中，苦菜已经枝叶繁茂，而喜阴的一些枝条细软的草类在强烈的阳光下开始枯死，此时麦子开始成熟。

○小满时节的农事活动

南方地区的农谚赋予小满以新的寓意："小满不满，干断思坎""小满不满，芒种不管"。这里用"满"来形容雨水的盈缺，指出小满时田里如果蓄不满水，就可能造成田坎干裂，甚至芒种时也无法栽插水稻。

因为"立夏小满正栽秧""秧奔小满谷奔秋"，小满这个时期正适宜水稻栽插。华南的夏旱严重与否，和水稻栽插面积的多少有直接关系；而栽插的迟早，又与水稻单产的高低密切相关。华南中部和西部，常有冬干春旱，大雨又较迟，有些年份要到6月才有大雨，最晚甚至可迟至7月。加之常年小满节气雨量不多，平均仅40毫米左右，降雨量不能满足栽秧需水量，使得水源缺乏的华南中部夏旱更为严重。所以才有类似的俗话："蓄水如蓄粮""保水如保粮"。

为了抗御干旱，除了改进耕作栽培措施和加快植树造林外，特别需要注意抓好头年的蓄水保水工作。但是，也要注意可能出现的连续阴雨天气，这对小春作物收晒有很大的影响，所以应该在晴天抓紧进行夏熟作物的收打和晾晒。

西北高原地区这时多已进入雨季，作物生长旺盛，欣欣向荣。北方地区此时宜抓紧麦田虫害的防治，预防干热风和突如其来的雷雨大风的袭击。这一时期，务必要注意浇好"麦黄水"，抓紧麦田虫害的防治，以帮助麦子健康成长。

了解小满传统民俗

小满是反映农业物候的节气，因此，在这期间的民风习俗也多与农业生产有关。

○祭蚕

相传小满为蚕神诞辰，因此江浙一带在小满节气期间有一个祈蚕节。"男耕女织"为我国农耕传统，织的原料北方以棉花为主，南方以蚕丝为主，所以我国南方农村养蚕极为兴盛，尤其是江浙一带。

蚕是一种娇养的"宠物"，很难养活。气温、湿度、桑叶的冷、熟、干、湿等均影响蚕的生长。由于蚕难养，古代把蚕视作"天物"。为了祈求"天物"

的宽恕和养蚕有个好的收成，因此人们在四月放蚕时节举行祈蚕节。

祈蚕节没有固定日子，各家在哪一天“放蚕”便在哪一天举行，但前后差不了两三天。南方许多地方建有“蚕娘庙”“蚕神庙”，养蚕人家在祈蚕节到“蚕娘”“蚕神”前跪拜，供上酒、水果、丰盛的菜肴。此外，还要特别用面粉制成茧状，用稻草扎一把稻草山，将面粉制成的“面茧”放在上面，象征蚕茧丰收。

○小满动三车

小满时节正值初夏，蚕茧结成，养蚕人家待采摘缫丝。江南地区，自小满之日起，蚕妇就要煮蚕茧开动缫丝车缫丝，取菜籽至油车房磨油，天旱则用水车戽水入田，民间称为“小满动三车”。

○祭车神

祭车神是一些农村地区古老的小满习俗。传说中，“车神”是一条白龙。在小满时节，人们在水车基上放置鱼肉、香烛等物品祭拜。最有趣的地方是，祭品中会有一杯白水，祭拜时将白水泼入田中，有祝福水源涌旺的意思。

○抢水

浙江海宁一带在小满这一天要举行“抢水”仪式。族长约集各户，确定日期，安排准备，到小满黎明的时候，燃起火把吃麦糕、麦饼、麦团。然后族长以鼓锣为号，众人以击器相和，踏上事先装好的水车，数十辆一齐踏动，把河水引灌入田，至河浜水干为止。

○看麦梢黄

在关中地区，每年麦子快要成熟的时候，嫁出的女儿都要回娘家探望，问候夏收的准备情况，这一风俗叫“看麦梢黄”。女婿、女儿如同过节一样，携带礼品如油旋馍、黄杏、黄瓜等，去慰问娘家人。农谚云：“麦梢黄，女看娘，卸了杠枷，娘看冤家。”意为夏忙前，女儿去问候娘家的麦收准备情况，而忙罢后，母亲再探望女儿，关心女儿的操劳情况。有意思的是，小满叫起来，也像极了一个乡村女孩的名字。

○夏忙会

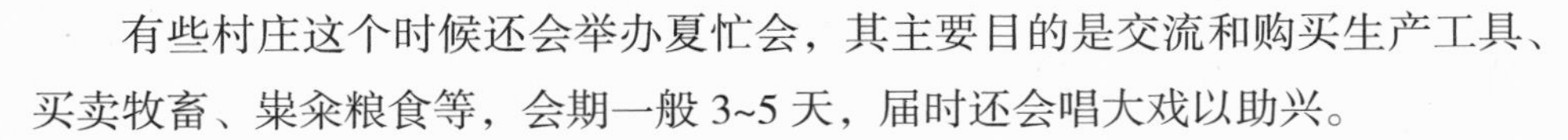
有些村庄这个时候还会举办夏忙会，其主要目的是交流和购买生产工具、买卖牧畜、粜籴粮食等，会期一般 3~5 天，届时还会唱大戏以助兴。

小满时节的养生保健

○小满养生知识

小满过后，天气逐渐炎热，雨水开始增多，闷热潮湿的夏季即将来临。在这种湿热交加的环境中，人经常感觉湿热难耐，却又无法通过水分蒸发来保持体内热量的平衡。这种体温调节上的障碍，会导致机体出现胸闷、心悸、精神不振、全身乏力等一系列的不适症状。因此，这个时候养生的重点就要做好“防热防湿”的准备。

中医把对人们的身体健康有负面影响的高温高湿称为“热邪”和“湿邪”，把人体阴阳气血、脏腑功能活动称为正气。当“邪气”盛于正气时，人就会患病。我们应根据小满时节的气候特点，在养气上要注意外调内养。

小满时节，万物生长最为旺盛，人体的生理活动同样处于最旺盛的时期，消耗的营养物质为二十四节气中最多，所以，应及时适当补充营养，才能确保身体五脏六腑不受损伤。

小满过后，昼长夜短，如果夜晚睡眠不好，白天身体极容易困倦乏力，所以要做到起居有规律，早睡早起。适当增加午睡时间，以保持精力充沛。

○小满时节的疾病预防

● 预防皮肤病

小满时节，天气闷热潮湿，是皮肤病的高发期，例如，易引发脚气、湿疹、风疹等。《金匮要略 · 中风历节篇》中记载：“邪气中经，则身痒而瘾疹。”

针对各种类似的皮肤病人，饮食调养上均宜以清爽清淡的素食为主，常吃具有清利湿热作用的食物，同时注意衣物材质的选择。

● 着装宜忌

小满过后，气温逐渐升高，此时的着装宜宽松舒适为好，不仅活动方便，而且通风透凉，有利于散热。但在炎热的夏季，不要误以为穿的越露就会越凉爽。因为只有当外界气温低于皮肤温度，暴露才会有凉快感。而当外界气温高于皮肤温度时，暴露面积不宜超过总体表面积的25%，否则热辐射就会侵入皮肤，反而更热。

女士在选择夏季着装时可考虑鼓风作用。穿喇叭裙、连衣裙，走动时能产生较好的鼓风作用，因而比穿瘦型裙更凉快。另外，夏装的开口部位（领、袖、裤腿、腰部）不宜过瘦，最好敞开些，这样有利于通风散热。过瘦的夏装会特别影响散热，这一点尤其需要注意。裆短过紧的裤子会阻碍女性阴部湿热气体的蒸发，有利于细菌的繁殖，易引起感染。男性穿紧身裤也是害多利少，因为紧身裤易造成股癣，还会经常刺激生殖器。

需要提醒的是，爱穿露脐装、吊带装的女性，在出入有空调的场所时，应避免腹部和肩部受凉，以免引起肠胃功能紊乱和肩周炎、颈肩综合征等疾病。

● 坐卧禁忌

在夏季生活中，坐卧宜讲究。夏季贪凉卧睡很容易引发风湿症、湿性皮肤病等疾病。因此，不要为贪图凉快，铺席在潮湿及冷石冷地或木头木板上睡卧。这样，湿气透入筋脉后，容易导致头重身疼、生痈疔疮，或患各种风湿性关节炎。而太热也不行，例如，太阳晒热的椅凳及砖石之类便不可就坐，恐热毒侵肤，患坐板疮或生毒疖。

● 冷水浴

小满之后，许多人都有洗冷水澡的习惯。现代医学研究证明，冷水浴是一种简便有效的健身方法。因为冷水对人体的刺激可以增强机体的新陈代谢和免疫功能。进行冷水浴锻炼的人，其淋巴细胞明显高于不进行冷水浴锻炼的人。另外，冷水可以刺激身体产生更多的热量来抵御寒冷，并因此消耗体内的热量，使其不被当作脂肪储存起来，从而使人体态健美。但是，冷水澡虽好，却并不适合每一个人，如体质弱者或患有高血压、关节炎者就不宜洗冷水澡，以免对身体造成伤害。

小满时节“吃”的学问

○小满饮食宜忌：少生冷，少煎烤，多清淡

小满气温变高，但不要过量进食生冷食物，也不要多食油煎熏烤、牛羊虾蟹发物，以免损伤肠胃；皮肤病患者均宜以清爽清淡的素食为主，常吃具有清利湿热作用的食物，少吃辛辣肥腻、生湿助湿的东西。

宜食：苦菜、黄瓜、蒜薹、玉米、扁豆、水芹、冬瓜、洋葱、鲫鱼、樱桃、桑葚等。

忌食：生姜、石榴、茄子、蘑菇、海鱼、虾、牛肉、鹅肉等。

○小满食谱攻略

冬瓜草鱼煲

用料：

冬瓜500克，草鱼250克，食盐、味精、植物油适量。

做法：

①冬瓜去皮，洗净切三角块；草鱼剖净，留尾，洗净待用。

②用油将草鱼（带尾）煎至金黄色；取砂锅一个，其内放入清水适量，把鱼、冬瓜一同放入砂锅内，先武火烧开后，改用文火炖至2小时左右，汤色泛白，加入食盐、味精调味即可食用。

功效：平肝、祛风、利湿、除热。

茭白白菜汤

用料：

茭白 250 克，白菜 250 克，盐、味精等调味品适量，麻油少许。

做法：

①将茭白、白菜切碎，备用。

②锅内加适量水，用武火烧开，加入茭白、白菜，用大火煮至菜熟，加入调味品，淋上少许麻油即可。

功效：清热解毒，生津止渴，通利二便。适用于消渴、黄疸、胸闷烦渴、小便不利、大便难下、痢疾、风疮以及维生素缺乏症、肥胖症等。

禁忌：茭白因含草酸多，不可与含钙丰富的食品同食，否则会影响钙的吸收。

荷叶粥

用料：

新鲜荷叶 50 克，粳米 200 克，白糖适量。

做法：

①将荷叶洗净，剪掉蒂待用。

②将粳米加水煮粥，荷叶盖在粳米上，粥熬好后，揭去荷叶，在粥内加入适量白糖即可食用。

功效：清暑利湿，升阳止血。适用于暑湿泄泻、水肿、眩晕、吐血、衄血、便血、崩漏、产后血晕等。

禁忌：荷叶有清利之性，虚者少食。

芹菜拌豆腐

用料：

芹菜 150 克，豆腐 1 块，食盐、味精、香油各少许。

做法：

①芹菜切成小段，豆腐切成小方丁，均用开水焯一下，捞出后用凉开水冲凉，控净水待用。

②将芹菜和豆腐搅拌，加入食盐、味精、香油，搅匀即成。

功效：平肝清热，利湿解毒。

青椒炒鸭块

用料：

青椒 150 克，鸭脯肉 200 克，鸡蛋 1 个，黄酒、盐、干淀粉、鲜汤、味精、水淀粉、植物油各适量。

做法：

①鸭脯肉劈成 2 寸长、6 分宽的薄片，用清水洗净后控干；将鸡蛋取清和干淀粉、盐搅匀，与鸭片一起拌匀上浆；青椒去籽、去蒂洗净后切片。

②锅烧热后加油烧至四成热，将鸭片下锅，用勺划散，炒至八成熟时，放入青椒，待鸭片炒熟，倒入漏勺淋油。

③锅内留少许油，加入盐、酒、鲜汤烧至滚开后，再将鸭片、青椒倒入；用水淀粉勾芡，翻炒几下装盘即成。

功效：温中健脾，利水消肿。

品味小满文化情趣

○品小满诗词

归田园四时乐春夏二首（其二）

【北宋】欧阳修

南风原头吹百草，草木丛深茅舍小。
麦穗初齐稚子娇，桑叶正肥蚕食饱。
老翁但喜岁年熟，饷妇安知时节好。
野棠梨密啼晚莺，海石榴红啭山鸟。
田家此乐知者谁？我独知之归不早。
乞身当及强健时，顾我蹉跎已衰老。

在描写小满时节农家生活情状的古诗中，这是最著名的一首。夏季的南风吹拂着野草，草木深处可以看到小小的茅舍，麦田嫩绿的麦穗已经抽齐，桑树上的叶子长得十分肥美可供蚕宝宝吃饱，梨子挂满枝头，山鸟不断啼叫。好一幅美丽的乡村画卷。最后诗人发出感慨，说田园生活这么好，自己怎么不早点归隐？可惜现在已经老了！字里行间满是对农家生活的向往之情。

乡村四月

【南宋】翁卷

绿遍山原白满川，

子规声里雨如烟。

乡村四月闲人少，

才了蚕桑又插田。

翁卷，字续古，一字灵舒，乐清（今属浙江）人，“永嘉四灵”之一。

这首诗以白描手法写江南农村初夏时节的景象。前两句写景，山坡田野草木茂盛，细雨蒙蒙，杜鹃啼叫；后两句写人，四月的时候家家户户都忙着农事，十分热闹。整首诗表达了诗人对乡村风光的热爱与欣赏，也表现出对劳动人民的赞美之情。

四时田园杂兴（其一）

【南宋】范成大

梅子金黄杏子肥，

麦花雪白菜花稀。

日长篱落无人过，

唯有蜻蜓蛱蝶飞。

范成大（1126—1193），字至能，一字幼元，早年自号此山居士，晚号石湖居士，平江府吴县（今江苏苏州）人，南宋名臣、文学家、诗人。

诗的前两句写了几种农作物，充分运用色彩描写与情态刻画，生动描绘了春末夏初时乡间草木茂盛、农作物欣欣向荣的美丽景致。金黄的梅子，肥硕的杏子，雪白的麦花，稀疏的油菜花，整个画面色彩感特别强烈。后两句写农民忙于耕种，连篱笆前都少有人经过，只有蜓蝶飞来飞去。整首诗给人一种生机勃勃、阳光明媚的感觉。

缫丝行

【南宋】范成大

小麦青青大麦黄，原头日出天色凉。

姑嫂相呼有忙事，舍后煮茧门前香。

缫车嘈嘈如风雨，茧厚丝长无断缕。

今年那暇织绢著，明日西门卖丝去。

这首劳动诗篇写得十分生动，富有浓厚的乡村农忙气息。苏州地区有“小满动三车”的民谣，所谓“三车”就是丝车、油车、田车。丝车是缫丝所用的缫车，油车指压榨菜籽油的油榨车，田车就是引水灌溉的脚踏车。这首诗反映了小满时节是吴地农村最忙碌的季节。

故里行

佚名

小满晨风故里行，

时有布谷两三声。

满坡麦苗盖地长，

又是一年丰收景。

诗人写自己在小满时节在家乡的所见所闻，表达了对家乡的赞美和对粮食丰收的祝福。布谷叫、麦苗长，正是“小满”节气的特征。

○读小满谚语

小满三天遍地黄，再过三天麦上场。

小满三天望麦黄，小满麦满仓。

小满下种正当急，芒种栽秧颗粒稀。

小满十日见白面。

小满十日遍地黄。

小满无青麦，芒种插秧忙。

小满雨，肥米谷；芒种雨，无干土。

小满不满，麦有一险。

小满不满，芒种不管；先黄不黄，

后绿不绿。

小满不满，芒种不管；忙一忙，三两场。

小满不种花，种花不回家。

小满不种棉，芒种提稗子，夏至见谷面。

小满不栽秧，来年闹饥荒。

小满栽秧正当急，芒种栽秧颗粒稀；夏至栽秧穗头短，万般宜早不宜迟。

小满栽秧三道根，芒种栽秧两道根，夏至栽秧一道根，小暑栽秧不生根。

小满栽秧家把家，芒种栽秧普天下。

小满桑葚黑，芒种三麦收。

小满桑葚黑，芒种大麦割。

小满种胡麻，秋后还有花。

小满种胡麻，到老一朵花。

小满种高粱，不用再商量。

小满高粱芒种谷。

小满高粱芒种谷，寒露蚕豆霜降麦。

小满高粱芒种谷，再迟收不足。

小满高粱芒种谷，没牛没子守着哭。

小满谷，打满屋。

小满天难做，蚕要温和麦要寒。

小满芝麻芒种谷，过了夏至种大黍。

第九章　芒种：芒种芒种，连收带种

有芒的麦子快收，有芒的稻子可种，农民开始了忙碌的田间劳作。

芒种与气象农事

○芒种时节的气象特色

芒种是夏季的第三个节气，表示仲夏时节的正式开始，在每年阳历6月5日前后，此时太阳到达黄经75度的位置。芒种的“芒”字，是指麦类等有芒植物的收获，芒种的“种”字，是指谷黍类作物播种的节令。

《月令七十二候集解》：“五月节，谓有芒之种谷可稼种矣。”其含义是：大麦、小麦等有芒作物种子已经成熟，抢收十分急迫。晚谷、黍、稷等夏播作物也正是播种最忙的季节。俗话说“春争日，夏争时”，“争时”是对这个忙碌的时节最好的写照。人们常说“三夏”大忙季节，即由此而来。所以，“芒种”也称为“忙种”，农民也称其为“忙着种”。

芒种时节雨量充沛，气温显著升高。常见的天气灾害有龙卷风、冰雹、大风、暴雨、干旱等。

这个时候，黄淮平原即将进入雨季；华南东南季风雨带稳定，是一年中降水量最多的时节；长江中下游地区先后进入梅雨季节，雨日多，雨量大，日照少，有时还伴有低温。我国东部地区全年的降雨量约有1/3（个别年份1/2）是梅雨季节下的，西南地区从6月份也开始进入了一年中的多雨季节，西南西部的高原地区冰雹天气开始增多。

在此期间，除了青藏高原和黑龙江最北部的一些地区还没有真正进入夏季以外，大部分地区的人们一般都能够体验到夏天的炎热。6 月份，无论是南方还是北方，都有出现 35℃以上高温天气的可能。黄淮地区、西北地区东部可能出现 40℃以上的高温天气，但一般不是持续性的高温。

※ 芒种三候

我国古代将芒种的十五天分为三候："一候螳螂生，二候鹏始鸣，三候反舌无声。"在这一节气中，螳螂在去年深秋产的卵因感受到阴气初生而破壳生出小螳螂；喜阴的伯劳鸟开始在枝头出现，并且感阴而鸣；与此相反，能够学习其他鸟鸣叫的反舌鸟，却因感应到了阴气的出现而停止了鸣叫。

○芒种时节的农事活动

芒种是一个典型的反映农业物候现象的节气。芒种一到，夏熟作物要收获，夏播秋收作物要下地，春种的庄稼要管理，收、种、管交叉，是一年中最忙的季节，所以才有长江流域"栽秧割麦两头忙"以及华北地区"收麦种豆不让晌"的说法。

这个时节，必须抓紧一切有利时机收小麦，抢割、抢运、抢脱粒，如果遇阴雨天气及风、雹等，往往使小麦因为不能及时收割、脱粒和贮藏而导致麦株倒伏、落粒、穗上发芽霉变及"烂麦场"等。

此时，长江中下游地区的梅雨天气正好为水稻、棉花等作物提供了充足的水分，梅雨对庄稼十分有利，很多地区如果梅雨过少或来得迟，作物就会受旱。梅雨天气结束，雨带中心转移到黄淮流域。这时江淮流域都在抢种。

时至芒种，四川盆地麦收季节已经过去，中稻、红苕移栽接近尾声。大部地区中稻进入返青阶段，秧苗嫩绿。如果尚未移栽中稻，应该抓紧栽插，如果再推迟，因气温提高，水稻营养生长期缩短，而且生长阶段又容易遭受干旱和病虫害，产量必然不高；红苕移栽至迟也要赶在夏至之前，如果栽苕过迟，不但干旱的影响会加重，而且待到秋来时温度下降，不利于薯块膨大，产量亦将明显降低。

了解芒种传统民俗

芒种是一年中最忙的时节，人们没有多少闲暇的时间，因此各地风俗习惯并不多。相比较而言，我国南方地区比较重视芒种节气。

○煮梅

芒种煮梅的习俗，历史悠久，最早可追溯至夏朝。在南方，每年五、六月是梅子成熟的季节，新鲜的梅子大多味道酸涩，不便直接入口，需加工后方可食用。如今，加工青梅的方式有很多，如盐渍、制作蜜饯、取汁、熏制、酿酒、制药等。

谈起煮梅，就不得不提起一个典故，也就是三国时期的“青梅煮酒论英雄”。芒种时节，劳作一天之后，一边品尝美味的煮梅子，一边听家里长辈讲三国的故事，也是十分有趣的事。

○饯花会

江南一些地区在芒种日有“饯花会”的习俗，也叫“送花神”。当地的人们认为，芒种过了便是夏日，百花凋谢，花神退位，因此要设案摆供为花神饯行，也有的人用丝绸悬挂花枝，以示送别。曹雪芹在《红楼梦》第二十七回写芒种节道：“这日，那些女孩子们，或用花瓣柳枝编成轿马的，或用绫锦纱罗叠成干旄旌幢的，都用彩线系了。每一棵树上，每一枝花上，都系了这些物事。满园里绣带飘飘，花枝招展。”“干旄旌幢”中“干”即盾牌；旄，旌，幢，都是古代的旗子，旄是旗杆顶端缀有牦牛尾的旗，旌与旄相似，但不同之处在于它由五彩折羽装饰，幢的形状为伞状。由此可见大户人家芒种节为花神饯行的热闹场面，也体现了古人对自然的一种敬畏。

○安苗

安苗是皖南一些地区的农事习俗活动，始于明初。每到芒种时节，农民们种完水稻，为祈求秋天有个好收成，各地都要举行安苗祭祀活动。家家户户用新麦面蒸发包，把面捏成五谷六畜、瓜果蔬菜等形状，然后用蔬菜汁染上颜色，作为祭祀供品，祈求五谷丰登、村民平安。

○打泥巴仗

贵州东南部一带的侗族青年男女，每年芒种前后都要举办一个热闹非凡的打泥巴仗的活动。当天，新婚夫妇由要好的男女青年陪同，集体插秧，边插秧边打闹，互扔泥巴。活动结束，检查战果，身上泥巴最多的，就是最受欢迎的人。

芒种时节的养生保健

○芒种养生知识

芒种时节天气炎热，雨水增多，湿热之气到处弥漫，使人身之所及、呼吸之所受均不离湿热之气。而湿邪重浊易伤肾气、困肠胃，使人易感到食欲不佳、精神困倦。这一时期的健身养生应注意以下几个方面。

● 芒种时风火相煽，人们易感到烦躁不安。夏季是养心的季节，这个时候应使自己保持轻松愉快的心情，忌恼怒忧郁，从而使气血得以宣畅、通泄得以自如。

● 夏天白昼较长，睡眠容易受到干扰，所以要尽快适应昼长夜短的季节特点，晚睡早起，适当地接受阳光照射但要避开太阳直射、注意防晒防暑，以顺应旺盛的阳气。中午最好能小睡一会儿，时间以 30 分钟至 1 个小时为宜。没办法午睡者，午间时分可听听音乐或闭目养神 30~50 分钟，以解除疲劳，有利于健康。另外，司机及高空作业的人一定要防止“夏打盹”，以免发生意外。

● 天热易出汗，衣服要勤洗勤换。当人体大量出汗后，不要马上喝过量的白开水或糖水，可喝些果汁或糖盐水，以防止血钾过分降低。

● 为避免中暑，要经常洗澡，这样可使皮肤疏松，“阳热”易于发泄。但出汗时不能立刻用冷水冲澡，我国有句古语，“汗出不见湿”，若“汗出见湿，乃生痤疮”。洗浴时如果采用药浴，则会达到更好的健身防病的作用。药浴的方法多种多样，作为保健养生则以浸浴为主。芒种时节以五枝汤（桂枝、槐枝、桃枝、柳枝、麻枝）沐浴最佳，即先将等量药物用纱布包好，加十倍于药物的清水，浸泡20分钟，然后煎煮30分钟，再将药液倒入浴水内，即可浸浴。

● 不要因贪图凉快而迎风或露天睡卧，也不要因大汗而光膀吹风。此时如果光着膀子，外界热量就会进入皮肤，且不能通过蒸发的方式达到散热的目的而感到闷热。若穿件透气好的棉、丝织衣服，使衣服与皮肤之间存在着微薄的空气层，而空气层的温度总是低于外界的温度，防暑降温的效果由此可达到。

○芒种时节的疾病预防

● *防空调病*

空调环境虽给人们带来凉爽的同时，在一定程度上，也会给人带来负面影响。由于门窗紧闭和室内的空气污染，使室内氧气缺乏；再加上恒温环境，自身产热、散热调节功能失调，会使人患上所谓的空调病。因此，夏季的空调房室温应控制在26℃~28℃之间。最低温度不得低于20℃，室内外温差不宜超过8℃；久待空调房间，应定时通风换气，杜绝在空调房抽烟；长期生活与工作在空调房间的人，每天至少要到户外活动3~4小时，年老体弱者、高血压患者，不宜久留于空调房间。

● *防蚊虫*

芒种时节蚊子很多，往往是造成人们得病的重要原因之一。驱除蚊子的方法，除了加强生活区域的清洁卫生以外，自身的起居生活也很重要。如吃大蒜可有效驱蚊，因为蚊子不喜欢人体分泌出来的大蒜味；口服维生素 B，通过人体生理代谢后从汗液排出体外，这种气味使蚊子不敢接近人体。睡前一个小时口服维生素 B，两片为宜，但不要长期服用。

另外，潮湿的空气使各种物品极易发霉生虫，所以家中的被褥衣物等要时常记得晾晒、灭虫。

● 防感冒

进入芒种以后，尽管气温已经升高，但我国经常受到来自北方的冷空气影响，有些地区的气温有时仍很不稳定。比如，东北地区在此期间可能还会出现 4℃以下的低温，华北地区有时也可能出现 10℃左右的低温，即使是长江下游地区也曾出现过 12℃以下的低温。因此，出门之前一定要注意看天气预报，如遇降温，立刻穿上外套，以免受凉得病。

芒种时节“吃”的学问

○芒种饮食宜忌：清补为主，多食果蔬

芒种时节，人体新陈代谢旺盛，汗易外泄，耗气伤津，所以宜多吃具有祛暑益气、生津止渴的食物。这个时期的饮食宜以清补为主，多吃瓜果蔬菜。老年人因机体功能减退，热天消化液分泌减少，心脑血管有不同程度的硬化，除了饮食清淡，还应辅以清暑解热、护胃益脾和具有降压、降脂作用的食品。女性在月经期或产后，即便天气渐热，也不宜食生冷性凉之品，以防引发其他疾病。

宜食：荞麦、菠菜、苋菜、香菜、甘蓝、土豆、山药、黄瓜、桑葚、西瓜、泥鳅等。

忌食：糯米饭、海鱼、辣椒等。

○芒种食谱攻略

香菇冬瓜球

用料：

冬瓜 300 克，香菇、鸡汤、水淀粉、植物油、精盐、姜、味精、香油各

适量。

做法：

①香菇水发、洗净，冬瓜去皮洗净，用钢球勺挖成圆球待用，姜洗净切丝。

②锅内放入适量植物油烧热，下姜丝煸炒出香味，入香菇继续煸炒数分钟，倒入适量鸡汤煮开，将冬瓜球下锅烧至熟，用水淀粉勾芡，翻炒几下，放入味精，淋上香油，即可出锅。

功效：补益肠胃，生津除烦。

青荷包三丝

用料：

鸡脯肉 150 克，鸭脯肉 75 克，绿豆芽 250 克，鲜荷叶 3 张，生姜 15 克，葱 10 克，胡椒 2 克，味精 1 克，鸡蛋 1 个，淀粉 10 克，精盐 3 克，菜油 1000 克（实耗 100 克），猪油 40 克。

做法：

①鸡脯肉、鸭脯肉洗净切丝；生姜、葱洗净切成细丝；绿豆芽择去头尾，洗净入沸水烫一下捞起；荷叶洗净烫软漂凉，切成 20 张；鸡蛋去黄留清，用淀粉调好待用。

②鸡丝、鸭丝用精盐、胡椒、味精、姜、葱搅拌，拌匀腌渍 5 分钟；再用蛋清淀粉将绿豆芽、猪油、葱、姜丝、精盐、味精拌匀；先取一份豆芽放在荷叶上面，再放一份鸡鸭丝，然后包好，共包 20 张。

③锅置火上注入菜油，油烧至九成热后将荷叶包放在漏勺里，反复淋以热油，大约 5 分钟即熟。

功效：消暑祛湿。适用于身体虚弱、阴虚火旺及暑湿泄泻、眩晕等症，是夏季的时令菜。体力劳动者、运动员、机动车驾驶员经常食用能消除疲劳，增强体质，保持旺盛精力。

番茄炒鸡蛋

用料：

番茄 300 克，鸡蛋 3 个，精盐、味精、白糖各适量。

做法：

①番茄洗净切片，鸡蛋打入碗内搅匀。

②油锅烧热，先将鸡蛋炒熟，盛入碗内；炒锅洗净，烧热放油，白糖入锅溶化，把番茄倒入锅内翻炒 2 分钟后，将鸡蛋、盐入锅同炒 3 分钟，放少许味精出锅即可。（糖尿病人不放白糖）

功效：生津止渴，养心安神。

黄花肉片汤

用料：

黄花菜 25 克，瘦猪肉 100 克，姜、葱、盐、淀粉、酱油、味精等适量。

做法：

①先将黄花菜用温水泡发，掸去硬蒂，洗净；猪肉切片，用淀粉、酱油、盐、味精腌一下。

②置一锅，加水煮沸后，放入黄花菜，煮开后，放入肉片，加调料，再煮几开即可食用。

功效：宁心安神，清热利尿，解酒，止血，通乳，抗菌消炎，适用于心烦胸闷、神经官能症、小便不利或热赤难下、痔疮便血、鼻出血、产后少乳、醉酒及感冒、痢疾、乳腺炎等。

禁忌：新鲜的黄花含有秋水仙碱，食之易引起中毒。

清炖鸡汤

用料：

老母鸡 1 只，姜、盐等调味品适量。

做法：

①将鸡宰杀干净，切成小块，加水、姜，慢火煮 1~2 小时。

②待鸡肉软熟，加入盐等调味品即可食用。

功效：补益气血，滋养五脏，开胃生津，醒酒消食。适用于气血亏虚、五脏虚损、四肢乏力、身体羸瘦、虚弱头晕、小便频数、耳鸣等，还可用于痢疾、便血、痔疮、咽喉疼痛、便秘、肺热咳嗽、牙痛及轻度高血压、动脉硬化。另外，还可用于醉酒不适等。

禁忌：鸡肉性温热，阳盛体质之人夏季慎食。

品味芒种文化情趣

○品芒种诗词

芒种后积雨骤冷

【南宋】范成大

梅霖倾泻九河翻，

百渎交流海面宽。

良苦吴农田下湿，

年年披絮插秧寒。

这首诗写芒种时节之后，阴雨连绵不止，河满沟平，天气略微有些寒冷，农夫却没有办法，只好身披棉絮忙着插秧。梅霖：梅雨，久下不停的雨为“霖”。百渎：很多条河流大川。

村晚

【南宋】雷震

草满池塘水满陂，

山衔落日浸寒漪。

牧童归去横牛背，

短笛无腔信口吹。

雷震，生平不详。或为眉州（今四川眉山）人，宋宁宗嘉定年间进士；又说是南昌（今属江西）人，宋度宗咸淳元年（1265）进士。

这首诗的前两句描绘出江南农村夏日的典型风光。池中生满水草，池水漫上塘岸，山像是衔着落日似的映在水面之上。后两句写牧童横坐在牛背上，悠闲地随口吹着短笛，十分天真烂漫。整首诗寄托了诗人对农村生活的热爱之情。

○读芒种谚语

芒种夏至，水浸禾田。

芒种火烧天，夏至雨淋头。

芒种夏至是水节，如若无雨是旱天。

四月芒种雨，五月无干土，六月火烧埔。

芒种怕雷公，夏至怕北风。

芒种夏至，芒果落蒂。

芒种疯鲨。

芒种落雨，端午涨水。

芒种热得很，八月冷得早。

芒种火烧鸡，夏至烂草鞋。

芒种夏至常雨，台风迟来；芒种夏至少雨，台风早来。

芒种夏至天，走路要人牵。

芒种栽薯重十斤，夏至栽薯光根根。

芒种晴天，夏至有雨。

芒种闻雷美自然。

芒种日晴热，夏天多大水。

芒种忙忙栽，夏至谷怀胎。

芒种不下雨，夏至十八河。

芒种西南风，夏至雨连天。

第十章　夏至：吃过夏至面，一天短一线

正午太阳高度最高，炎热天气的正式开始，天气将越来越热，并时常伴随有雨水。

夏至与气象农事

○夏至时节的气象特色

夏至是二十四节气中最早被确定的节气之一，也就是每年阳历的 6 月 21 日或 22 日，太阳到达黄经 90 度的时候。按照《恪遵宪度抄本》上的说法："日北至，日长之至，日影短至，故曰夏至。至者，极也。"

夏至这天，太阳直射地面的位置到达一年的最北端，几乎直射北回归线，北半球的白昼时间到达极限，在我国南方各地，从日出到日没大多为 14 小时左右，越往北越长。如海南的海口市这天的日长约 13 小时多一点，杭州市为 14 小时，北京约 15 小时，而黑龙江的漠河则可达 17 小时以上。

夏至意味着炎热天气的正式开始，之后天气将越来越热，还时常伴随有雨水。这个时期的天气归结起来基本有以下几种情况。

● 对流天气

夏至以后地面受热强烈，空气对流旺盛，午后至傍晚常易形成雷阵雨。这种热雷雨骤来疾去，降雨范围小，人们称"夏雨隔田坎"。但对流天气带来的强降水，常常带来局地灾害。

● 暴雨天气

这个时候，长江中下游、江淮流域正值梅雨，阴雨连绵，甚至会频频出现暴雨天气，容易形成洪涝灾害，应注意加强防汛工作。近三十年来，华南西部6月下旬出现大范围洪涝的次数虽不多，但程度却比较严重。

● 高温开始

夏至以后，气温将不断升高，因此有“夏至不过不热”“夏至三庚数头伏”的说法。夏至这天虽然白昼最长，太阳角度最高，但并不是一年中天气最热的时候。因为，接近地表的热量，这时还在继续积蓄，并没有达到最多的时候。

※ 夏至三候

我国古代将夏至的十五天分为三候：“一候鹿角解，二候蝉始鸣，三候半夏生。”麋与鹿虽属同科，但古人认为，二者一属阴一属阳。鹿的角朝前生，所以属阳。夏至日阴气生而阳气始衰，所以阳性的鹿角便开始脱落。而麋因属阴，所以在冬至日角才脱落；雄性的知了在夏至后因感阴气之生便鼓翼而鸣；半夏是一种喜阴的药草，因在仲夏的沼泽地或水田中出生所以得名。由此可见，在炎热的仲夏，一些喜阴的生物开始出现，而阳性的生物却开始衰退了。

○夏至时节的农事活动

夏至时节，我国大部分地区气温较高，日照充足，作物生长很快，生理和生态需水均较多。此时的降水对农业生产影响很大，自古就有“夏至雨点值千金”之说。这时长江中下游地区降水一般可满足作物生长的需求。

这时，华南西部雨水量显著增加，使入春以来华南雨量东多西少的分布形势，逐渐转变为西多东少。如有夏旱，一般这时可望解除。而华南东部受副热带高压控制，会出现伏旱。为了增强抗旱能力，夺取农业丰收，在这些地区，抢蓄伏前雨水是一项重要措施。

过了夏至，我国南方大部分地区农业生产因农作物生长旺盛，杂草、病虫迅速滋长蔓延而进入田间管理时期，高原牧区则开始了草肥畜旺的黄金季节。

了解夏至传统民俗

夏至，古时又称“夏节”“夏至节”，是很受人们重视的一个节气，期间的民俗活动也是丰富多彩。

○夏至面

自古以来，民间就有“冬至饺子夏至面”的说法，夏至吃面是很多地区的重要习俗，尤其是北方。关于这天为什么要吃面，则有很多的说法。

● 象征夏至这天的白昼时间最长

用面条的长比拟夏至的白昼时间，正如我们在过生日的时候吃面一样，为的是取一个好彩头。夏至过后，正午太阳直射点逐渐南移，北半球的白昼日渐缩短，因此，我国民间有“吃过夏至面，一天短一线”之说，那一线不刚刚好是面条的宽度吗？

● 预示三伏天的来临

夏至这天的面条有讲究，不是我们平日的热汤面，而是凉面，也就是俗称过水面。将手擀面煮熟后，直接捞到盛有凉水（一般是现从水井中打上来的井水，温度很低）的盆中拔凉，然后盛到碗里，浇上备好的小菜及卤汁，在炎热的盛夏，吃起来实在透心凉。这是因为夏至虽然表示炎热的夏天已经到来，但还不是最热的时候。夏至后大约再过二三十天，就会进入“三伏天”，三伏天才是夏天最热的时期，吃凉面是为了提醒大家注意防暑降温。在胶州地区，也称这天的面条为“入伏面”。

● 夏至新麦登场要尝新

夏至时节，华北、华东小麦主产区因为温度较高，农作物生长旺盛，所以在夏至之前，当季的新麦就已经成熟，用新收割的麦子磨面擀面条，夏至食面也就有了尝新的意思。不过也有直接煮新麦粒吃的，在山东龙口一带，儿童们用麦秸编一个精致的小笊篱，在汤水中捞起麦粒，一次一次地向嘴里送，寓节俗于游戏中，很有农家生活的情趣。

○吃鸡蛋，治苦夏

夏至后第三个庚日为初冥伏，第四庚日为中伏，立秋后第一个庚日为末伏，总称伏日。伏日人们食欲不振，往往比平日消瘦，俗谓之“苦夏”。山东有的地方吃生黄瓜和煮鸡蛋来治“苦夏”，入伏的早晨只吃鸡蛋，不吃别的食物。

○给牛改善伙食

夏至这天，山东临沂地区有给牛改善饮食的习俗。伏日煮麦仁汤给牛喝，据说牛喝了身子壮，能干活，不淌汗。民谣说：“春牛鞭，舐牛汉（公牛），麦仁汤，舐牛饭，舐牛喝了不淌汗，熬到六月再一遍。”

○吃狗肉和荔枝

在岭南地区，有夏至吃狗肉之习。俗语说：“夏至狗，没啶走（无处藏身）。”夏至杀狗补身，使当天的狗无处藏身，但不能在家宰杀，要在野外加工。

关于吃狗肉这一习俗，民间有一种说法，夏至这天吃狗肉能祛邪补身，抵御瘟疫等。俗语说“吃了夏至狗，西风绕道走”，大意是人只要在夏至日这天吃了狗肉，其身体就能抵抗西风恶雨的入侵，少感冒，身体好。

关于杀狗补身的习俗，相传源于战国时期秦德公即位次年，六月酷热，疫疠流行。秦德公便按“狗为阳畜，能辟不祥”之说，命令臣民杀狗避邪，后来形成夏至杀狗的习俗。

岭南一带的人有狗肉和荔枝合吃的习惯，据说夏至日的狗肉和荔枝合吃不热。

夏至时节的养生保健

○夏至养生知识

我国的传统中医认为，夏至是阳气最旺的时节，养生要顺应夏季阳盛于外的特点，注意保护阳气。

《周易》理论认为："夏属火，对应五脏之心。"因此，夏至后重在养心。夏日炎炎，往往让人心烦意乱、心浮气躁，而烦则更热，从而影响人体的功能活动。要善于调节，保持心平气和、心胸宽阔，可以多静坐，以排除心中杂念，精神饱满了便有利于气机的通泄。相反，若是懈怠厌倦，恼怒忧郁，则有碍气机通跳。《养生论》也谈到炎夏养生，"更宜调息静。息，常如冰雪在。静，炎热不于吾""少减，不可以热为热，更生热矣。"即"心静自然凉"，这里所说的就是夏季养生法中的精神调养。

运动也是养生中不可缺少的因素之一。夏季运动最好选择在清晨或傍晚天气较凉爽的时候进行，场地宜选择在河边湖边、公园庭院等空气新鲜的地方。并且运动的时候不宜过分剧烈，若运动过激，大汗淋漓，汗泄太多，不但伤阴气，也宜损阳气。如果在运动锻炼过程中，出汗过多，可适当饮用淡盐开水或绿豆盐水汤，切不可饮用大量凉开水，更不能立即用冷水冲头、淋浴，否则会引起寒湿痹症、黄汗等多种疾病。

由于夏天白天长、炎热，入夜又难眠，睡午觉便是消除疲倦、保持精力的一种有效方式。俗话说："热天睡好觉，胜吃西洋参。"

夏至时节昼长夜短，天气炎热，夜间睡眠多有不足，人经过上午的劳作后，体力和精力消耗较大。因此，每天应安排短时间的午睡，以促进体力和精力的恢复。

午睡时间一般以 1 小时为宜。午睡时间过久，大脑中枢神经会加深抑制，时间越长，越是感到疲倦，不利于醒后很快进入工作状态，甚至醒后有不舒服的感觉。

午睡应采取平卧或侧卧姿势，并在腹部盖上毛巾被。不宜坐着打盹，这样易导致脑部供血减少，会出现头昏脑涨等症状；也不宜伏桌午休，以免眼球受压而致眼疾。

为了保证午睡质量，午餐时不宜饮酒、喝咖啡、浓茶，以免兴奋而难以入睡，并且不宜餐后倒头便睡，应活动 10 分钟再上床。

不要在喧闹的场合午睡，以免影响午睡的质量；也不要在屋檐下、过道里或露天迎风而睡，避免受凉感冒；不要为了午睡而服安眠药，应顺其自然，不必人为地催睡。

午睡是健康充电，但并非人人皆宜。65 岁以上且体重超过标准体重 20% 的人、血压过低的人、血液循环系统有严重障碍者，特别是脑血管变窄经常头晕的人，都不宜午睡。

患有心脑血管疾病的老人，午睡醒后不要即刻起床，而要伸伸懒腰，打打哈欠，然后再慢慢起床，以缓解醒后突然运动造成的血压变化，预防心脑血管疾病的突然发作。

○夏至时节的疾病预防

● 防暑

夏至过后就到了真正的三伏天，这是一年之中最为炎热的一段时期，容易中暑，那么应当如何防暑呢？

首先是吃冷食、凉食、瓜果。古代的斗茶、凉汤都是极好的防暑品。苏州立夏节喝“七家茶”，小孩要吃“猫狗饭”。很多地方为了解暑会饮食凉粉、酸梅汤，服用冰块。周代的时候便已有了掌冰的官吏和冰窖设备，冬季储冰，夏季食用。清代就有刨冰。

清廷在立夏这一天，赏赐文武大臣冰块。此时又是瓜季，人们经常坐在瓜棚下乘凉，品尝西瓜。

再有就是利用防暑工具，例如伞、扇子、凉帽、凉席、竹夫人等等。扇子起源很早，先为农业生产的扬谷工具，后来才加以改进，变成防暑和戏曲用具。文献记载中的商代扇子，是车上遮雨用的，称“扇汗”。南北朝后，在扇汗外，又发明一种长柄障扇，后来演变为华盖。民间的扇子因地而异，有芭蕉扇、蒲扇、羽扇、绢扇等，后来才出现了纸制折扇。除了利用各种质料制成的凉席之外，古代流行的瓷枕，也是一种防暑卧具。有用竹枕的，即称竹夫人，又称百花娘子、竹姬、青奴。在《吴友如画宝》的一幅“竹妖入梦”图中，就绘有一男子卧于床上，抱着竹夫人入梦乡的情景。

此外，人们也喜欢在夏天里游泳、戏水、养金鱼、叉鱼、钓鳖、捕蛙、捉鱼、夏猎等活动。凉亭赏夏也是人们盛夏中进行的一项防暑活动。

每日温水洗澡也是值得提倡的防暑措施。洗澡不仅可以洗掉汗水、污垢，使皮肤清洁凉爽，利于消暑防病，而且能起到锻炼身体的目的。因为温水冲澡时的水压及机械按摩作用可使神经系统兴奋性降低，体表血管扩张，加快血液循环，改善肌肤和组织的营养，降低肌肉张力，消除疲劳，改善睡眠，增强抵抗力。

另外，夏日炎热，腠理开泄，易受风寒湿邪侵袭。睡眠时不宜用扇送风，有空调的房间室内外温差不宜过大，更不要夜晚露宿。

● *防肠道疾病*

夏季雨水多，尤其是江淮一带正值“梅雨”季节，阴雨连绵不断，空气非常潮湿。在这样的天气下，器物发霉，人体会觉得不舒服，蚊虫繁殖速度快，肠道性病菌很容易滋生。这时要注意饮用水的卫生，尽量不吃生冷食物，防止痢疾等肠道疾病的发生和传播。因此在夏令饮食中有吃大葱、大蒜习俗。明李时珍《本草纲目》认为大蒜有“通五脏，达诸窍，去寒湿，避邪恶，消肿痛，化瘕积肉食”之效。

夏至时节"吃"的学问

○夏至饮食宜忌：宜苦味清淡，忌肥甘厚味

在饮食方面要注意，有"夏时心火当令""心火过旺则克肺金"之说，故《金匮要略》有"夏不食心"的说法。

根据五行（夏为火）、五成（夏为长）、五脏（属心）、五味（宜苦）的相互关系，味苦之物亦能助心气而制肺气。夏季又是多汗的季节，出汗多，则盐分损失也多，若心肌缺盐，心脏搏动就会出现失常。中医认为此时宜多食酸味，以固表，稍食咸味以补心。

另外，因为此时天气炎热，人的消化功能相对较弱，所以，饮食要以清泄暑热、增进食欲为目的，因此要多吃苦味食物，宜清淡，不宜肥甘厚味，以免化热生风，激发疔疮之疾。要多食杂粮以寒其体，不可过食热性食物，以免助热。冷食瓜果当适可而止，不可过食，以免损伤脾胃。勿过咸、过甜，宜多吃具有祛暑益气、生津止渴的食物。

宜食：白菜、苦瓜、丝瓜、黄瓜、番茄、生姜、莲子、鸭肉、绿豆、西瓜、木瓜等。

忌食：动物肝脏、油条、汉堡、巧克力等。

○夏至食谱攻略

凉拌莴笋

用料：

鲜莴笋350克，葱、香油、味精、盐、白糖各适量。

做法：

莴笋洗净去皮，切成长条小块，盛入盘内加精盐搅拌，腌1小时，滗去水分，加入味精、白糖拌匀。将葱切成葱花撒在莴笋上，锅烧热放入香油，待油热时浇在葱花上，搅拌均匀即可。

功效：利五脏，通经脉。

奶油冬瓜球

用料：

冬瓜500克，炼乳20克，熟火腿10克，精盐、鲜汤、香油、水淀粉、味精各适量。

做法：

冬瓜去皮，洗净削成见圆小球，入沸水略煮后，倒入冷水使之冷却。将冬瓜球排放在大碗内，加盐、味精、鲜汤上笼用武火蒸30分钟取出。把冬瓜球复入盆中，汤倒入锅中加炼乳煮沸后，用水淀粉勾芡，冬瓜球入锅内，淋上香油搅拌均匀，最后撒上火腿末出锅即成。

功效：清热解毒，生津除烦，补虚损，益脾胃。

荷叶茯苓粥

用料：

荷叶1张（鲜、干均可），茯苓50克，粳米或小米100克，白糖适量。

做法：

先将荷叶煎汤去渣，把茯苓、洗净的粳米或小米加入药汤中，同煮为粥，出锅前将白糖入锅。

功效：清热解暑，宁心安神，止泻止痢（对心血管疾病、神经衰弱者亦有疗效）。

兔肉健脾汤

用料：

兔肉200克，淮山30克，枸杞子15克，党参15克，黄芪15克，大枣30克。

做法：

兔肉洗净与其他用料武火同煮，煮沸后改文火继续煎煮2小时，汤、肉同食。

功效：健脾益气。

品味夏至文化情趣

○品夏至诗词

夏至日作

【唐】权德舆

璇枢无停运，

四序相错行。

寄言赫曦景，

今日一阴生。

权德舆（759—818年），字载之，汉中略阳人，唐代文学家，曾任宰相。

整首诗颇具哲理，意在提示人们，虽然此刻正值夏日炎炎，但“璇枢无停运”，秋天亦将转瞬到来。璇：璇玑。北斗星中四颗成斗的星叫作璇玑。枢：北斗第一颗星。璇枢在这里泛指北斗星。古人观天象以北斗星转动的方位定时间的运行。四序：四季。赫曦：炎暑。一阴生：夏至是一年中阳盛到极点的时刻，阳盛到极点时，没有丝毫停留，阴气就开始从地底上升，所以夏至又称“一阴生”。

竹枝词

【唐】刘禹锡

杨柳青青江水平，

闻郎江上唱歌声。

东边日出西边雨，

道是无晴却有晴。

刘禹锡（772—842），字梦得，河南洛阳人，唐朝文学家、哲学家，有“诗豪”之称。

江边杨柳青青，江水平如明镜，一位女子忽然听到江上有人歌唱，那个年轻男子就如同夏至以后的天气一样，东边出着太阳，西边又下着雨，实在捉摸

不透。

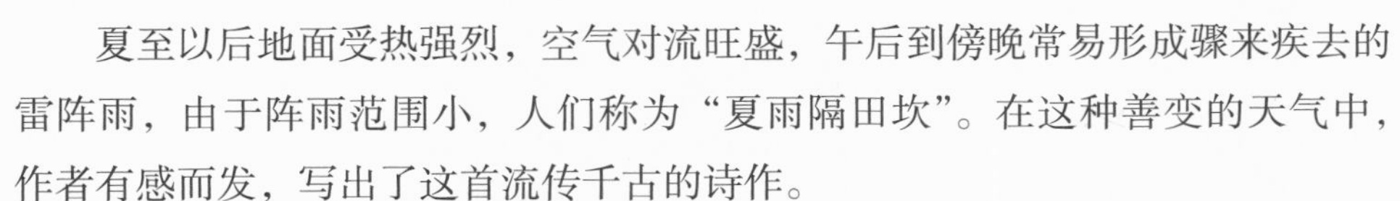

夏至以后地面受热强烈，空气对流旺盛，午后到傍晚常易形成骤来疾去的雷阵雨，由于阵雨范围小，人们称为“夏雨隔田坎”。在这种善变的天气中，作者有感而发，写出了这首流传千古的诗作。

夏至避暑北池

【唐】韦应物

昼晷已云极，宵漏自此长。

未及施政教，所忧变炎凉。

公门日多暇，是月农稍忙。

高居念田里，苦热安可当。

亭午息群物，独游爱方塘。

门闭阴寂寂，城高树苍苍。

绿筠尚含粉，圆荷始散芳。

于焉洒烦抱，可以对华觞。

夏至这天，昼晷所测白天的时间已经到了极限，自此，夜晚漏壶所计的时间会渐渐加长。还没来得及实施自己的计划，就已经忧虑气候的变化冷暖的交替了。衙门空闲的时候居多，而田里的农事却是比较忙碌。在地里耕作的老百姓，也不知怎么抵挡这酷暑。正午时分万物都在歇息，唯独我自己在池塘里坐船游来游去好不惬意。城墙高耸，城门紧闭，树木葱翠，绿荫静寂。翠绿的鲜竹尚且含粉，池塘里的荷花已经开始散发阵阵的清香了。在这里可以抛却烦恼忘掉忧愁，终日举着酒杯畅饮。

诗人虽然闲居消夏，心里却时不时念着赤日炎炎下于田间劳作的农民，体现了关怀民间疾苦的民本思想。

○读夏至谚语

夏至东南风，平地把船撑。

夏至刮东风，半月水来冲。

夏至一场雨，一滴值千金。

夏至杨梅满山红，小暑杨梅要生虫。

夏至落雨十八落，一天要落七八砣。

夏至东南风，十八天后大雨淋。

日长长到夏至，日短短到冬至。

不到夏至不热，不到冬至不寒。

夏至无雨三伏热，处暑难得十日阴。

夏至见春天，有雨到秋天。

夏至东风摇，麦子水里捞。

夏至大烂，梅雨当饭。

夏至闷热汛来早。

夏至有雨应秋旱。

长到夏至短到冬。

夏至狗，无处走。

夏至三庚便入伏。

吃了夏至面，一天短一线。

过过夏至节，夫妻各自歇。

爱玩夏至日，爱眠冬至夜。

夏至食个荔，一年都无弊。

○夏至九九歌

《豹隐纪谈》载有“夏至九九歌”，与我们熟悉的冬至九九歌如出一辙。歌曰：

夏至后，

一九二九，扇子不离手。

三九二十七，吃茶如蜜汁。

四九三十六，争向路头宿。

五九四十五，树头秋叶舞。

六九五十四，乘凉不入寺。

七九六十三，入眠寻被单。

八九七十二，被单添夹被。

九九八十一，家家打炭墼。

第十一章　小暑：小暑过，一日热三分

天气开始炎热，还没到最热，全国的农作物都进入了茁壮成长阶段。

小暑与气象农事

○小暑时节的气象特色

小暑是夏天的第五个节气，也就是每年阳历的 7 月 7 日或 8 日，太阳到达黄经 105 度的时候，表示夏季时节的正式开始。

《月令七十二候集解》："六月节……暑，热也，就热之中分为大小，月初为小，月中为大，今则热气犹小也。"暑，即炎热的意思，小暑为小热，还不十分热。这时天气开始炎热，但还没到最热的时候，这一气候特征全国大部分地区都基本符合。

我国南方地区小暑时节的平均气温一般为 33℃左右；华南东南低海拔河谷地区，7 月中旬的日平均气温高于 30℃，日最高气温高于 35℃；西北高原北部，此时仍可见霜雪，相当于华南初春时节景象。

小暑开始，江淮流域梅雨先后结束，东部淮河、秦岭一线以北的广大地区东南季风雨季开始，降水明显增加，且雨量比较集中；华南、西南、青藏高原也处于西南季风雨季中；长江中下游地区则一般为副热带高压控制下的高温少雨天气。所以这个时期，南方地区呈现东旱西涝的气候特点。

小暑前后，我国南方大部分地区进入雷暴最多的季节。雷暴是一种剧烈的天气现象，常与大风、暴雨相伴出现，有时还有冰雹，容易造成灾害，需注意预防。

※ 小暑三候

我国古代将小暑的十五天分为三候："一候温风至，二候蟋蟀居宇，三候鹰始鸷。"小暑时节大地上便不再有一丝凉风，而是所有的风中都带着热浪；蟋蟀离开了田野，到庭院的墙角下以避暑热；老鹰则因地面气温太高而在清凉的高空中活动。

○小暑时节的农事活动

小暑前后，除东北与西北地区收割冬、春小麦等作物外，其他地区的农业生产主要是忙着田间管理。早稻处于灌浆后期，早熟品种大暑前就要成熟收获，要保持田间干干湿湿。中稻已拔节，进入孕穗期，应根据长势追施穗肥。大部分棉区的棉花开始开花结铃，生长最为旺盛，在重施花铃肥的同时，要及时整枝、打杈、去老叶，增强通风透光，减少蕾铃脱落。盛夏高温是蚜虫、红蜘蛛等多种害虫盛发的季节，适时防治病虫就显得很重要。

这时候，长江中下游地区常常出现伏旱，对农业生产影响很大，需要及早蓄水防旱。农谚说："伏天的雨，锅里的米"，这时出现的雷雨，热带风暴或台风带来的降水虽对水稻等作物生长十分有利，但有时也会给棉花、大豆等旱作物及蔬菜造成不利影响。

了解小暑传统民俗

小暑时节的习俗多与"吃"有关。

● 吃暑羊

鲁南和苏北地区有在小暑时候"吃暑羊"的传统习俗。入暑之后，正值三夏刚过、秋收未到的夏闲时节，忙活半年的庄稼人便三五户一群、七八家一伙吃起暑羊来。此时，喝着山泉水长大的小山羊，已是吃了数月的青草，肉质肥嫩，烹调出的羊肉香气扑鼻。

这种习俗可上溯到尧舜时期，在当地民间有"彭城伏羊一碗汤，不用神医开药方"之说法。徐州人对吃暑羊的喜爱可以当地民谣中体现出来：六月六接姑娘，新麦饼羊肉汤。

● 食新

在民间，小暑过后人们要尝新米，这就是小暑“食新”的习俗。农民会把新收获的稻谷碾成米，然后将新米煮成香喷喷的米饭，以供奉五谷大神和祖先。这一天，家家户户都要吃新米尝新酒。据说“吃新”乃“吃辛”，是小暑节后第一个辛日。生活在城市的人们，则会在小暑这天买少量新米以及新上市的蔬菜、水果等，回到家把新米与老米同煮。另外，俗话有“小暑吃黍，大暑吃谷”之说。有的地方是把新收割的小麦炒熟，然后磨成面粉用开水冲后加糖拌着吃，叫做炒面。

● 吃饺子、吃伏面

俗话说“热在三伏”，小暑过后就进入伏天，人们应当少外出以避暑气。饮食上，则需要吃清凉消暑的食品，以度过炎热的伏天。

入伏之时，刚好是我国小麦生产区麦收不足一个月的时候，家家麦满仓。但是伏天天气太热，人们精神委顿，食欲不振，饺子作为传统食品中开胃解馋的佳品，颇受民间欢迎。所以人们会用新磨的面粉包饺子，或者吃顿新白面做的面条，所以就有了“头伏饺子二伏面，三伏烙饼摊鸡蛋”的说法。

伏日吃面习俗出现在三国时期。《魏氏春秋》记载：“伏日食汤饼，取巾拭汗，面色皎然”，这里的汤饼就是热汤面。《荆楚岁时记》中说：“六月伏日食汤饼，名为辟恶。”五月是恶月，六月与五月相近，故也应吃面“辟恶”。

● 封斋日

每年小暑前的辰日至小暑后的巳日是湘西苗族的封斋日。这期间要禁食鸡、鸭、鱼、鳖、蟹等物，据说误食了要降灾祸，但猪、牛、羊肉仍可食。

小暑时节的养生保健

○小暑养生知识

● 护阳气

小暑时节，气候炎热，是人体阳气最旺盛的时候。人会时常感到心烦不安，疲倦乏力。因此平时在自我养护和锻炼时，应按五脏主时，夏季为心所主而顾护心阳，工作劳动之时，要注意劳逸结合，心平气和，确保心脏机能的旺盛，保护人体的阳气，以符合“春夏养阳”的原则。

● 多饮水

消除疲劳、缓解体内代谢的好办法就是多饮水。水是人体不可缺少的健身益寿之物。俗话说“宁可日无食，不可日无水”，这话不无道理，传统的养生方法十分推崇饮用冷开水。根据民间经验，每日清晨饮用一杯新鲜凉开水，几年之后，就会出现神奇的益寿之功。日本医学家曾经对460名65岁以上的老人做过调查统计：五年内坚持每天清晨喝一杯凉开水的人中，有82%的老人面色红润、精神饱满、牙齿不松，每日能步行10公里，在这些人中也没有得大病的。

● 多排汗

一年中最热的天气来了，而阴气也在这时候开始生长，所以不能过于贪凉，而应当适当使身体排汗降温，这样还可以排出体内的一些毒素，对身体非常有益。

○小暑时节的疾病预防

● 夏不坐木

历来有“冬不坐石，夏不坐木”之说。小暑时节，气温高、湿度大。木头，尤其是久置露天里的木料，如椅凳等，露打雨淋，含水分较多，虽然看上去是干的，可是经太阳一晒，温度升高，就会向外散发潮气，如果在上面坐久了，可能会诱发痔疮、风湿和关节炎等病。因此，在小暑节气中要注意不能长时间坐在露天放置的木料上。

● 勿室外露宿

小暑节气中很多人喜欢在室外露宿，这种习惯是不可取的。因为当人睡着以后，身上的汗腺仍不断向外分泌汗液，整个肌体处于放松状态，抵抗力下降。而夜间气温下降，体温与气温之差慢慢增大，很容易导致头痛、腹痛、关节不适，引起消化不良和腹泻。

● 防消化道疾病

小暑是消化道疾病多发季节，在饮食上一定要注重避免不洁、不法、偏嗜。有道是："饮食自倍，肠胃乃伤""不渴强饮则胃胀，不饥强食则脾芬"，这都是历代饮食养生的重要经语。其中，饮食不洁是引起多种胃肠道疾病的元凶，如引发痢疾、寄生虫等疾病，若进食腐败变质的有毒食物，还可导致食物中毒，引起腹痛、吐泻，重者出现昏迷或死亡。为此，应特别注意。另外，多吃水果确实有益于防暑，但是不要食用过量，以免增加肠胃负担，严重的会造成腹泻。

小暑时节"吃"的学问

○小暑饮食宜忌：多清淡，忌偏食

小暑防苦夏，在南方多见于夏至前后，比北方出现得早。夏天炎热、潮湿的气候，使人体的脾胃受阻，会出现四肢无力、精神萎靡等症状，因此在饮食上要清淡，少食油腻，还要增加营养，多吃清淡解暑的食物。

夏季通常胃口欠佳，容易偏食，偏食会造成营养不良。偏食辛温燥热，可使胃肠积热，出现口渴，腹满胀痛，便秘；偏食咸味，可使血脉凝滞，面色无华；多食苦味，会使皮肤干燥而毫毛脱落；多食辛味，会使筋脉拘急而爪甲枯槁；多食酸味，会使皮肉坚厚皱缩，口唇干薄；多食甘味的食物，则骨骼疼痛头发易脱落；多食生冷寒凉，会发生腹痛泄泻，损伤脾胃阳气。

宜食：薏米、绿豆、丝瓜、蚕豆、苦瓜、冬瓜、番茄、黄瓜、薄荷、西瓜、桃、鳝鱼等。

忌食：山楂、坚果、烧烤、酱菜等。

○小暑食谱攻略

素炒豆皮

用料：

豆皮二张，植物油、食盐、葱、味精各适量。

做法：

豆皮切丝，葱洗净切丝。油锅烧至6成热，葱丝下锅，烹出香味，将豆皮丝入锅翻炒，随后加食盐，炒数分钟后，加味精，淋上香油搅匀起锅。

功效：补虚，止汗。适合多汗、自汗、盗汗者食用。

炒绿豆芽

用料：

新鲜绿豆芽500克，花椒少许几粒，植物油、白醋、食盐、味精适量。

做法：

豆芽洗净水淋干，油锅烧热，花椒入锅，烹出香味，将豆芽下锅爆炒几下，倒入白醋继续翻炒数分钟，起锅时放入食盐、味精，装盘即可。

功效：清热解毒，疗疮疡。

蚕豆炖牛肉

用料：

鲜蚕豆或水发蚕豆120克，瘦牛肉250克，食盐少许，味精、香油适量。

做法：

牛肉切小块，先在水锅内氽一下，捞出淋水，将砂锅内放入适量的水，待水温时，牛肉入锅，炖至六成熟，将蚕豆入锅，开锅后改文火，放盐煨炖至肉、豆熟透，加味精、香油，出锅即可。

功效：健脾利湿，补虚强体。

西瓜番茄汁

用料：

西瓜半个，番茄3个大小适中。

做法：

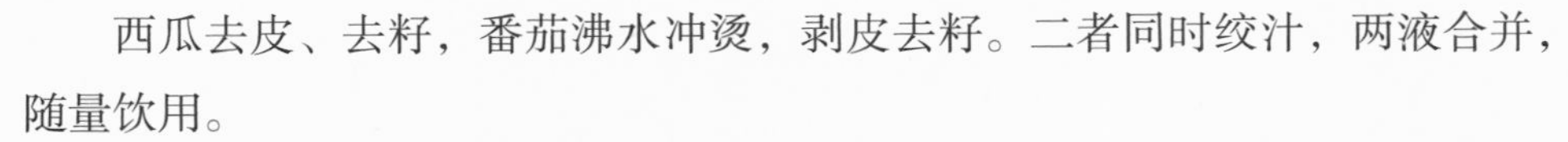

西瓜去皮、去籽，番茄沸水冲烫，剥皮去籽。二者同时绞汁，两液合并，随量饮用。

功效：清热、生津、止渴。对于夏季感冒，口渴、烦躁，食欲不振，消化不良，小便赤热者尤为适宜。

品味小暑文化情趣

○品小暑诗词

答李滁州题庭前石竹花见寄

【唐】独孤及

般疑曙霞染，巧类匣刀裁。

不怕南风热，能迎小暑开。

游蜂怜色好，思妇感年催。

览赠添离恨，愁肠日几回。

独孤及（725—777），字至之，河南洛阳人。唐朝大臣、散文家。

这首诗写闺中女子的相思。前四句写她在小暑节气的所见所感，后四句则宕开笔墨，写女子内心的孤独寂寞。情与景的结合，展现了主人公自怜自惜、哀怨忧愁的情绪。曙霞，即朝霞。

端午三殿侍宴应制探得鱼字

【唐】张说

小暑夏弦应，徽音商管初。

愿赍长命缕，来续大恩馀。

三殿褰珠箔，群官上玉除。

助阳尝麦彘，顺节进龟鱼。

甘露垂天酒，芝花捧御书。

合丹同堰蜓，灰骨共蟾蜍。

今日伤蛇意，衔珠遂阙如。

张说（yuè）（667—730），字道济，一字说之，河南洛阳人，唐朝政治家、文学家。

这首诗描写了诗人小暑的时候上宫廷侍酒时的场景。当时的文人们在饮酒的时候都要唱和一些诗句，以助酒兴。而作者要用“鱼”字为韵脚做一首诗，纯属临场发挥，即兴而发。这就是此诗的由来。

○读小暑谚语

小暑不热，五谷不结。

小暑打雷，大暑打堤。

小暑东北风，大水淹地头。

小暑东风早，大雨落到饱。

小暑黄鳝赛人参。

小暑小割，大暑大割。

小暑无雨十八风，大暑无雨一场空。

小暑过后十八天，庄稼不收土里钻。

小暑北风水流柴，大暑北风天红霞。

小暑过，一日热三分。

小暑无雨，饿死老鼠。小暑怕东风，大暑怕红霞。

小暑后，大暑前，二暑之间种绿豆。

小暑一声雷，倒转作黄梅。

小暑无青稻，大暑连头无。

小暑见个儿，大暑见垛儿。

小暑收大麦，大暑收小麦。

雨搭小暑头，二十四天不断头。

小暑一只鼎，陈年宿债还干净。

大暑前小暑后，庄稼老头种绿豆。

羊盼清明牛盼夏，人过小暑说大话。

小暑头上一点漏，拔掉黄秧种绿豆。

小暑西南淹小桥，大暑西南踏入腰。

第十二章　大暑：大暑前后，晒死泥鳅

气温最高，农作物生长最快，旱、涝、风灾等各种气象灾害最为频繁。

大暑与气象农事

○大暑时节的气象特色

大暑是每年阳历的7月22日或23日，也就是太阳到达黄经120度的时候。

《月令七十二候集解》:“大暑，六月中。暑，热也，就热之中分为大小，月初为小，月中为大，今则热气犹大也。”大暑节气正值“三伏”天的中伏，最突出的一个特点就是热，极端的热。

大暑节气时，我国除青藏高原及东北北部外，大部分地区天气炎热，35℃的高温已是司空见惯，40℃的酷热也不少见。特别是在副热带高压控制下的长江中下游地区，骄阳似火，风小湿度大，更叫人感到闷热难当。全国闻名的长江沿岸三大火炉城市南京、武汉和重庆，平均每年炎热日就有17 ~ 34天之多，酷热日也有3 ~ 14天。其实，比“三大火炉”更热的地方还有很多，如安庆、九江、万县等，其中江西的贵溪、湖南的衡阳、四川的开县等地全年平均炎热日都在40天以上，整个长江中下游地区就是一个大“火炉”。

这个时候，除了气温最高之外，很多地区的旱、涝、风灾等各种气象灾害也最为频繁。

※ 大暑三候

我国古代将大暑的十五天分为三候：“一候腐草为萤，二候土润溽暑，三候大雨时行。”世界上已知的萤火虫品种大概有两千多种，分水生与陆生两种。陆生的萤火虫产卵于枯草上，大暑时，萤火虫卵化而出，所以古人认为萤火虫是腐草变成的；第二候是说天气开始变得闷热，土地也很潮湿；第三候是说时常有大的雷雨会出现，这大雨使暑湿减弱，天气开始向立秋过渡。

○大暑时节的农事活动

“禾到大暑日夜黄”，大暑时节对南方一些种植双季稻的地区来说，一年当中最艰苦、最紧张、顶烈日战高温的“双抢”季节正式开始了。当地农谚说：“早稻抢日，晚稻抢时”“大暑不割禾，一天少一箩”。适时收获早稻，不仅可减少后期风雨造成的危害，确保丰产丰收，而且可使双晚适时栽插，争取足够的生长期。要根据天气的变化，灵活安排，晴天多割，阴天多栽，在 7 月底以前栽完双晚，最迟不能迟过立秋。

高温是大暑期间正常的气候现象，此时，如果没有充足的光照，喜温的水稻、棉花等农作物生长就会受到影响。但如果连续出现长时间的高温天气，则对水稻等作物成长十分不利。“大暑天，三天不下干一砖”，高温天气会使水分蒸发特别快，尤其是长江中下游地区正值伏旱期，旺盛生长的作物对水分的要求更为迫切，真是“小暑雨如银，大暑雨如金”。这个时节，棉花花铃期叶面积达最大值，是需水的高峰期，要求田间土壤湿度占田间持水量在 70% ~ 80% 为最好，低于 60% 就会受旱而导致落花落铃，必须立即灌溉。要注意，灌溉不可在中午高温时进行，以免土壤温度变化过于剧烈而加重蕾铃脱落。大豆开花结荚也正是需水临界期，对缺水的反应十分敏感，因此农谚说：“大豆

开花，沟里摸虾”，出现旱象应及时浇灌。

黄淮平原的夏玉米一般已拔节孕穗，即将抽雄，是产量形成最关键的时期，一定要严防“卡脖旱”的危害。

了解大暑传统民俗

大暑时节尽管天气炎热，但各地的时令民俗却依然丰富多样。

○送大暑船

“送大暑船”是浙江沿海地区，特别是台州湾好多渔村的民间传统庙会习俗活动，其意义是把“五圣”送出海，送暑保平安民。“大暑船”完全按照旧时的三桅帆船缩小比例后建造，船内载各种祭品。50多名渔民轮流抬着“大暑船”在街道上行进，鼓号喧天，鞭炮齐鸣，街道两旁站满祈福人群。“大暑船”最终被运送至码头，进行一系列祈福仪式。随后，这艘“大暑船”被渔船拉出渔港，在大海上点燃，任其沉浮，以此祝福人们五谷丰登，生活安康。

据说，早在20世纪20年代，台州湾一带的“送大暑船”以葭芷的规模最大，可谓声名远扬。每年农历大暑期间，葭芷“送大暑船”民俗正式打出“渔休节”的旗号，活动搞得十分红火。

○过大暑

福建莆田一带的人们有大暑节这天吃荔枝、羊肉和米槽的习俗，叫做“过大暑”。有人说大暑吃荔枝，最惬意、最滋补，其营养价值和吃人参一样高。吃法是先将鲜荔枝浸于冷井水之中，大暑节时刻一到便取出品尝；温汤羊肉是莆田独特的风味小吃和高级菜肴之一。把羊宰后，去毛卸脏，整只放进滚烫的锅里翻烫，捞起放入大陶缸中，再把锅内的滚汤注入，泡浸一定时间后取出。吃时，把羊肉切成片，肉肥脆嫩，味鲜可口；米糟是将米饭和白米曲拌在一起发酵，透熟成糟。到大暑那天，把它划成一块块的，加些红糖煮食，据说可以“大补元气”。在大暑节这天，亲友之间常以荔枝、羊肉为互赠的礼品。

○喝暑羊

山东不少地区有在大暑这一天“喝暑羊”（即喝羊肉汤）的习俗，例如枣庄。入伏之时，正值麦收结束，新面上市。夏收初过，田里的农活少了，此时人已十分疲惫，应该好好休息和享受。那么在农户家里有什么好吃的呢？一般都会吃用新面做的馍馍，然后杀只羊，把嫁出去的闺女接回来，带着外甥回娘家，吃新面馍馍，喝羊肉汤。

据说羊肉在伏天吃很有营养。炎热的三伏天，人们体内容易积热，将加有辣椒油、醋、蒜的羊肉汤喝下去，身体就会大量出汗，五脏积热以及体内毒素就会随着汗液排出体外，对身体来说是有好处的。

○吃仙草

广东很多地方在大暑的时候有“吃仙草”的习俗。仙草又名凉粉草、仙人草，唇形科仙草属草本植物，药食两用。由于其神奇的消暑功效，被誉为“仙草”。茎叶晒干后可以做成烧仙草，广东一带叫凉粉，是一种消暑的甜品，本身也可入药。民谚有“六月大暑吃仙草，活如神仙不会老”之说。烧仙草是台湾著名的小吃之一，有冷、热两种吃法。其外观、口味和功效均类似粤港澳地区流行的另一种叫作“龟苓膏”的小吃。

○吃凤梨

台湾有“大暑吃凤梨”的民谚，因为当地老百姓认为这个时节的凤梨最好吃。加上凤梨的闽南语发音和“旺来”相同，所以经常被用来作为祈求平安吉祥、生意兴隆的象征。

○赏荷花

大暑所在的六月也称“荷月”，此月多有赏荷的习俗。天津、江苏、浙江等地以六月二十四为“荷花生日”，那一天人们多结伴游湖赏荷。在南京和苏州，当日观赏荷花，若遇雨而归，常蓬头赤足，故有“赤足荷花荡”的戏称。浙江嘉兴在“荷花生日”当天开赏花会，众人乘游舫畅游南湖。在四川盐源，六月二十四日为“观莲节”，人们多沿袭古俗，互相赠送莲子。

○火把节和赶花街

每年农历六月二十四日前后大暑节气时，正好是彝族同胞们的“火把节”。在这一天，当地的人们都要举办隆重的庆祝活动，热闹无比。主要活动有斗牛、斗羊、斗鸡、赛马、摔跤、歌舞表演、选美等。

彝族在大暑这天还有“赶花街”的传统节日，流行于云南峨山、新平、双柏一带。节日期间，当地彝族会集到三县交界的大西大山上，交流物资，并进行歌舞活动，常通宵达旦，青年男女还可借机相互结识。相传赶花街可使庄稼长得茂盛，颗粒饱满。

大暑时节的养生保健

○大暑养生知识

大暑时节，天气炎热，人体出汗多，睡眠少，体力消耗大，消化功能差。因此，许多人天气一热，体质都有所下降，常常是“无病三分虚”，一些平素阴虚体弱者，更易产生精神疲惫、食欲不振、口苦苔腻、脘腹胀闷、体重减轻等现象。关于这段时期的养生，应从以下几个方面入手。

● 健康的起居习惯

不可露宿，室温要适宜，房中不可有对流的空气，即所谓的“穿堂风”。早晨醒来，要先醒心，再醒眼，并在床上先做一些保健的气功，如熨眼、叩齿、鸣天鼓等，再下床。

● 空调房保健

1. 空调温度不宜设置得太低，一般控制在27℃左右为宜，室内比室外低3℃ ~5℃为佳。

2. 要适当地多喝白开水，可用金银花、菊花、生地等煮水当茶饮用，清热解毒。

3. 即便天气很热，也不要整天开着空调，更不能让它直冲着人吹。

4. 定时给房间通风，至少早晚各一次，每次10~20分钟。即便是开着空调，最好也把窗户开一条小缝通风。注意不要在房间里抽烟。

● 适量的户外活动

大暑时节，早晨可到室外进行一些健身活动，但运动量不可过大，身体微汗便可，最好选择散步或静气功。气温高的中午不要外出，居室温度也不可太低。要安排好午睡，白天只要微感困乏，即可小睡片刻。老年人也不能一天无所事事，应当有意地进行一些活动，如下棋、练书法、绘画、观看演出等，但活动时间要注意控制，适可而止。

一般来说，身体健康的人，在做一些较剧烈的运动后，大量的出汗会使身体有一种舒服的畅快感，运动量应该以此为度。需要注意的是，运动之后千万不可用冷水给身体降温，也不能过量地喝冷饮，最好喝些热茶或绿豆汤等防暑饮品。

另外，这个时节，游泳对人会有一种难以抗拒的魅力，从而使水中健身运动变得热门起来。水中的阻力给人的四肢以天然负重，加大了每一次身体动作变化的运动强度，而且使身体动作不会有太快的速度和太强的冲撞力，让人根本不用担心“运动损伤”。

安排劳动或体育锻炼时，一定要避开烈日炽热之时，并注意加强防护。尤其是老年人，其脏器功能减退，体内含水量比年轻人少，所以，高温天气对老年人危害更大。当气温达到 33° 时，老年人应停止体力活动，尽可能待在阴凉的地方，或待在通风或有空调的室内，或用温水擦浴。

○大暑时节的疾病预防

● 防暑

预防身体中暑。大暑炎热的天气给人们的工作、生产、学习、生活等各方面都带来了很多不良影响。一般来说，在最高气温高于 35℃时，中暑的人会明显较多；而在最高气温达 37℃以上的酷热日子里，中暑的人数会急剧增加。所以做好防暑降温工作尤其显得重要。

如果有头晕、恶心、呕吐等征兆，便说明中暑了，这时应速到通风阴凉处，解衣纳凉，或者饮用清凉水，并服用人丹。

预防情绪中暑。由于天热，人们易动“肝火”，往往使人有一种烦躁难耐的感觉，经常会出现莫名的心烦意乱、无精打采、食欲不振等问题，被称为“情绪中暑”。它对身心健康危害很大，特别是年老体弱者，情绪障碍时会造成心肌缺血、心律失常和血压升高，甚至还会引发猝死。因此，夏季“心静”是很可贵的，有道是“心静自然凉”，切忌情绪不定，动怒无常。

● 防晒

大暑期间，日光中紫外线的含量较高，应尽量避免长时间暴露于室外，以免受到紫外线的伤害。而且，日晒过多还是皮肤癌、白内障、青光眼发病的诱因，也会增加患淋巴癌、血液病的危险。若必须外出，需戴遮阳帽或打遮阳伞，戴太阳镜，并涂抹防晒霜。

● 防痱子

这一时期天气炎热，孩子爱出痱子，一些家长喜欢用洗凉水澡的方法给孩子去痱子。其实，用凉水为宝宝擦拭会使皮肤毛细血管骤然收缩，汗液排泄不畅，反而会使痱子加重。家长应该使用略高于人体皮肤温度的水给孩子洗澡。洗完澡后，不要马上给孩子搽痱子粉等爽身用品，因为痱子粉会与汗液混合，堵塞毛孔，同样也会引起或加重痱子。

● 防受凉

在酷暑难当的夏天，人体毛孔打开，汗流不断，阳气大泄，卫外不固，风寒之邪极易趁虚而入。因此，伏天既要防“阳暑”，也要防“阴暑”。古人说“夏不欲穷凉”，过度贪凉可致“热伤风”，而慢性支气管炎、高血压、冠心病患者，受寒后常使病情加重。

再者，在外淋雨后，应该及时更衣。夜晚睡眠时，应关上电风扇和空调，并盖好腹部。

大暑时节“吃”的学问

○大暑饮食宜忌：清热解暑，多酸多甘

盛夏阳热下降，水气上腾，湿气充斥，故在此季节，感受湿邪者较多。湿为阴邪，其性趋下，重浊黏滞，易阻遏气机，损伤阳气，食物养生当以清热解暑为宜。而暑湿之毒会影响人体健康，应适当多食甘凉或甘寒为宜，多吃一些性酸的食物。

中医认为，“脾主长夏”“暑必加湿”，脾虚者夏季养生，宜坚持益气滋阴、健脾养胃、清暑化湿的清补原则，重视饮食调理，选用香甜可口、易于消化、补而不腻的食品。大暑期间清补，阴虚患者在膳食方面，可选择富含优质蛋白质的食品。

大暑期间气温高，人体丢失的水分多，必须及时补充。蔬菜中的水分是经过多层生物膜过滤的天然、洁净、营养且具有生物活性的水。一个人每天吃 500 克的瓜菜，等于喝了 450 毫升高质量的水，且瓜类蔬菜具有降低血压的作用。

另外，夏季是疾病尤其是肠道疾病的多发季节，多吃些大蒜、洋葱、韭菜、大葱、香葱等“杀菌”蔬菜可预防消化道疾病。

大暑时节，老年人食补宜选用莲子汤、荷叶粥、绿豆粥、豆浆粥、玉米糊等，这些食品具有消渴生津、清热解暑的作用。对患有高血压、高脂血症的老年人，还可用海蜇、荸荠等量，洗净后加冰糖适量，煮成“雪羹饮”，每日分 3 次服用。如果伴有消化不良、慢性腹泻，可以用鲜白扁豆 100 克，大米 50 克，加水适量煮粥食用，同样会收到食疗之效。

宜食：苦瓜、黄瓜、番茄、茄子、芹菜、生菜、芦笋、狗肉、鸭肉、菠

萝、西瓜等。

忌食：肥肉、海鲜、辣椒、八角、芥末等。

○大暑食谱攻略

炝拌什锦

用料：

豆腐 1 块，嫩豆角 50 克，番茄 50 克，木耳 15 克，香油、植物油、精盐、味精、葱末各适量。

做法：

将豆腐、豆角、番茄、木耳均切成丁；锅内加水烧开，将豆腐、豆角、番茄、木耳分别焯透（番茄略烫即可），捞出沥干水分，装盘备用；炒锅烧热，入植物油，把花椒下锅，炝出香味，再将葱末、盐、番茄、味精同入锅内，搅拌均匀，倒在烫过的豆腐、豆角、木耳上，淋上香油搅匀即可食用。

功效：生津止渴，健脾清暑，解毒化湿。

注意：豆角中含有血球凝集素 A，是一种毒蛋白，加热后毒性可大为减弱。所以豆角一定要焯透，以防止中毒。

清拌茄子

用料：嫩茄子 500 克，香菜 15 克，蒜、米醋、白糖、香油、酱油、味精、精盐、花椒各适量。

做法：

茄子洗净削皮，切成小片，放入碗内，撒上少许盐，再投入凉水中，泡去茄褐色，捞出放蒸锅内蒸熟，取出晾凉；蒜捣末；将炒锅置于火上烧热，加入香油，下花椒炸出香味后，连油一同倒入小碗内，加入酱油、白糖、米醋、精盐、味精、蒜末调成汁，浇在茄片上；香菜择洗干净，切段，撒在茄片上即成。

功效：清热通窍，消肿利尿，健脾和胃。

当归天麻羊脑汤

用料：

当归 20 克，天麻 30 克，桂圆肉 20 克，羊脑 2 副，生姜 3 片，盐 5 克，热水 500 毫升

做法：

①将当归、天麻、桂圆洗干净，浸泡。

②将羊脑轻轻放入清水中漂洗，去除表面黏液，撕去表面黏膜，用牙签或镊子挑去血丝筋膜，洗干净，用漏勺装着放入沸水中稍烫即捞起。

③将以上原料置于炖锅内，注入沸水 500 毫升，加盖，文火炖 3 小时，加盐调味。虚寒者可加少量白酒调服。

功效：清热解毒，生津止渴，降低血压。

○大暑清凉饮品

五味枸杞饮

用料：

醋炙五味子 5 克，枸杞子 10 克，白糖适量。

做法：

五味子和剪碎的枸杞子放入瓷杯中，以沸水冲泡，温浸片刻，加入白糖，搅匀即可饮用。

功效：滋肾阴、助肾阳。适用于“夏虚”之症，是养生补益的有效之剂。

枸杞防暑茶

用料：枸杞 10 克、薄荷 3 克、五味子 12 克、菊花 6 克

做法：

所有材料放入杯中，冲入 300 毫升滚水，加盖闷泡 10 分钟，至味道渗出即可饮用。

功效：补肺生津、治暑热烦渴。

苦瓜蜜茶

用料：

苦瓜干15克、蜂蜜1大匙。

做法：

所有材料放入杯中，冲入300毫升水。加盖闷泡10分钟至味道渗出，加入蜂蜜即可饮用。

功效：清热、降血压。

决明菊花茶

用料：

草决明30克，野菊花12克。

做法：

将决明研细，与野菊花一起放茶杯中，沸水冲泡代茶饮。

功效：平肝潜阳，降压。草决明即决明子，有降血压、利尿和缓泻的作用。野菊花经动物实验，有明显的降压作用，可以缓解失眠、头痛、眩晕等症状。两者合用，可提高清热降压的功用，对高血压头痛有显著疗效。

银菊花茶

用料：

银花、菊花各20~30克，头晕明显者加桑叶15克，动脉硬化、血脂高者加山楂10~20克。

做法：

将所有用料研制成粗末后为一日量，分四次，沸水冲泡，代茶频饮。不可煎熬，否则易破坏有效成分。

功效：清热、平肝、降压。金银花性寒，味甘苦，现代药理研究，金银花能减少肠道对胆固醇的吸收。菊花性凉，味甘苦，能使周围血管扩张，消除头痛、眩晕、失眠等症状。本方可用于肝火旺的高血压头痛、眩晕患者。

红枣银耳汤

用料：

银耳20克，红枣100克，冰糖250克。

做法：

银耳用温水泡涨，洗净泥沙，择去黑根，用开水氽一下，用清水泡后上屉蒸熟；红枣洗净，置小碗内，上屉蒸熟。取一清洁锅，加清水1500克，置火上烧沸，加入冰糖使其溶化，加入银耳红枣，煮沸片刻，即成。

功效：银耳软糯，清鲜甜美。可生津润肺，益气滋阴，适宜干咳、痰中带血、便干下血、久病及热病后体虚气弱、食欲不振者食用，有一定疗效，也是癌症病人长期服用的补养品。

百合粥

用料：

百合30克，粳米100克，冰糖适量。

做法：

百合用清水洗净泡软，粳米洗净，与百合一起加水煮粥，粥成时加入冰糖，溶化后稍煮片刻即可。每天早晚食用。

功效：润肺止咳，清心安神。肺痨久咳，虚烦惊悸、神志恍惚及食欲不佳而时有虚热烦躁者，均可辅食此粥。百合既是食物，又是一种药物，甘平，功专润肺止咳，且有益气调中、清热宁心的作用，长期食用能收到良好的食疗效果。

薏仁薄荷绿豆汤

用料：

薄荷 5 克、薏仁 30 克、绿豆 60 克、冰糖 1~2 粒

做法：

①薏仁、绿豆均洗净，水泡 3 小时备用。

②锅中倒入 800 毫升水，加入薏仁及绿豆以中火煮开，改小火煮半小时，加入薄荷及冰糖继续煮 5~10 分钟即可食用。

功效：清热解毒、改善青春痘。

绿豆南瓜汤

用料：

绿豆 50 克，老南瓜 500 克，食盐少许。

做法：

绿豆清水洗净，趁水汽未干时加入食盐少许（3 克左右）搅拌均匀，腌制几分钟后，用清水冲洗干净。南瓜去皮、瓤用清水洗净，切成 2 厘米见方的块待用。锅内加水 500 毫升，烧开后，先下绿豆煮沸 2 分钟，淋入少许凉水，再煮沸，将南瓜入锅，盖上锅盖，用文火煮沸约 30 分钟，至绿豆开花，加入少许食盐调味即可。

功效：绿豆甘凉，清暑、解毒、利尿，配以南瓜生津益气，是夏季防暑最佳膳食。

苦瓜菊花粥

用料：

苦瓜 100 克，菊花 50 克，粳米 60 克，冰糖 100 克。

做法：

将苦瓜洗净去瓤，切成小块备用。粳米洗净，菊花漂洗，二者同入锅中，倒入适量的清水，置于武火上煮，待水煮沸后，将苦瓜、冰糖放入锅中，改用文火继续煮至米开花时即可。

功效：清利暑热，止痢解毒。适用于中暑烦渴、痢疾等症。

品味大暑文化情趣

○品大暑诗词

六月十七日大暑殆不可过然去伏尽秋初皆不过

【南宋】陆游

赫日炎威岂易摧，火云压屋正崔嵬。

嗜眠但喜蕲州簟，畏酒不禁河朔杯。

人望息肩亭午过，天方悔祸素秋来。

细思残暑能多少，夜夜常占斗柄回。

在炎热的大暑节气，烈日火云烤得人喘不过气来。这流火的天气要到什么时候才能熬过去呢？不由得使人每天夜里都要用斗柄细细算。字里行间均能体会出诗人盼望凉爽的秋天早日到来的心情。

大暑

【南宋】曾几

赤日几时过，清风无处寻。

经书聊枕籍，瓜李漫浮沉。

兰若静复静，茅茨深又深。

炎蒸乃如许，那更惜分阴。

曾几（1085—1166），字吉甫，自号茶山居士，南宋诗人。历任江西、浙西提刑、秘书少监、礼部侍郎。其诗的特点讲究用字炼句，作诗不用奇字、僻韵，风格活泼流动，咏物重神似。

这首诗中，诗人把大暑时节的炎热描述得淋漓尽致，可谓入木三分，读来有身临其境之感。

大暑赋

【三国】曹植

炎帝掌节，祝融司方；羲和按辔，南雀舞衡。映扶桑之高炽，燎九日之重光。大暑赫其遂蒸，玄服革而尚黄。蛇折鳞于灵窟，龙解角于皓苍。遂乃温风赫戏，草木垂干。山溯海沸，沙融砾烂；飞鱼跃渚，潜鼋浮岸。鸟张翼而近栖，兽交游而云散。于时黎庶徙倚，棋布叶分。机女绝综，农夫释耘。背暑者不群而齐迹，向阴者不会而成群。于是大臣迁居宅幽，绥神育灵。云屋重构，闲房肃清。寒泉涌流，玄木奋荣。积素冰于幽馆，气飞结而为霜。奏白雪于琴瑟，朔风感而增凉。

曹植（192—232），字子建，三国时期曹魏著名文学家，作为建安文学的代表人物之一与集大成者，在两晋南北朝时期被推尊到文章典范的地位。

从开头到“玄服革而尚黄”，讲暑热的由来，作者罗列了上古神话中与炎热有关的神祇神兽，运用神话传说来渲染炎热的酷暑。

第二部分从“蛇折鳞”到“兽交游而云散”，讲自然界中动物们避暑的情态，十分生动，无一雷同。其间运用夸张手法写自然界草木沙石快要被热气烤得焦烂，增强了艺术渲染效果。

第三部分是从“于时”到“不会而成群”，写百姓在大暑炎热天气中的活动，以“避暑”为目的，运用棋子和叶子的比喻，和不约而同的举止，写人们寻求凉爽的迫切心情。

第四部分是从“于是大臣”到最后，写大臣是如何避暑的，也是全文的重心所在。首先作者认为“安神”“养灵”可以助凉，其次对一个物质上的清凉世界展开了不遗余力的描绘，列举了云屋、闲房、寒泉、树木、冰块、白雪歌等清冷意象，这种种似乎让人感受到了北风的到来，凉意倍增。

全文一是运用了侧面描写，通过动物和人的行为来描述大暑时节究竟有多么热；二是运用反衬，后文的凉和前文的热形成了鲜明的对比，看到结尾加剧了清凉的效果，回顾前文则觉得越发炎热。

大暑

闻一多

今天是大暑节，我要回家了！
今天的日历他劝我回家了。
他说家乡的大暑节
是斑鸠唤雨的时候。
大暑到了，湖上飘满紫鸡头。

大暑正是我回家的时候。
我要回家了，今天是大暑；
我们园里的丝瓜爬上了树，
　　几多银丝的小葫芦
　　吊在藤须上巍巍颤，
初结实的黄瓜儿小得像橄榄，……
啊，今年不回家，更待哪一年？
今天是大暑，我要回家了！
燕儿坐在桁梁上头讲话了；
　　斜头赤脚的村家女，
　　门前叫道卖莲蓬；
青蛙闹在画堂西，闹在画堂东，……
今天不回家辜负了稻香风。

今天是大暑，我要回家去！
家乡的黄昏里尽是盐老鼠，
　　月下乘凉听打稻，
　　卧看星斗坐吹箫；
鹭鸶偷着踏上海船来睡觉，
我也要回家了，我要回家了！

闻一多（1899—1946），本名闻家骅，字友三，生于湖北省黄冈市浠水县，中国现代伟大的爱国主义者，坚定的民主战士，中国民主同盟早期领导人，中国共产党的挚友，新月派代表诗人和学者。

这首诗语言清新自然，呈现了口语化风格，感情表达明白质朴。“今天是大暑节，我要回家了！”诗中反复咏唱，在形式上给人一种错落有致、回环往复的美感，思乡之情更是毫无遮拦。每节中插入两句较为整齐的韵语，增添民谣风味，使全诗的韵律、节奏显得丰富活泼、多彩多姿。

○读大暑谚语

大暑前后，晒死泥鳅。

大暑连阴，遍地黄金。

大暑前后，衣裳湿透。

大暑小暑，遍地开锄。

大暑大雨，百日见霜。

大暑不暑，五谷不起。

大暑种蔬菜，生活巧安排。

大暑到立秋，割草沤肥正时候。

大暑热，田头歇；大暑凉，水满塘。

大暑小暑不是暑，立秋处暑正当暑。

小暑大暑七月间，追肥授粉种菜园。

大暑前，小暑后，两暑之间种绿豆。

大暑早，处暑迟，三秋荞麦正当时。

大暑不割禾，一天少一箩。

大暑无酷热，五谷多不结。

大暑后插秧，立冬谷满仓。

大暑不浇苗，到老无好稻。

小暑凉飕飕，大暑热熬熬。

大暑到立秋，积粪到田头。

大暑大落大死，无落无死。

大暑天，三天不下干一砖。

大暑热得慌，四个月无霜。

大暑展秋风，秋后热到狂。

大暑热不透，大热在秋后。

大暑不雨秋边旱。

禾到大暑日夜黄。

大暑老鸭胜补药。

早稻不见大暑脸。

大暑到，暑气冒。

大暑热，秋后凉。

大暑深锄草。

第三季 秋处露秋寒霜降

第十三章　立秋：秋季开始，暑去凉来

谷物成熟，气温逐渐下降，月明风清，秋高气爽，秋天从此开始了。

立秋与气象农事

○立秋时节的气象特色

立秋是秋天的第一个节气，也就是在每年阳历的8月7日、8日或9日，太阳到达黄经135度的时候。历书上说："斗指西南维为立秋，阴意出地始杀万物，按秋训示，谷熟也。"立秋后，谷物成熟，气温逐渐下降，月明风清，秋高气爽，标志着孟秋时节的正式开始。

立秋一到，传统意义上的秋天就开始了，但是我国很少有在"立秋"就进入秋季的地区。尽管谚语说"立秋之日凉风至"，按气候学划分季节的标准，下半年日平均气温稳定降至22℃以下为秋季的开始，但事实上，由于我国地域辽阔、幅员广大，纬度、海拔跨度都很大，这就决定了全国各地不可能在立秋这一天同时进入凉爽的秋季。

立秋由于盛夏余热未消，秋阳肆虐，特别是在立秋前后，很多地区仍处于炎热之中，故民间历来就有"秋老虎"之说。秋来最早的黑龙江和新疆北部地区要到8月中旬入秋，一般年份里，首都北京9月初开始秋风送爽，秦淮一带秋天从9月中旬开始，10月初秋风吹至浙江丽水、江西南昌、湖南衡阳一线，1月上中旬秋的脚步才到达雷州半岛，而当秋到达"天涯海角"的海南崖县时，已快到新年元旦了。

※ 立秋三候

我国古代将立秋的十五天分为三候："一候凉风至，二候白露生，三候寒蝉鸣。"是说立秋过后，刮风时人们会感觉到凉爽，此时的风已不同于暑天中的热风；大地上早晨会有雾气产生；秋天感阴而鸣的寒蝉也开始鸣叫。

○立秋时节的农事活动

"秋"字由禾与火字组成，是禾谷成熟的意思，可见进入了秋季，田间农事活动会不断增多。立秋前后我国大部分地区气温仍然较高，各种农作物生长旺盛，中稻开花结实，单晚圆秆，大豆结荚，玉米抽雄吐丝，棉花结铃，甘薯薯块迅速膨大，对水分要求都很迫切，此期受旱会给农作物最终收成造成难以补救的损失。所以有"立秋三场雨，秕稻变成米""立秋雨淋淋，遍地是黄金"之说。

双晚生长在气温由高到低的环境里，必须抓紧当前温度较高的有利时机，追肥耘田，加强管理；这个时候是棉花保伏桃、抓秋桃的重要时期，"棉花立了秋，高矮一齐揪"，除对长势较差的田块补施一次速效肥外，打顶、整枝、去老叶、抹赘芽等要及时跟上，以减少烂铃、落铃，促进正常成熟吐絮；茶园秋耕要尽快进行，农谚说"七挖金，八挖银"，秋挖可以消灭杂草，疏松土壤，提高保水蓄水能力，若再结合施肥，可使秋梢长得更好。

立秋前后，华北地区的大白菜要抓紧播种，以保证在低温来临前有足够的热量条件争取高产优质。播种过迟，生长期缩短，菜棵生长小且包心不坚实。北方的冬小麦播种也即将开始，应及早做好整地、施肥等准备工作。

立秋时节也是多种作物病虫集中危害的时期，如水稻三化螟、稻纵卷叶螟、稻飞虱、棉铃虫和玉米螟等，要注意防治。

了解立秋传统民俗

熬过了胃口欠缺的炎炎夏日，到了立秋时节，人们渐渐有了食欲，所以立秋的民俗很多都与吃有关。

○贴秋膘

很多地方有在立秋这天以悬秤称人的习俗，将此时的体重与立夏时对比。因为在炎热的夏天，人本没有什么胃口，饭食清淡简单，两三个月下来，体重大都要减少一点。秋风一起，胃口大开，想吃点好的，增加一点营养，补偿夏天的损失，补的办法就是"贴秋膘"，也就是在立秋这天吃各种各样的肉，炖肉烤肉红烧肉，等等，"以肉贴膘"。

贴秋膘在不同的地区也有不同的叫法。黑龙江双城人在立秋日食用美馔，俗称"抓秋膘"。在黑龙江安达，是日食面条，称为"抢秋膘"，意在祝健康。北京人家在立秋日要吃肉喝酒，称"贴秋膘"。在河北遵化，要啖瓜果肥甘，称"填秋膘"。辽宁地区有立秋日"吃秋饱"的习俗，海城、凌海市等地是吃肉面，义县的城乡居民多吃饼、饺子等面食，朝阳人则是吃黄米面饽饽。

○啃秋

啃秋在有些地方也称为"咬秋"，寓意炎炎盛夏难耐，忽逢立秋，将其咬住。天津讲究在立秋的时候吃西瓜或香瓜，据说可防止腹泻；江苏各地老少也在立秋时刻吃西瓜以"咬秋"，认为可不生秋痱子；在江苏无锡、浙江乌青，立秋日取西瓜和烧酒同食，认为可免疟痢；北京人有"春吃萝卜秋吃瓜"的习惯，家长必要在立秋之日给孩子买个瓜吃，并对孩子说："吃个瓜吧，秋后好肥得滚瓜溜圆的。"当地有"早甜瓜，晚西瓜"的谚语，因为立秋之瓜须早吃，所以多吃甜瓜（也称香瓜，起于初夏，终于晚秋，味道清香甘美，食之可以解腻）；在浙江杭州，有的妇女会在立秋日吃一个秋桃；浙江双林人喜食菱藕、瓜果等。

关于啃秋，城里人和农村人的"啃"略有差异。城里人在立秋当日买个西瓜回家，全家围着啃，就是啃秋了。而农人的啃秋则豪放得多。他们在瓜棚里，在树荫下，三五成群，席地而坐，抱着红瓤西瓜啃，抱着绿瓤香瓜啃，抱着白生生的山芋啃，抱着金黄黄的玉米棒子啃。不管是哪种形式，啃秋抒发的实际上是一种丰收的喜悦。

○吃饺子、渣、茄饼

在山东半岛的广大地区，立秋当天的中午一般吃水饺或面条，招远、龙口称“入伏的饺子立秋的面”，长岛、莱阳、海阳等地则说是“立秋的饺子入伏的面”。在山东诸城和莱西地区，吃一种豆末和菜煮成的小豆腐，俗称“渣”，当地民谚云：“吃了立秋的渣，大人小孩不吐也不拉”，说是有防止肠胃病的功效。在江苏苏州，立秋这天用茄子调和面粉作茄饼。

○祓秋

在浙江定海，立秋日，儿童食蓼曲（俗名“白药”）、莱菔子，称为“祓秋”，以为可去积滞。在浙江舟山，则是给小孩吃萝卜粒、炒米粉等拌和的食物，以防积滞。在浙江镇海、奉化，给儿童吃绿豆粥，服酒曲，叫作“祓秋”，认为孩子吃了长得快，长得壮。

○饮新水

在江浙一带，有立秋时饮用“新水”的习俗。所谓“新水”，就是刚从井中打的新鲜水，据说这样既可免生痱子，又可止痢疾。在四川雅安，则是将其放在阳光下晾晒后家人共饮，以防疟痢。在四川三合，“俗谓立秋正刻饮水一杯，则积暑消除，秋无肠泄之病”。岐黄家又云：“服清暑方一剂更妙。”

○秋社

秋社原是秋季祭祀土地神的日子，始于汉代，后世将秋社定在立秋后第五个戊日。此时收获已毕，官府与民间皆于此日祭神答谢。宋时秋社有食糕、饮酒、妇女归宁之俗。唐韩偓《不见》诗：“此身愿作君家燕，秋社归时也不归。”在一些地方，至今仍流传有“做社”“敬社神”“煮社粥”的说法。

○晒秋

每年立秋，随着果蔬的成熟，便迎来了晒秋最旺季节。晒秋是一种典型的农俗现象，具有极强的地域特色。在湖南、江西、安徽等山区，由于地势复杂，村庄平地极少，村民们只好利用房前屋后及自家窗台、屋顶架晒或挂晒农作物，久而久之就演变成一种传统农俗现象。这种村民晾晒农作物的特殊生活方式和场景逐步成了画家、摄影家进行创作的素材，并产生了诗意般的“晒秋”称呼。

到了今天，全国不少地方的这种晒秋习俗慢慢淡化，然而在江西婺源的篁岭古村，晒秋已经成了农家喜庆丰收的“盛典”。

○插戴楸叶

立秋日戴楸叶的习俗由来已久，宋代孟元老的《东京梦华录》和吴自牧的《梦粱录》中都有立秋满街叫卖楸叶，妇女小儿将之剪成各种花样插戴的记载。直到近代，各地仍有立秋日戴楸叶的习俗。在山东地区，据说立秋这天必有一两片楸叶凋落，表示秋天到了。胶东和鲁西南地区的妇女和儿童在这天采集楸叶或桐叶，剪作各种花样，或插于鬓角，或佩于胸前，以应节序。在河南郑县，立秋日男女都戴楸叶，或以石楠红叶剪刻花瓣，簪插鬓角。

此外，山东有些地方的人于立秋日刚刚天亮时采集楸叶熬膏，称“楸叶膏”，据说用来敷痔疮有特别的疗效。

立秋时节的养生保健

○立秋养生知识

立秋是秋季的初始。《管子》中有："秋者阴气始下，故万物收。"在秋季养生中，《素问·四气调神大论》指出："夫四时阴阳者，万物之根本也，所以圣人春夏养阳，秋冬养阴，以从其根，故与万物沉浮于生长之门，逆其根则伐其本，坏其真矣。"这里告诫人们，顺应四时养生要了解春生夏长秋收冬藏的自然规律，春夏养阳，秋冬养阴。

整个自然界的变化是循序渐进的过程，立秋的气候是由热转凉的交接节气，也是阳气渐收，阴气渐长，由阳盛逐渐转变为阴盛的时期，是万物成熟收获的季节，也是人体阴阳代谢出现阳消阴长的过渡时期。因此秋季养生，凡精神情志、饮食起居、运动锻炼，皆以养收为原则。秋内应于肺，肺在志为悲（忧），悲忧易伤肺，肺气虚则机体对不良刺激的耐受性下降，易生悲忧之情绪。所以在进行自我调养时切不可背离自然规律，循其古人之纲要"使志安宁，以缓秋刑，收敛神气，使秋气平；无外其志，使肺气清，此秋气之应，养收之道也"。

对于立秋时节的养生方式，应从以下几个方面入手。

● 精神调养。要做到内心平静，神志安宁，切忌忧虑伤感，即使遇到伤感的事，也应主动排解，同时还应收敛神气，以适应秋天容平之气。

● 起居调养。立秋之季已是秋高气爽之时，应早卧早起。早卧以顺应阳气之收敛，早起为使肺气得以舒展，且防收敛之太过。立秋乃初秋之季，暑热未尽，虽有凉风时至，但天气变化无常，即使在同一地区也会出现"一天有四季，十里不同天"的情况。因而着衣不宜太多，否则会影响机体对气候转冷的适应能力，易受凉感冒。

● 运动调养。秋季是进行各种运动锻炼的大好时机，每人可根据自己的具体情况选择不同的锻炼项目。这里介绍一种秋季养生功，即《道藏·玉轴经》

所载“秋季吐纳健身法”。具体做法：清晨洗漱后，于室内闭目静坐，先叩齿36次，再用舌在口中搅动，待口里液满，漱练几遍，分三次咽下，并意送至丹田，稍停片刻，缓缓做腹式深呼吸。吸气时，舌舔上腭，用鼻吸气，用意送至丹田。再将气慢慢从口中呼出，呼气时要默念哂字，但不要出声。如此反复30次。秋季坚持此功，有保肺健身之功效。

○立秋时节的疾病预防

● 防寒湿

立秋之后，金风送爽，有些人为了贪图凉快，喜欢开窗而卧。然而，夏秋之交，湿热氤氲，也正是冷空气开始活动之时，稍有不慎，就易导致寒湿之邪侵袭人体。此时，多有全身酸重、脘腹痞满、便溏、四肢无力、周身关节疼痛等症状，所以，入秋天气转凉时切莫贪凉。入睡之前，一定要关窗闭户，以防寒湿之邪入侵。

● 防秋乏

民间有句俗语，叫“春困秋乏”。那么什么是秋乏呢？即当秋高气爽、气候宜人之时，许多人都感到四肢无力，昏昏欲睡，干什么都提不起神来，这便是秋乏的特点。

呈现秋乏的情形，无疑是精神萎靡的表现，当一个人缺乏旺盛的活力时，势必影响工作和生活。那么如何克服秋乏呢？完全可以采取正确的方法加以克服。许多人误认为这种“秋乏”可用不动或多睡来克服，这显然不是消除秋乏的方法。克服秋乏应该从调节人体节律入手，在日常起居作息上有针对性地合理调整，包括起卧、饮食、运动等。

● 防气象过敏症

秋天，天气变化比较大，冷暖交替，变化频繁。有些人会出现注意力不集中、困倦乏力、抑郁焦虑、头痛眩晕、失眠多汗等症，这就是所谓“气象过敏症”。因此，入秋之后，要注意天气变化，及时增减衣服，加强体育锻炼，保持营养平衡，尽可能避免气象过敏症的发生。

● 防胃肠疾病

立秋时分，降雨增加，空气湿度大，再加上天气闷热，食品很易发生霉变，是胃肠疾病的高发季节，如腹泻、呕吐、肠炎和痢疾等。所以，封闭式包装的熟肉打开后，最好一天内就吃完，如果存放时间较长，在没有确认变质的情况下要充分加热后才可食用。牛奶变质一定不能喝。霉变的大米、面包、蛋糕一定不要食用。

立秋时节“吃”的学问

○立秋饮食宜忌：适宜进补，少辛多酸

立秋以后气温由热转凉，食欲开始增加。此时可根据秋季的特点来科学地摄取营养和调整饮食，以补充夏季的消耗，并为越冬做准备。

《素问·脏气法时论》说：“肺主秋……肺收敛，急食酸以收之，用酸补之，辛泻之。”可见酸味收敛肺气，辛味发散泻肺，秋天宜收不宜散，所以要尽量少吃葱、姜等辛味之品，适当多食酸味果蔬。秋时肺金当令，肺金太旺则克肝木，故《金匮要略》又有“秋不食肺”之说。秋季燥气当令，易伤津液，故饮食应以滋阴润肺为宜。《饮膳正要》说：“秋气燥，宜食麻以润其燥，禁寒饮。”更有主张入秋宜食生地粥，以滋阴润燥者。总之，秋季时节，可适当食用芝麻、糯米、粳米、蜂蜜、枇杷、菠萝、乳品等柔润食物，以益胃生津。

秋季为人体最适宜进补的季节，以在冬季到来时，减少病毒感染和防止旧病复发。秋季进补应选用“防燥不腻”的平补之品，如茭白、南瓜、莲子、桂

圆、黑芝麻、红枣、核桃等。患有脾胃虚弱、消化不良的人，可以服食具有健脾补胃的莲子、山药、扁豆等。秋季容易出现口干唇焦等“秋燥症”，应选用滋养润燥、益中补气的食品，如银耳、百合等，可起到滋阴、润肺、养胃、生津的补益作用。

宜食：赤小豆、薏米、芹菜、萝卜、竹笋、蘑菇、海带、豆腐、蜂蜜、甘蔗、荸荠等。

忌食：梨、黄瓜、辣椒、丝瓜、生姜、葱、韭菜等。

○立秋食谱攻略

醋椒鱼

用料：

黄鱼 1 条，香菜、葱、姜、胡椒粉、黄酒、麻油、味精、鲜汤、白醋、盐、植物油各适量。

做法：

黄鱼洗净后剞成花刀纹备用，葱、姜洗净切丝。油锅烧热，鱼下锅两面煎至见黄，捞出淋干油；锅内放少量油，热后，将胡椒粉、姜丝入锅略加煸炒，随即加入鲜汤、酒、盐、鱼，烧至鱼熟，捞起放入深盘内，散上葱丝、香菜；锅内汤汁烧开加入白醋、味精、麻油搅匀倒入鱼盘内即可。

功效：健脾开胃，填精，益气。

黄精煨肘

用料：

猪肘 750 克，黄精 9 克，党参 9 克，大枣 5 枚，生姜 15 克，葱适量。

做法：

①黄精切薄片，党参切短节，装纱布袋内，扎口；大枣洗净待用。猪肘刮洗干净入沸水锅内焯去血水，捞出待用。姜、葱洗净拍破待用。

②以上食物同放入砂锅中，注入适量清水，置武火上烧沸，撇尽浮沫，改文火继续煨至汁浓肘黏，去除药包，肘、汤、大枣同时装入碗内即成。

功效：补脾润肺。对脾胃虚弱，饮食不振，肺虚咳嗽，病后体弱者尤为适宜。

五彩蜜珠果

用料：

苹果1个，梨1个，菠萝半个，杨梅10粒，荸荠10粒，柠檬1个，白糖适量。

做法：

苹果、鸭梨、菠萝洗净去皮，分别用圆珠勺挖成圆珠，荸荠洗净去皮，杨梅洗净待用。将白糖加入50毫升清水中，置于锅内烧热溶解，冷却后加入柠檬汁，把五种水果摆成喜欢的图案，食用时将糖汁倒入水果之上即可。

功效：生津止渴，和胃消食。

生地粥

用料：

生地黄25克，大米75克，白糖少许。

做法：

生地黄（鲜品）洗净细切后，用适量清水在火上煮沸约30分钟后，滗出药汁，再复煎煮一次，两次药液合并后浓缩至100毫升，备用。将大米洗净煮成白粥，趁热加入生地汁，搅匀食用时加入适量白糖调味即可。

功效：滋阴益胃，凉血生津。本方还可做肺结核，糖尿病患者之膳食。

品味立秋文化情趣

○品立秋诗词

立秋日曲江忆元九

【唐】白居易

下马柳阴下，独上堤上行。

故人千万里，新蝉三两声。

城中曲江水，江上江陵城。

两地新秋思，应同此日情。

元九：元稹。白居易的好友，著名诗人。这是诗人立秋日游曲江，忆念好友元稹的一首诗。

立秋之日，诗人骑马出郊，在江堤上独行。这时候他想到了千里之外的朋友，思念之情油然而起。一个在曲江池畔，一个在汀陵（湖北江陵）城中。于是诗人想像着，此刻朋友也一定在思念着自己，两地秋思同样深切。这首诗的诗意明了易懂，语言上很有特点。诗人用了很多重复字，“下马柳阴下，独上堤上行”“江上江陵城”，像是为了刻意打破陈规，自创新格。

秋词

【唐】刘禹锡

自古逢秋悲寂寥，

我言秋日胜春朝。

晴空一鹤排云上，

便引诗情到碧霄。

古往今来历代诗人每当秋天来临，便因寂寞空虚而感秋伤秋，刘禹锡却一反陈规，说秋天更胜过春天。晴空万里，一只仙鹤展开翅膀飞向云端，把他的诗兴情感也带到了碧蓝色的天空。本诗热情地赞颂了美好的秋天，鼓励失意的人们不要伤怀，要振奋精神，勇敢前进。

癸巳夏旁郡多苦旱惟汉嘉数得雨然未足也立秋

【南宋】陆游

画檐鸣雨早秋天，

不喜新凉喜有年。

眼里香粳三万顷，

寄声父老共欣然。

在上一章品读大暑诗词模块中，陆游曾有一首《六月十七日大暑殆不可过然去伏尽秋初皆不过》，说的是在炎热的季节，诗人急切盼望秋天快快来临的心情。而如今立秋了，秋天终于到来了，诗人的心情自是欢欣不已，于是就写下了这首诗，以期盼与父老乡亲“共欣然”。

立秋

【南宋】刘翰

乳鸦啼散玉屏空，

一枕新凉一扇凉。
睡起秋声无觅处，
满阶梧叶月明中。

刘翰，字武子（一说武之），长沙（今属湖南）人，光宗绍熙中前后在世。曾为高宗宪圣吴皇后侄吴益子琚门客，有诗词投呈张孝祥、范成大。久客临安，迄以布衣终身。

这首诗写诗人在夏秋季节交替时的细微感受。立秋一到，大自然就换了一副面容，人们的生活也发生了显著变化。小乌鸦的鸣叫扰耳，待其散去，只有玉色屏风寂寞地立着。突然间起风了，秋风习习，顿觉枕边清新凉爽，就像有人在床边挥动扇子一样。睡梦中朦朦胧胧地听见外面秋风萧萧，可是醒来去找，却什么也找不到，只见落满台阶的梧桐叶，沐浴在如水的月光中。全诗意境时令感极强，描写内容紧扣题意，构思很巧妙。

立秋

【元】方回

暑赦如闻降德音，一凉欢喜万人心。
虽然未便梧桐落，终是相将蟋蟀吟。
初夜银河正牛女，诘朝红日尾觜参。
朝廷欲觅玄真子，蟹舍渔蓑烟雨深。

方回（1227—1305），字万里，别号虚谷，元朝诗人、诗论家。徽州歙县（今属安徽）人，南宋理宗时登第。元兵至，他望风迎降，得任建德路总管。

这首《立秋》表达了诗人在秋天来临之际的欢喜心情，尽管天气依然很热，但终于可以看到凉爽的希望了。

○读立秋谚语

秋前秋后一场雨，白露前后一场风。
立秋下雨人欢乐，处暑下雨万人愁。
秋前北风马上雨，秋后北风无滴水。
立秋无雨秋干热，立秋有雨秋落落。
秋前北风秋后雨，秋后北风干河底。
立秋有雨一秋吊，吊不起来就要涝。

立秋处暑有阵头，三秋天气多雨水。

一场秋雨一场寒，十场秋雨要穿棉。

六月立秋紧丢丢，七月立秋秋里游。

立秋晴，一秋晴；立秋雨，一秋雨。

立秋洗肚子，不长痱子拉肚子。

立秋之日凉风至。

立秋十天遍地黄。

立秋响雷，百日见霜。

立了秋，便把扇子丢。

早上立了秋，晚上凉飕飕。

早立秋冷飕飕，晚立秋热死牛。

立秋后三场雨，夏布衣裳高搁起。

中午立秋，早晨夜晚凉幽幽。

交秋末伏，鸡蛋晒熟。

立秋顺秋，绵绵不休。

秋前南风雨潭潭。

有钱难买秋后热。

立秋早晚凉。

蚊从立秋死。

第十四章　处暑：暑气至此而止矣

炎热酷暑即将过去，气温逐渐下降，每下一次雨就会感到明显的降温。

处暑与气象农事

○处暑时节的气象特色

处暑是在每年阳历的 8 月 23 日左右，太阳到达黄经 150 度的时候。

处暑是反映气温变化的一个节气。处暑，即为“出暑”，“处”含有躲藏、终止意思。据《月令七十二候集解》说：“处，去也，暑气至此而止矣。”意思是炎热的暑天即将过去了。

处暑节气意味着进入气象意义的秋天，处暑后长江以北地区气温逐渐下降，但真正进入秋季的只有东北和西北地区。虽然此时北京、太原、西安、成都和贵阳一线以东及以南的广大地区和新疆塔里木盆地地区日平均气温仍在22℃以上，处于夏季，但是这时冷空气南下的次数增多，全国很多地区气温下降会逐渐明显。

在冷空气影响我国时，如果空气干燥，往往带来刮风天气，若大气中有暖湿气流输送，就会形成一场像样的秋雨。每次风雨过后，特别是刚刚下过雨之后，人们会感到较明显的降温，所以有“一场秋雨（风）一场寒”之说。北方南部的江淮地区，还有可能出现较大的降水过程。

这时候，雷暴活动虽比不上炎夏那般活跃，但华南、西南和华西地区的雷暴活动仍较多。

※ 处暑三候

我国古代将处暑的十五天分为三候："一候鹰乃祭鸟，二候天地始肃，三候禾乃登。"此节气中老鹰开始大量捕猎鸟类；天地间万物开始凋零；"禾乃登"的"禾"指的是黍、稷、稻、粱类农作物的总称，"登"即成熟的意思。

○处暑时节的农事活动

华南处暑平均气温一般较立秋降低1.5℃左右，个别年份8月下旬华南西部可能出现连续3天以上日平均气温在23℃以下的低温，将会影响杂交水稻开花。但是，华南处暑时仍会受夏季风控制，所以经常有华南西部最高气温高于30℃、华南东部高于35℃的天气出现。特别是长江沿岸的低海拔地区，在伏旱持续的年份里，更感受到"秋老虎"的余威。西北高原进入处暑后秋意很浓，海拔3500米以上已呈现初冬景象，牧草枯萎，霜雪增多。

处暑是华南雨量分布由西多东少向东多西少转变的前期。这时华南中部的雨量常是一年里的次高点，比大暑或白露时为多。为了保证冬春农田用水，必须做好这段时间的蓄水工作。高原地区处暑至秋分会出现连续阴雨天气，对农牧业生产不利。南方大部分地区这时正是收获中稻的大忙时节。一般年份处暑节气内，华南日照仍然比较充足，除了华南西部以外，雨日不多，有利于中稻收晒和棉花吐絮。可是少数年份也会出现杜甫诗中所说“三伏适已过，骄阳化为霖”的景况，秋绵雨会提前到来。所以要特别留意天气预报，做好充分准备，抓住每个晴好天气，不失时机地安排好抢收抢晒工作。

处暑以后，我国大部分地区昼夜温差增大，昼暖夜凉对农作物体内干物质的制造和积累十分有利，庄稼成熟较快，民间有“处暑禾田连夜变”之说。黄淮地区及沿江江南早中稻正值成熟收割阶段，这时的连阴雨是主要不利天气。而对于正处于幼穗分化阶段的单季晚稻来说，充沛的雨水又显得十分重要，遇有干旱要及时灌溉，否则导致穗小、空壳率高。此外，还应追施穗粒肥以使谷粒饱满，且追肥时间不能过晚，以防造成贪青迟熟。南方双季晚稻处暑前后即将圆秆，应适时烤田。

大部分棉区棉花开始结铃吐絮，这时气温一般仍较高，阴雨寡照会导致大量烂铃。在精细整枝、推株并垄以及摘去老叶，改善通风透光条件的同时，适时喷洒波尔多液也有较好地防止或减轻烂铃的效果。处暑前后，春山芋薯块膨大，夏山芋开始结薯，夏玉米抽穗扬花，这些都需要充足的水分供应，若此时受旱对产量影响会十分严重。从这点上看，“处暑雨如金”的说法便一点也不夸张。

处暑过后，除华南和西南地区外，我国大部分地区雨季即将结束，降水逐渐减少。尤其是华北、东北和西北地区必须抓紧蓄水保墒，以防秋种期间出现干旱而延误冬作物的播种期。

了解处暑传统民俗

处暑节气前后的民俗多与祭祖及迎秋有关。

○中元节

处暑前后民间会有庆赞中元的民俗活动，俗称“七月半”或“中元节”。旧时民间从七月初一起，就有开鬼门的仪式，直到月底关鬼门止，都会举行普度布施活动。据说普度活动由开鬼门开始，然后竖灯篙，放河灯招致孤魂；而主体则是搭建普度坛，架设孤棚，穿插抢孤等，最后以关鬼门结束。时至今日，中元节已成为祭祖的重大活动节日。

河灯也叫“荷花灯”，一般是在底座上放灯盏或蜡烛，中元夜放在江河湖海之中，任其漂流。放河灯是为了普度水中的落水鬼和其他孤魂野鬼。肖红《呼兰河传》中的一段文字便很好地解释了这种习俗：“七月十五是个鬼节；死了的冤魂怨鬼，不得托生，缠绵在地狱里非常苦，想托生，又找不着路。这一天若是有个死鬼托着一盏河灯，就得托生。”

○开渔节

对于沿海渔民来说，处暑以后是渔业收获的时节。每年处暑期间，浙江省沿海都要举行一年一度的隆重的开渔节，在东海休渔结束的那一天，举行盛大的开渔仪式，欢送渔民开船出海，期盼渔业丰收。因为这时海域水温依然偏高，鱼群还是会停留在海域周围，鱼虾贝类发育成熟。因此，从这一时间开始，人们往往可以享受到种类繁多的海鲜。

○吃鸭子

老鸭味甘性凉，因此民间有处暑吃鸭子的传统，做法也五花八门，有白切鸭、柠檬鸭、子姜鸭、烤鸭、荷叶鸭、核桃鸭等。北京至今还保留着这一传统，一般处暑这天，北京人都会到店里去买处暑百合鸭等。

处暑时节的养生保健

○处暑养生知识

处暑时节，暑气逐渐散去，凉意渐生，这时穿衣保暖就成了一个重要话题。

“春捂秋冻，不得杂病”是民间传统的养生之法，就是说秋季气温稍凉爽，初秋暑热尚未退尽，不宜过早过多地增加衣服，适宜的凉爽刺激，有助于锻炼身体的耐寒能力，但要根据情况灵活判断穿多少衣服，要冻得适度才行，以自身感觉不过寒为准，以便使身体逐步适应凉爽的气候。

如果这时候穿得太多，捂得太严，就会过多出汗，使阴津耗伤，阳气外泄。如果冻得打寒战，这样不但不能增强抵抗力，反而会被冻出病来。

因此，秋冻顺应了秋天阴精内蓄、阳气内收的养生需要，也为冬季做好了耐寒的准备。正如《惯生要集》中说："冬季棉衣稍宜晚着，仍渐渐加厚，不可顿温，此乃将息之妙矣。"

当然，秋冻还要因人而异，老人和小孩的抵抗力弱，进入天凉时就要注意保暖，若是气温骤然下降，出现雨雪，就不要再冻了，一定要多加衣服，以免着凉。

秋冻并不局限于未寒不忙添衣上，还可引申为秋季的其他养生保健方面，例如，睡觉不要盖得太多，以免导致出汗伤阴耗津。尤其是冷水浴，是符合秋冻的有效方法，应长期坚持。

"秋冻"还要密切关注天气变化，添衣与否应根据天气的变化来决定。常言道："出门须防三、九月。"是说初秋的天气变化无常，"一天有四季，十里不同天""若要安逸，勤脱勤着"，因此应多备几件秋装，做到随增随减。特别是老年人，代谢功能下降，血液循环减慢，既怕冷，又怕热，对天气变化非常敏感，更应及时增减衣服。深秋时，风大天凉，凄风苦雨，冷空气势力日渐增强，有时气温还会下降，更难预料的是提前出现下雪天气，最易使人受凉感冒。不仅出门在外要注意防寒保暖，在家也应随时预防着凉。此时若再偏执"冻"，不添衣服，那就有违"秋冻"的原意了。

○处暑时节的疾病预防

处暑节气时，显著气候特征为干燥，天气少雨，空气中湿度小。此时人们往往感觉皮肤变得紧绷绷的，甚至起皮脱屑，毛发枯而无光泽，头皮屑增多，口唇干燥或裂口，鼻咽燥得冒火，这种种表现都是由于气候干燥造成的，就是人们所说的秋燥。秋燥之邪以中秋为界，有温燥与凉燥之分。

温燥伤肺的主要症状是干咳无痰，或者有少量黏痰，不易咯出，甚至可有痰中带血，兼有咽喉肿痛，皮肤和口鼻干燥，口渴心烦，舌边尖红，苔薄黄而干。初起时，还可有发热和轻微怕冷的感觉。治疗宜清肺祛风，润燥止咳。

凉燥伤肺的症状是怕冷，发热很轻，头痛鼻塞，咽喉发痒或干痛，咳嗽，咯痰不爽，口干唇燥，舌苔薄白而干。治疗宜祛风散寒，润燥止咳。秋天每天吃生梨 1~2 个，可养肺润燥、预防咳嗽。

处暑之时，根据这个时节的气候情况，在预防疾病方面应注意以下几点。

● 睡觉时应关好门窗，腹部盖薄被，防止秋风流通使脾胃受凉。

● 白天只要室温不高最好不要开空调。可开窗通通风，让秋杀之气冲掉暑期热潮留在房内的湿浊之气。室内养些植物，如盆栽柑橘、吊兰、斑马叶橡皮树、文竹等绿色植物，可以调节室内空气，增加氧含量。绿萝这类叶大且喜水的植物也可以养在卧室内，使空气湿度保持在最佳状态。客厅适宜养常春藤、无花果、猪笼草等。

● 早秋气温虽高，但温差较大，昼热夜凉，气候变数也较大，雨前气温偏热，雨后气温偏凉，易引发人的风寒或风热感冒。需注意增减衣被，不可贪凉露卧，尽量不用空调、风扇，注意保温。

● 加强锻炼，以早晚为好。锻炼的方法以登山、散步、做操等简单运动为好。伸懒腰也可缓解秋乏，特别是下午感到特别疲乏，伸个懒腰就会马上觉得全身舒展。

● 秋天主“收”，因此，情绪要慢慢收敛，凡事不躁进亢奋，也不畏缩郁结。在时令转变中，维持心性平稳，注意身、心、息的调整，才能保生机元气。

● 由于老年人汗腺功能减退，皮肤容易干燥，因此，秋天老年人应适当减少洗澡次数，洗澡时尽量使用性质温和的洗涤用品，如沐浴露。不宜烫洗，浴后可在四肢涂抹一些润肤油，防止水分散失。

处暑时节“吃”的学问

○处暑饮食宜忌：少辛增酸，温补清热

处暑时节的饮食要注意少辛增酸。少辛的意思就是少吃辛辣的食物，这是为了减少肺气的耗散。吃过于辛辣的食物会导致人体发汗，因为味辛的东西都有发散的作用，能调动人体肺部的阳气通过汗液从体内发泄出来，阳气发散了自然身体也就凉了。所以说，处暑之后少吃辣椒、花椒等辛热食物，更不宜吃烧烤食物，以免加重秋燥的症状。增酸则是强调处暑之后要吃一些酸性的食

物，酸味主收敛，最常见的莫过于葡萄了。

这个时候，可吃一些温补食物和清热安神之品。有饮酒习惯者可适当少喝点酒，其中白酒、黄酒一定要加温；主食以吃精白面补气为好；喜欢吃红枣、桂圆者，早晨可吃几颗。

此外，这个时节应少食生姜。生姜属于热性，又在烹饪中失去不少水分，食后容易上火，再加上秋天气候干燥、燥气伤肺，吃辛辣的生姜就更容易伤害肺部，加剧人体失水、干燥。古代医书中便有相关的记载："一年之内，秋不食姜；一日之内，夜不食姜。"

宜食：玉米、冬瓜、胡萝卜、豆腐、银耳、莲子、蜂蜜、黄鱼、海带、葡萄、石榴等。

忌食：生姜、葱、韭菜、辣椒、羊肉等。

○处暑食谱攻略

青椒拌豆腐

用料：

豆腐1块，青椒3个，香菜10克，香油、盐、味精各适量。

做法：

①豆腐用开水烫透，捞出晾凉，切成1厘米见方的小丁；青椒用开水焯一下，切碎；香菜切末。

②将豆腐、青椒、香菜及香油、盐、味精等搅拌均匀，盛入盘内即可食用。

功效：益气宽中，生津润燥，清热解毒。对胃口不开，食欲不振者尤其适合。

补益气血，祛湿消肿。适用于气血不足之产后少乳及痈疽，疮毒，四肢水肿疼痛、风湿疼痛等。

禁忌：脾虚便溏少食。

芝麻菠菜

用料：

鲜菠菜 500 克，熟芝麻 15 克，盐、香油、味精各适量。

做法：

①菠菜去根洗净，在开水锅中滚烫一下，捞出浸入凉水中，凉后捞出控干水分，切成段。

②将菠菜段放入盘内，分别加入盐、味精、香油、搅拌均匀，再将芝麻撒在菠菜上即可食用。

功效：补肝益肾，开胸润燥。

百合脯

用料：

生百合 60 克，蜂蜜 2 汤勺。

做法：

将百合用清水洗净，放入碗内，浇上蜂蜜，放入蒸锅内，蒸 30 分钟取出，烘干或风干，分七次睡前服用。

功效：清心安神。适于睡眠不宁、惊悸易醒者。

黄豆猪骨汤

用料：

猪骨 1000 克，大黄豆 100 克，姜、葱、盐、料酒、味精等适量。

做法：

①将猪骨、黄豆分别洗净。

②锅内加水，加入猪骨、黄豆同煮，先用大火煮开后，改用文火慢煮 1~2 小时左右，加入调味品即可食用。

功效：强壮身体。适用于腹胀纳呆、疳积，身体瘦弱，营养不良者及抗衰老和预防骨质疏松。

禁忌：一次不宜多食，多食易致腹胀。

百合莲子汤

用料：

干百合 100 克，干莲子 75 克，冰糖 75 克。

做法：

①百合浸水一夜后，冲洗干净；莲子浸泡 4 小时，冲洗干净。

②将百合、莲子置入清水锅内，武火煮沸后加入冰糖，改文火续煮 40 分钟即可食用。

功效：安神养心，健脾和胃。

品味处暑文化情趣

○品处暑诗词

秋日喜雨题周材老壁

【宋】王之道

大旱弥千里，群心迫望霓。

檐声闻夜溜，山气见朝隮。

处暑余三日，高原满一犁。

我来何所喜，焦槁免无泥。

王之道（1093—1169），字彦猷，庐州濡须人。善文，明白晓畅，诗亦真朴有致。为人慷慨有气节。宣和六年，与兄之义弟之深同登进士第。

这首诗描写了处暑期间“大旱弥千里”的情况下，人们期盼已久的一场大雨姗姗而来，真可谓“久旱逢甘霖”。这场雨不仅解了大旱之围，更带来的秋日的清凉。作者的喜悦之情溢于言表，正应最后一句“焦槁免无泥”，那些快要枯萎的庄稼又活过来了。

处暑后风雨

【元】仇远

疾风驱急雨，残暑扫除空。

因识炎凉态，都来顷刻中。
纸窗嫌有隙，纨扇笑无功。
儿读秋声赋，令人忆醉翁。

仇远（1247—1326），字仁近，一字仁父，钱塘（今浙江杭州）人。因居余杭溪上之仇山，自号山村、山村民，人称山村先生。元代文学家、书法家。元大德年间，五十八岁的他任溧阳儒学教授，不久罢归，遂在忧郁中游山河以终。

劲风伴着阵雨，将酷暑一扫而空，天气瞬间就变得凉爽起来。窗纸上有空隙，所以拿着扇子扇风就显得有点多余了。儿童在诵读秋风赋，令人回忆起了醉翁来。

在这首诗中，诗人描写了处暑节气之后，不期而至的一场大雨把夏日的暑气席卷而去。诗人从天气的无常，联想到了人生的无常，多少有些无奈之情。

○读处暑谚语

处暑天还暑，好似秋老虎。
处暑天不暑，炎热在中午。
处暑里的雨，谷仓里的米。
处暑满地黄，家家修廪仓。
处暑好晴天，家家摘新棉。
处暑花红枣，秋分打尽了。
处暑落了雨，秋季雨水多。
处暑雷唱歌，阴雨天气多。
处暑一声雷，干到白露底。
处暑三日稻有孕，寒露到来稻入囤。
处暑有雨十八江，处暑无雨干断江。
处暑晴，干死河边铁马根。
处暑出大日，秋旱暴死鲫。

处暑东北风，大路做河通。

处暑不觉热，水果免想结。

处暑有下雨，中稻粒粒米。

处暑白露节，夜凉白天热。

处暑种荞，白露看苗。

处暑收黍，白露收谷。

处暑处暑，处处要水。

处暑雨，粒粒皆是米。

处暑高粱遍地红。

处暑高粱遍拿镰。

处暑高粱白露谷。

处暑三日割黄谷。

处暑十日忙割谷。

处暑萝卜白露菜。

处暑见新花。

处暑长薯。

第十五章　白露：天气转凉，露凝而白

炎热的夏天已过，凉爽的秋天到来，阴气逐渐加重，昼夜温差大，清晨的露水日益加厚。

白露与气象农事

○白露时节的气象特色

白露是九月的第一个节气，也就是每年公历的 9 月 7 日前后，太阳到达黄经 165 度的时候。它表示孟秋时节的结束和仲秋时节的开始。

《月令七十二候集解》中说："八月节……阴气渐重，露凝而白也。"这时候，天气渐转凉，清晨时分会发现地面和叶子上有许多露珠，这是夜晚水汽凝结在上面而形成的。古人以四时配五行，秋属金，金色白，故以白形容秋露。白露以后，气温下降，天气已经转凉。

白露是反映自然界气温变化的节令。这个时节，晴朗的白昼温度虽然仍旧可以达到三十几度，可是夜晚之后就会下降到二十几度，两者之间的温度差达十多度。阳气是在夏至达到顶点，物极必反，阴气也在此时兴起。此时，人们会明显感觉到炎热的夏天已过，凉爽的秋天已经到来了。俗话说："白露秋分夜，一夜冷一夜。"这时夏季风逐渐为冬季风所代替，多吹偏北风，冷空气南下逐渐频繁，加上太阳直射地面的位置南移，北半球日照时间变短，日照强度减弱，夜间常晴朗少云，地面辐射散热快，故温度下降速度也逐渐加快。凉爽的秋风自北向南已吹遍淮北大地，成都、贵阳以西日平均气温也降到 22℃以下。

此时，北方地区降水明显减少，秋高气爽，空气干燥。长江中下游地区在此时期，第一场秋雨往往可以缓解前期的缺水情况，但如果冷空气与台风相会，或冷暖空气势均力敌，将会形成暴雨或低温连绵阴雨。西南地区东部、华南和华西地区也往往会出现连阴雨天气。东南沿海，特别是华南沿海还可能有因台风带来的大暴雨。另外，此时部分地区还可能出现秋旱、森林火险、初霜等天气。

在白露期间，华南广大地区气温迅速下降，绵雨开始，日照骤减。华南常年白露期间的平均气温比处暑要低3℃左右，大部地区候（5天）平均气温先后降至22℃以下。华南秋雨多出现于白露至霜降前，以岷江、青衣江中下游地区最多，华南中部相对较少。“滥了白露，天天走溜路”的农谚，虽然不能以白露这一天是否有雨水来作天气预报，但是，一般白露节前后确实常有一段连阴雨天气；而且，自此华南降雨多具有强度小、雨日多、常连绵的特点。与此相应，华南白露期间日照较处暑骤减一半左右，递减趋势一直持续到冬季。

※ 白露三候

我国古代将白露的十五天分为三候：“一候鸿雁来，二候玄鸟归，三候群鸟养羞。”是说时值白露节气正是鸿雁与燕子等候鸟南飞避寒，百鸟开始贮存干果粮食以备过冬。可见白露实际上是天气转凉的象征。

○白露时节的农事活动

一个春夏的辛勤劳作，经历风风雨雨，送走了高温酷暑，迎来了气候宜人的收获季节。这个时候，富饶辽阔的东北平原开始收获谷子、大豆和高粱，华北地区秋收作物成熟，大江南北的棉花正在吐絮，进入全面分批采收的季节。俗话说："白露白迷迷，秋分稻秀齐。"意思是，白露前后若有露，则晚稻将有好收成。

白露是收获的季节，同时也是播种的季节。西北，东北地区的冬小麦开始播种，华北的秋种也即将开始，应抓紧做好送肥、耕地、防治地下害虫等准备工作。黄淮地区、江淮及以南地区的单季晚稻已扬花灌浆，双季双晚稻即将抽穗，都要抓紧目前气温还较高的有利时机浅水勤灌。待灌浆完成后，排水落干，促进早熟。如遇低温阴雨，还要注意防治稻瘟病、菌核病等病害。秋茶正在采制，同时要注意防治叶蝉的危害。

白露后，我国大部分地区降水显著减少。东北、华北地区 9 月份降水量一般只有 8 月份的 1/4 到 1/3，黄淮流域地区有一半以上的年份会出现夏秋连旱，对冬小麦的适时播种是最主要的威胁。

而在华南地区，造成危害的却是阴雨天气。农谚有"白露天气晴，谷米白如银"的说法，白露时节如果阴雨连绵，对晚稻抽穗扬花和棉桃爆桃是不利的，也会影响中稻的收割和翻晒。所以，要充分认识白露的气候特点，并且采取相应的农技措施，才能减轻或避免秋雨危害。另一方面，也要趁雨抓紧蓄水，特别是华南东部的白露是继小满、夏至后又一个雨量较多的节气，不要错过这一良好时机。

了解白露传统民俗

比起"两至"和"两分"，白露并非一个重要的节气，但这个节气的习俗并不少，而且多与"饮"和"吃"有关。

○白露茶

提到白露，爱喝茶的人都会想到"白露茶"。经过夏季的酷热，白露期间

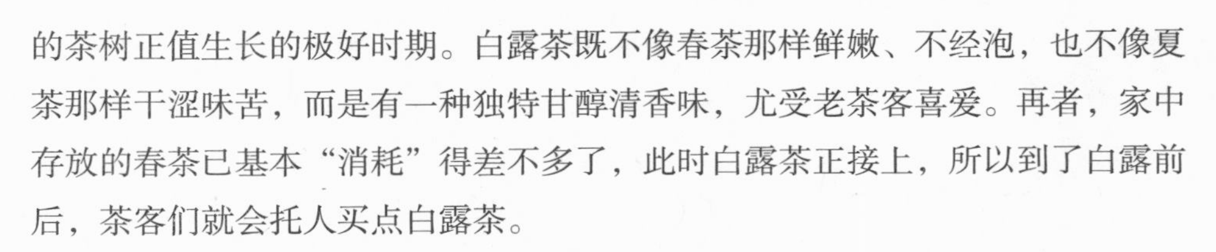
的茶树正值生长的极好时期。白露茶既不像春茶那样鲜嫩、不经泡，也不像夏茶那样干涩味苦，而是有一种独特甘醇清香味，尤受老茶客喜爱。再者，家中存放的春茶已基本“消耗”得差不多了，此时白露茶正接上，所以到了白露前后，茶客们就会托人买点白露茶。

○白露米酒

资兴兴宁、三都、蓼江一带历来就有酿酒习俗，特别是白露期间，几乎家家酿酒。酿酒的原料是糯米、高粱等五谷，此时酿出的酒温中含热，略带甜味，称为“白露米酒”。白露米酒中的精品是“程酒”，是因取程江水酿制而得名。

程酒，古为贡酒，远近驰名。《水经注》记载：“郴县有渌水，出县东侯公山西北，流而南屈注于耒，渭之程水溪，郡置酒馆酝于山下，名曰‘程酒’，献同也。”《九域志》亦云：“程水在今郴州兴宁县，其源自程乡来也，此水造酒，自名‘程酒’，与酒别。”程乡即今三都、蓼江一带。资兴从南宋到民国初年称兴宁，故有郴州兴宁县之说。白露米酒的酿制除取水、选定节气颇有讲究外，其酿制的具体方法也相当独特。先酿制白酒（俗称“土烧”）与糯米糟酒，再按 1:3 的比例，将白酒倒入糟酒里，装坛待喝。如制程酒，须掺入适量糁子水（糁子加水熬制），然后入坛密封，埋入地下或者窖藏，亦有埋入鲜牛栏淤中的，待数年乃至几十年才取出饮用。埋藏几十年的程酒色呈褐红，斟之现丝，易于入口，清香扑鼻，且后劲极强。在苏南籍和浙江籍的老南京中还有自酿白露米酒的习俗，旧时苏浙一带乡下人家每年白露一到，家家酿酒，用以待客，常有人把白露米酒带到城市。直到 20 世纪三四十年代，南京城里酒店里还有零卖的白露米酒，后来逐渐消失。

○吃龙眼

福州有个传统叫“白露必吃龙眼”。民间的解释为，在白露这一天吃龙眼有大补身体的奇效，在这一天吃一颗龙眼相当于吃一只鸡那么补。这听起来难免有些太夸张了，哪有那么神奇，不过还是稍微有一些道理的。因为龙眼本身就有益气补脾、养血安神、润肤美容等多种功效，还可以治疗贫血、失眠、神经衰弱等等很多种疾病，而且白露之前的龙眼个大、核小、味甜、口感好，所以白露吃龙眼是再好不过的了。不管是不是大补，总之吃了就是补，所以福州人也就习惯了这一传统习俗。

○吃番薯

文成县在白露这天有吃番薯的习俗。当地百姓认为如果白露节气吃了番薯，就可以使全年吃番薯丝饭后都不会发生胃酸和胃胀，而且他们认为吃番薯可以多生孩子，因而习俗逐渐形成。

○十样白

浙江温州有过白露节的习俗。苍南、平阳等地民间，人们于此日采集“十样白”（也有“三样白”的说法），以煨乌骨白毛鸡（或鸭子），据说食后可滋补身体，去风气（关节炎）。这“十样白”乃是十种带“白”字的草药，如白木槿、白毛苦等，以与“白露”字面上相应。

○祭禹王

白露时节是江苏太湖民间祭禹王的日子，每逢白露节气都会举行盛大隆重的祭祀活动。

禹王是传说中的治水英雄大禹，太湖畔的渔民称他为“水路菩萨”或“河神”。每年正月初八、清明、七月初七和白露时节，这里则会举行祭禹王的香会，其中又以清明、白露春秋两祭的规模为最大，各历时一周。祭祀活动上，人们会赶庙会、打锣鼓、跳舞蹈。

在山西沿黄河一带，人们在祭禹王的同时，还会祭土地神、花神、蚕花姑娘、门神、宅神、姜太公等。活动期间，《打渔杀家》是必演的一台戏，它寄托了人们对美好生活的一种祈盼和向往。

白露时节的养生保健

○白露养生知识

俗语云：“处暑十八盆，白露勿露身。”这两句话的意思是说，处暑仍热，每天需用一盆水洗澡，但过了十八天，到了白露，虽然白天的气温仍可达三十多度，但夜晚已凉，昼夜温差较大，若下雨则气温下降更为明显，因此，要注意早晚添加衣被，不要赤膊露体，睡卧不可贪凉，不要洗冷水澡，以免着凉。尤其是女性朋友一定要注意早晚的保暖，不要为了美而忽视了健康。

白露时节，气温和湿度都有所降低，气压有所升高。在这种条件下，人体消耗的热量会增多，使得所需的能量突然增加，而经过整个夏天身体内部能耗的“亏空”还没有补上，便容易出现倦怠、疲乏的现象。想要缓解这种现象，可以从调整起居时间入手，改变夏季晚睡的习惯，保证休息时间比夏天多出大约一个小时。

同时，白露时分是开展各种运动锻炼的大好机会，我们可以根据自己的情况来选择锻炼项目。尤其是上班族，经常除了上班没有其他事情可干，所以更应该增加运动量，在清晨和傍晚时分可外出散步，以激发身体的活力。另外，在锻炼的时候应该多注意防寒保暖。

○白露时节的疾病预防

● 防寒

有一些爱美的女性无视气候的变化，常常是裙裾飘飘。然而，这种“想好看，冷得颤”的女士们，常常会为此而付出代价。因为冷空气刺激皮肤，引起皮肤血管收缩，致使表皮血流不畅，影响脂肪细胞的功能，大腿等皮下脂肪组织就会出现杏核大小的单个或多个硬块，表皮呈紫红色，触摸较硬，有时伴有轻度的痛和痒，严重者还会出现皮肤溃破，称为寒冷性脂肪组织炎。

一旦患上寒冷性脂肪组织炎，症状轻者可适当地增加衣裤，注意保暖，再用热毛巾和热水袋局部外敷，数周后可自愈。症状较重者应到医院检查诊治。

另外，暴露在裙子下面的下肢会因寒湿之邪的袭击而出现麻木、酸痛不适。尤其是膝关节处，皮下脂肪较少，更易受冻，引发风湿性关节炎等。

因此，女性在秋季穿裙装，必须要遵循气候规律，冷空气来临时，最好穿上厚质羊毛袜和厚料长裙，以御风寒；并注意营养搭配，适当吃些羊肉、狗肉和辛辣食品，以暖身御寒。

● 防“花粉热”

白露时节，秋高气爽，人们大多会选择在这个时候外出游玩。然而，有不少游客在旅游期间经常出现类似感冒的症状，鼻痒、连续打喷嚏、流清鼻涕，有时眼睛流泪、咽喉发痒，还有人耳朵发痒等。这些表现很容易让人联想到感冒，再加上深秋季节早晚温差很大，特别是当活动量增加后脱过外衣，就更容易被误认为受了寒凉，而当作“感冒”治疗。其实这不一定是“感冒”，而可能是“花粉热”。

“花粉热”的发病有两个基本因素：一个是个体的过敏体质；另一个是不止一次地接触和吸入外界的过敏源。由于各种植物的开花具有明显的季节性，因此，对某种或某几种抗原过敏的人的发病也就具有明显的季节性了。秋季是藜科、肠草、蓖麻和向日葵等植物开花的时候，也正是这些花粉诱发过敏体质者出现了“秋季花粉症”。

● 防呼吸道疾病

白露节气已是真正的凉爽季节的开始，很多人在调养身体时一味地强调海鲜肉类等营养品的进补，而忽略了季节性的易发病，给自己和家人造成了机体的损伤，影响了学习和工作。在此要提醒大家的是，白露节气要避免鼻腔疾病、哮喘病和支气管病等呼吸道疾病的发生。特别是对于那些因体质过敏而容易引发上述疾病的人群，在养生保健上更要慎重。

这一时节气管炎的发病，其

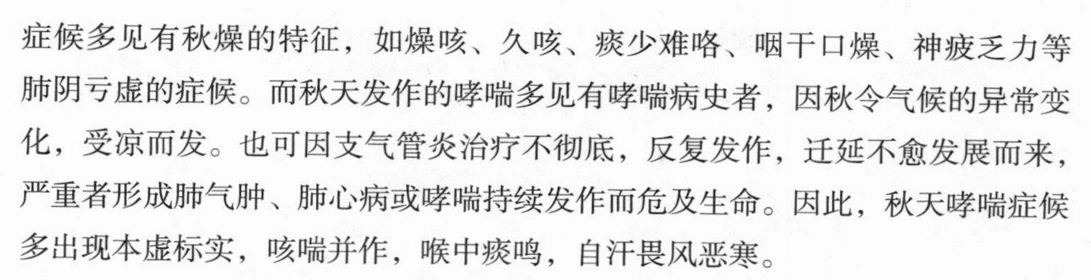

症候多见有秋燥的特征，如燥咳、久咳、痰少难咯、咽干口燥、神疲乏力等肺阴亏虚的症候。而秋天发作的哮喘多见有哮喘病史者，因秋令气候的异常变化，受凉而发。也可因支气管炎治疗不彻底，反复发作，迁延不愈发展而来，严重者形成肺气肿、肺心病或哮喘持续发作而危及生命。因此，秋天哮喘症候多出现本虚标实，咳喘并作，喉中痰鸣，自汗畏风恶寒。

想要预防呼吸道疾病，应注意以下几个方面。

1. 注意防寒保暖。除了适当添衣之外，也绝不可忽视下肢的保暖，夜间要盖好被褥。

2. 防止呼吸道感染。每一次感冒都会诱发慢性气管炎复发或加重，患者在流感期间要少到公共场所逗留，也不宜走亲访友，出门要戴口罩。

3. 保持室内空气流通。经常开窗通风，让居室内外空气流通，以保持室内空气洁净新鲜；不要到空气污染严重的地方去；有晨雾的天气尽量不外出，更不能在晨雾中锻炼。

4. 如果经常因为过敏而引发呼吸道疾病，平时在饮食调养方面就应少吃或不吃鱼虾海鲜、生冷炙烩腌菜、辛辣酸咸甘肥的食物，宜食清淡、易消化且富含维生素的食物。现代医学研究表明，高钠盐饮食会增加支气管的反应性，因而哮喘病人不宜吃得过咸。

5. 尽早戒烟。吸烟不但会加剧咳嗽，还会引起支气管痉挛，导致胸闷气短，呼吸困难。

白露时节“吃”的学问

○白露饮食宜忌：宜清淡滋补，忌生冷刺激

白露时节燥邪袭肺，饮食应以健脾润燥为主。在调节饮食上，应选择清淡、富含营养、少或无刺激性的食物，避免生冷饮食，保证适量的新鲜蔬菜，保持大便的通畅，人们会比较容易出现脾胃虚弱、消化能力差的症状。所以，多吃些易吸收、有补养作用的粥品。

宜食：鸡肉、猪肉、芋头、山药、红薯、莲子、大枣、芝麻、银耳、栗

子、柚子等。

忌食：黄鱼、带鱼、虾、蟹、西瓜、香瓜、香蕉、辣椒、韭菜花、黄花、葵菜等。

○白露食谱攻略

香酥山药

用料：

鲜山药 500 克，白糖 125 克，豆粉 100 克，植物油 750 克（实耗 150 克），醋、味精、淀粉、香油各适量。

做法：

①山药洗净，上锅蒸熟，取出后去皮，切 1 寸长段，再一剖两片，用刀拍扁。

②锅烧热倒入植物油，等油烧至七成热时，投入山药，炸至发黄时捞出待用。

③另烧热锅，放入炸好的山药，加糖和水两勺，文火烧 5、6 分钟后，即转武火，加醋、味精，淀粉勾芡，淋上香油起锅装盘即成。

功效：健脾胃，补肺肾。对于脾虚食少，肺虚咳嗽、气喘者更为适合。

柚子鸡

用料：

柚子（越冬最佳）1 个，公鸡 1 只，精盐适量。

做法：

公鸡去毛、内脏洗净，柚子去皮留肉。将柚子放入鸡腹内，再放入汽锅中，上锅蒸熟，出锅时加入精盐调味即可。

功效：补肺益气，化痰止咳。

沙参枸杞粥

用料：

沙参 15~20 克，枸杞 15~20 克，玫瑰花 3~5 克，粳米 100 克，冰糖适量。

做法：

先将沙参煎汁去渣，后以药汁与枸杞、粳米同入砂锅，再加水适量，用文火煮粥，待粥将熟时，加入玫瑰花、冰糖，搅匀稍煮片刻即可。每日早、晚温热服食。

功效：滋阴润燥、养血明目。利于阴血亏虚所致的干咳少痰、痰中带血、咽喉干燥、声音嘶哑、胃脘灼痛、饥而不欲食、干呕呃逆、头晕眼花、两目干涩、视物模糊、手足心低热等。

禁忌：外感风寒所致咳嗽不宜服。

大枣乌梅汤

用料：

大枣20克，乌梅20克，冰糖适量。

做法：

将大枣、乌梅洗干净，入砂锅加水适量，文火煎取浓汁，兑入冰糖溶化即成。

功效：滋阴、益气、敛汗。适宜于阴津亏虚所致的烦热口渴、气短神疲、盗汗不止者。

品味白露文化情趣

○品白露诗词

月夜忆舍弟

【唐】杜甫

戍鼓断人行，边秋一雁声。

露从今夜白，月是故乡明。

有弟皆分散，无家问死生。

寄书长不达，况乃未休兵。

这是杜甫在乾元二年秋作于秦州（今甘肃天水）的一首怀念胞弟的诗歌。

戍楼上的更鼓声阻断了人们的来往，秋季的边塞，一只孤雁在天上鸣叫。从今夜就进入了白露节气，月亮还是故乡的最明亮。兄弟都分散了，因为没有家所以无法探听亲人的生死。寄往洛阳城的家书经常送不到，战乱频繁也还没有停止。

蝶恋花

【北宋】晏殊

槛菊愁烟兰泣露，罗幕轻寒，燕子双飞去。明月不谙离恨苦，斜光到晓穿朱户。

昨夜西风凋碧树，独上高楼，望尽天涯路。欲寄彩笺兼尺素，山长水阔知何处？

晏殊（991—1055），字同叔，抚州临川人，北宋著名文学家、政治家。以词著于文坛，尤擅小令，风格含蓄婉丽，与其子晏几道并称为“大晏”和“小晏”，又与欧阳修并称“晏欧”。

在婉约派词人许多伤离怀远之作中，这是一首颇负盛名的词。它不仅具有情致深婉的共同点，而且具有一般婉约词少见的境界辽阔高远的特色。它不离婉约词，却又在某些方面超越了婉约词。

明月皎夜光

佚名

明月皎夜光，促织鸣东壁。

玉衡指孟冬，众星何历历。

白露沾野草，时节忽复易。

秋蝉鸣树间，玄鸟逝安适？

昔我同门友，高举振六翮。

不念携手好，弃我如遗迹。

南箕北有斗，牵牛不负轭。

良无盘石固，虚名复何益！

仲秋的后半夜，诗人却还在月下独行，因为他心中十分苦闷，昔日的同门之友飞黄腾达之后弃他而去。他无可奈何，只能在月夜一个人仰天长叹，好生凄凉，整首诗抒发了对炎凉世态、人情冷漠的怨愤之情。

全文十六句，分三段。前八句写景状物，中间四句叙述事情，结尾四句感叹抒情。作者从目见、耳闻到怀想，从节序之变说到友情之变，由友情之变说到“虚名复何益”，其间语句转换清新自然，一气呵成，没有丝毫生硬之感。

〇读白露谚语

白露无雨，百日无霜。

白露有雨，寒露有风。

白露白茫茫，寒露添衣裳。

白露身不露，着凉易泻肚。

白露天气晴，谷子如白银。

过了白露节，屠夫硬似铁。

白露白茫茫，无被不上床。

过了白露节，一天死片叶。

白露刮北风，越刮越干旱。

白露晴，有米无仓盛；白露雨，有谷无好米。

白露早，寒露迟，秋分的麦子正当时。

白露有雨连秋分，麦种豆种不出门。

一场秋风一场凉，一场白露一场霜。

九月白露又秋分，秋收秋种闹纷纷。

白露有雨霜冻早，秋分有雨收成好。

过了白露节，早寒夜冷中时热。

白露前后看，莜麦荞麦收一半。

白露在仲秋，早晚凉悠悠。

蚕豆不要粪，只要白露种。

白露过秋分，农事忙纷纷。

白露种高山，寒露种平地。

第十六章　秋分：秋色平分，昼夜等长

昼夜等长，凉风习习，碧空万里，风和日丽，秋高气爽，丹桂飘香，蟹肥菊黄，整个时节美好宜人。

秋分与气象农事

○秋分时节的气象特色

秋分是在每年阳历的 9 月 22 日至 24 日，太阳到达黄经 180 度的时候。

在古籍《春秋繁露·阴阳出入上下篇》中有这样的说法："秋分者，阴阳相半也，故昼夜均而寒暑平。"可见"秋分"有两层意思：一是太阳直射地球赤道，因此这一天昼夜平分，各 12 小时，全球无极昼极夜现象。秋分之后，北极附近极夜范围渐大，南极附近极昼范围渐大；二是按我国古代以立春、立夏、立秋、立冬为四季开始的季节划分法，秋分这天正好在秋季 90 天的中间，平分了秋季。秋分之"分"便由此而来。

从秋分这一天起，全球的气候主要呈现三大特点：阳光直射的位置继续由赤道向南半球推移，北半球昼短夜长的现象将越来越明显，白天逐渐变短，黑夜变长（直至冬至日达到黑夜最长，白天最短）；昼夜温差逐渐加大，幅度将高于 10℃以上；气温逐日下降，一天比一天冷，逐渐步入深秋季节。南半球的情况则正好相反。

秋分时节，我国长江流域及其以北的广大地区均先后进入了凉爽的秋季，日平均气温都降到了 22℃以下。北方冷气团开始具有一定的势力，大部分地区雨季刚刚结束，凉风习习，碧空万里，风和日丽，秋高气爽，丹桂飘香，蟹肥菊黄。秋分是美好宜人的时节，同时也是农业生产上重要的节气。秋分后太阳直射的位置移至南半球，北半球得到的太阳辐射越来越少，而地面散失的热量却较多，气温降低的速度明显加快，所以有“白露秋分夜，一夜冷一夜”之说。农谚又说：“一场秋雨一场寒。”一股股南下的冷空气，与逐渐衰减的暖湿空气相遇，产生降雨，将气温拉到更低。又有谚语道：“八月雁门开，雁儿脚下带霜来。”东北地区降温早的年份，秋分见霜已不足为奇。在西北高原北部，日最低气温降到0℃以下，已经可见到漫天絮飞舞、大地素裹银装的壮丽雪景。

※ 白露三候

我国古代将白露的十五天分为三候：“一候雷始收声，二候蛰虫坯户，三候水始涸。”古人认为雷是因为阳气盛而发声，秋分后阴气开始旺盛，所以不再打雷了。

○秋分时节的农事活动

秋分过后，但凡遇到冷空气活动，气温便下降得特别快，幅度也很大，这就使得秋收、秋耕、秋种的“三秋”大忙显得格外紧张。秋分正是收获的大好时候，棉花吐絮，烟叶也由绿变黄。华北地区已开始播种冬麦，长江流域及南部广大地区正忙着晚稻的收割，抢晴耕翻土地，准备播种油菜。秋分时节的干旱少雨或连绵阴雨是影响“三秋”正常进行的主要不利因素，特别是连阴雨会使即将收获的作物倒伏、霉烂或发芽，造成严重损失。“三秋”大忙，贵在“早”字。及时抢收秋收作物可免受早霜冻和连阴雨的危害，适时早播冬作物可争取充分利用冬前的热量资源，培育壮苗安全越冬，为来年奠定丰产的基础。“秋分不露头，割了喂老牛”，南方的双季晚稻正抽穗扬花，是产量形成的关键时期，早来低温阴雨形成的“秋分寒”天气，是双晚开花结实的主要威胁，必须认真做好预防工作。

了解秋分传统民俗

秋分正值田间收获忙碌的大好时候，是一个十分重要的节气，这个时节的习俗也夹杂着老百姓丰收后的喜悦心情。

○祭月

春分祭日，秋分则祭月，自古以来，秋分就是传统的“祭月节”。据史书记载，早在周朝，古代帝王就有春分祭日、夏至祭地、秋分祭月、冬至祭天的习俗。其祭祀的场所称为日坛、地坛、月坛、天坛，分设在东南西北四个方向。北京的月坛就是明清皇帝祭月的地方。《礼记》载：“天子春朝日，秋夕月。朝日之朝，夕月之夕。”这里的夕月之夕，指的正是夜晚祭祀月亮。这种风俗不仅为宫廷及上层贵族所奉行，随着社会的发展，也逐渐流传到民间。

现在的中秋节就是演化自传统的“祭月节”。据史料表明，最初的“祭月节”是定在“秋分”这一天的，不过由于这一天在农历八月里的日子每年不同，而且不一定都有圆月，而祭月无月则是大煞风景的。所以，后来就将“祭月节”由“秋分”调至每年的八月十五，这便有了中秋节。

○立秋社

古人立社，举行祭祀，原本是为了春天祈祷农事顺利，后来因倡导“春祈秋报”，于是又设立秋社。拔褉最初只有上巳节（三月三日）的春褉，如兰亭曲水流觞等，后来春秋两季的佳日，都会举行游戏活动，于是又有了秋褉。大概民间认为春季农事即将开始，需要用祭祀来祈祷农事顺利，而秋季耕作结束，便应以举行祭赛来表达感恩之情。

唐代以来，关于秋社的日期，各地都不太一样。如安徽贵池在八月上旬，重庆万县以八月十五日为秋社，江苏通州在九月九日，湖北监利在八月初一，而其他各县，或者在八月二日，或者在九月九日，或者在十月一日，都不一样。一般来说，秋社都会取立秋后的第五个戊日，大约在农历八月秋分前后。各地谚语有按照秋分日在社前还是社后，来预测年景丰歉的。如福建建阳的农谚有说：“秋分在社前，斗米换斗钱；秋分在社后，斗米换斗豆。”上海松江的农谚则说：“分了社，白米遍天下；社了分，白米如锦墩。”

总而言之，无论秋社在何时，每逢此时，人们都要祭祀先农，并举行各种娱乐活动。

○走社

秋社之时，一年的辛劳已经得到回报，彼此愉快的心情无以复加，因此男女走社，总是要比春社还要盛大。这个时节，每家每户经常要拿出最美味的土产食品招待客人，以相互展示夸耀，如此也促进了人们的进取之心。有民谚这么说道："鸡豚秋社，芋栗园收，李四张三，来而便留。"

○竖蛋

竖蛋活动不仅在春分才有，秋分时节同样流行。这项民俗在国内颇受欢迎，甚至已经走出国门，受到世界许多国家人民的喜爱，很多国家和地区在秋分时节都会有这样的活动。

秋分时节的养生保健

○秋分养生知识

秋分时节，秋意正浓，这期间阳气渐收，阴气渐长。人体生理活动也适应自然环境的变化，机体的阳气随之内收，因此，此间的养生必须注意保养阴气，也就是中医所说的"秋冬养阴"。

秋冬养阴就是在深秋之际，顺应自然界"秋主收、冬主藏"的规律而重视蓄养阴精，以适应收藏的需要，为来年阳气生发打基础。阴精，是精、血、津、液等各种营养物质的通称。

要想保持机体的阴阳平衡，就要先避免外界邪气的侵袭。秋季天气干燥，避免燥邪十分重要。秋分之前有暑热的余气，故多见于温燥；秋分之后，秋风四起，气温下降，寒凉渐重，多出现凉燥。燥邪伤人，易伤人体津液，呈现一派燥象，如口干、唇干、鼻干、咽干、大便干结、皮肤干甚至皲裂等，因此，秋季必须防止燥邪伤人，以养护体内阴气。

那么，秋季养阴，保持阴阳平衡，需要从哪些方面入手呢？

● 运动以"养收"。时至秋分，阴精阳气都处在收敛内养的状态，而运动健身也要顺应这一原则，才能顶住干燥的气候。"养收"，即在运动中注意避免运动过剧，防止汗液流失，阳气伤耗。所以，慢跑是最理想的秋季运动方法。

跑步之前，先原地站立或缓慢行走，放松肢体，调节情志，调匀呼吸。有了心理准备后，再迈开两腿，缓慢小跑。在跑步时，步子可逐渐地迈得大一些，但是，每一步都要踏得稳，两臂随之前后摆动，尽量用脚尖着地，以增加锻炼效果。跑步结束后，要继续行走一段，做做深呼吸，两手胸前画弧，让全身肌肉彻底放松。

● 加强营养。寒凉之秋，脾胃机能多健旺，是营养物质易于蓄积的大好时机，因此宜加强营养，多吃温热之物及血肉有情之物，以达“温阳则阴不穷”，对于素体阴亏者来说，还可进食养阴滋液之品，如阿胶、龟肉等，使阴阳协调平和，生化无穷。

● 精神调节。秋季气温降低，气候干燥，人们的情绪难免低落忧郁。因此一定要在此时培养乐观情绪，保持神志安宁。老人可减少说话，多登高远眺，让不良情绪缓解。

● 忌房事。秋季是一年中主收主藏的季节，夏季的种种病因，往往到了秋凉时表现得更加严重。有陈年疾病或者身体虚弱的，尤其容易复发，或者感到疲劳。故而在秋分之日，一定要好好休养，房事及剧烈活动应审慎安排，适度为宜，以蓄养阴精。

○秋分时节的疾病预防

到了秋季，气温猛然骤降，这个时候应准备好换季的秋装。特别是老年人，代谢功能下降，血液循环减慢，既怕冷又怕热，对天气变化非常敏感，可适时

加厚衣服。秋天早晚凉，千万注意别让“背”和“心”凉着，必要时，可先穿上毛背心或夹背心。

秋分以后，胃肠道对寒冷的刺激会非常敏感，如果不注意饮食和起居，就会引发胃肠道疾病，出现腹胀、腹泻、腹痛等症状，或使原来的胃病加重。所以患有慢性胃炎的人，此时要特别注意胃部的保护，晚上盖好被褥，以免着凉。

此外，秋天还是肠道传染病、疟疾、乙脑的多发季节，也常会引起许多旧病，如老慢支、哮喘等的复发，患高血压、冠心病、糖尿病的中老年人若疏忽防范，则会加重病情。

秋分时节“吃”的学问

○秋分饮食宜忌：少辛味发散，多酸味甘润

秋分时节仍多燥症，但此时的“燥”已经是“凉燥”了，和白露时节的“温燥”不同。因此，饮食方面要多吃一些清润、温润为主的食物，如芝麻、核桃、糯米、蜂蜜、乳品、雪梨、甘蔗等，以滋阴、润肺、养血。辛辣之食尽量少食。

因秋属肺金，酸味收敛补肺，辛味发散泻肺，所以秋季宜收不宜散，要尽量少食葱、姜等辛味之品，适当多食酸味甘润的果蔬。

秋分前后，正是金秋时节，是水果大丰收的季节，秋季水果营养丰富，味美可口，药食兼优，颇受人们的欢迎。但秋季水果并非每个人都适宜多吃，在食用的时候还是有讲究和禁忌的。

● 苹果空腹用可以治疗便秘，饭后用还可助消化。苹果富含糖类和钾盐，吃多了对心、肾不利，因此，冠心病、肾炎和糖尿病患者应慎用。

● 梨子可以止咳化痰、清肺润燥，与冰糖煎服可以治疗顽固性咳嗽，捣烂后与蜂蜜调服可以用来治疗声音嘶哑。但梨子性寒，含糖分高，脾胃虚弱者和糖尿病人不宜多食。

● 栗子能补肾强筋、益脾止泻但多食易导致消化不良。

● 香蕉可以养阴生津，清肺润燥。但香蕉性寒，含钠盐多，肾炎、高血压患者慎用。又因其含糖分较多，糖尿病患者忌食。

● 柑橘能健脾和胃、温肺止咳，橘皮加糖煎服可以治疗感冒。但柑橘性温，多食易上火，会导致目赤、牙痛。

● 柿子中的青柿汁有助于降血压，柿蒂可用来治疗呃逆及妊娠呕吐。因柿内含有大量的单宁和肺胶粉，因此具有较强的收敛性，容易导致便秘。此外，柿子空腹吃易引起柿石症。

宜食：猪肉、鸡肉、花菜、白萝卜、山药、莲子、栗子、荸荠、秋梨、柑橘、香蕉等。

忌食：蒜、葱、生姜、八角、茴香等。

○秋分食谱攻略

海米炝竹笋

用料：

竹笋400克，海米25克，料酒、盐、味精、高汤、植物油各适量。

做法：

竹笋洗净，用刀背拍松，切成4厘米长段，再切成一字条，放入沸水锅中焯去涩味，捞出过凉水。将油入锅烧至四成热，投入竹笋稍炸，捞出淋干油。锅内留少量底油，把竹笋、高汤、盐略烧，入味后出锅；再将炒锅放油，烧至五成热，下海米烹入料酒，加高汤少许、味精，将竹笋倒入锅中翻炒均匀装盘即可。

功效：清热消痰，祛风排毒。

油酱毛蟹

用料：

河蟹500克（海蟹亦可），姜、葱、醋、酱油、白糖、干面粉、味精、黄酒、淀粉、食油各适量。

做法：

将蟹清洗干净，斩去尖爪，蟹肚朝上齐正中斩成两半，挖去蟹鳃，蟹肚被斩剖处抹上干面粉。将锅烧热，放油滑锅烧至五成熟，将蟹（抹面粉的一面朝下）入锅煎炸，待蟹呈黄色后，翻身再炸，使蟹四面受热均匀，至蟹壳发红时，加入葱姜末、黄酒、醋、酱油、白糖、清水、烧八分钟左右至蟹肉全部熟透后，收浓汤汁，入味精，再用水淀粉勾芡，淋上少量明油出锅即可。

功效：益阴补髓，清热散瘀。

甘蔗粥

用料：

甘蔗汁 800 毫升，高粱米 200 克。

做法：

甘蔗洗净榨汁，高粱米淘洗干净，将甘蔗汁与高粱米同入锅中，再加入适量的清水，煮成薄粥即可。

功效：补脾消食，清热生津。

品味秋分文化情趣

○品秋分诗词

秋夜

【南朝梁】沈约

月落宵向分，紫烟郁氛氲。

曈曈萤入雾，离离雁出云。

巴童暗理瑟，汉女夜缝裙。

新知乐如是，久要讵相闻。

沈约（441—513 年），字休文，吴兴武康（今浙江德清）人，南朝史学家、文学家。孤贫流离，笃志好学，博通群籍，擅长诗文。历仕宋、齐、梁三代，后助梁武帝登位，为尚书仆射，封建昌县侯，后至尚书令，卒谥隐。

“秋分”和“春分”一样，昼夜平

分，诗的第一句就点明了写作时节。由于秋分已是深秋，秋高气爽，所以全诗表现出一种从容的心情。

曀（yì）：天阴沉。讵（jù）：表示反问。

秋分日忆用济

【清】紫静仪

遇节思吾子，吟诗对夕曛。

燕将明日去，秋向此时分。

逆旅空弹铗，生涯只卖文。

归帆宜早挂，莫待雪纷纷。

这是一首在秋分时分写思念儿子的诗。这一年的秋分，诗人想起了远方的儿子。思念之情无处寄托，只得在夕阳下吟咏诗歌来缓解心绪。回首自己穷困潦倒的一生，感慨万千。既然前途渺茫，还不如早日还家。全诗情感真挚，动人心弦，字里行间充满了淡淡的无奈和苦闷。

道中秋分

【清】黄景仁

万态深秋去不穷，客程常背伯劳东。

残星水冷鱼龙夜，独雁天高阊阖风。

瘦马羸童行得得，高原古木听空空。

欲知道路看人意，五度清霜压断蓬。

黄景仁（1749—1783），清代诗人，字汉镛，一字仲则，号鹿菲子。阳湖（今江苏省常州市）人，北宋诗人黄庭坚的后裔。黄景仁短暂的一生大都是在贫病愁苦中度过的。所作诗歌，多抒发穷愁不遇、寂寞凄怆的情怀，这首诗也同样有一种难以言说的感伤。

这是一首行旅诗，因在道途中逢秋分而作。阊阖（chāng hé）：神话传说中的天门，宫门。

○读秋分谚语

秋分北风多寒冷。

秋分冷雨来春早。

秋分以后雪连天。

秋分有雨寒露凉。

秋分有雨天不干。

秋分秋分，雨水纷纷。

秋分出雾，三九前有雪。

秋分冷得怪，三伏天气坏。

秋分雨多雷电闪，今冬雪雨不会多。

秋分早，霜降迟，寒露种麦正应时。

秋分天气白云多，处处欢歌好晚禾。

秋分种麦，前十天不早，后十天不迟。

秋分种山岭，寒露种平川。

秋分四忙，割打晒藏。

秋分梨子甜。

秋分前后有风霜。

秋分过后必有风。

秋分露重，冬季多霜。

秋分北风，热到脱壳。

秋分暝，一暝寒过一暝。

秋分西北风，来年早春多阴雨。

秋分西北风，冬天多雨雪。

秋分有雨来年丰。

秋分无雨春分补。

秋分见麦苗，寒露麦针倒。

秋分前十天不早，秋分后十天不晚。

秋分日晴，万物不生。

秋分有雨，寒露有冷。

秋分不割，霜打风磨。

热至秋分，冷至春分。

秋分已来临，种麦要抓紧。

秋分谷子割不得，寒露谷子养不得。

秋分只怕雷电闪，多来米价贵如油。

秋分麦粒圆溜溜，寒露麦粒一道沟。

淤种秋分，沙种寒露。

第十七章 寒露：露气寒冷，将凝结也

气温下降，露水更凉，快要凝结成霜。北方进入深秋，红叶似火，南方秋意渐浓，蝉噤荷残。

寒露与气象农事

○寒露时节的气象特色

寒露是秋季的第五个节气，也就是每年阳历的10月8日或9日，太阳到达黄经195度的时候。

《月令七十二候集解》上说："九月节，露气寒冷，将凝结也。"寒露的意思是气温比白露时更低，地面的露水更冷，快要凝结成霜了。又如古籍《通纬·孝经援神契》上说："秋分后十五日，斗指辛，为寒露。言露冷寒而将欲凝结也。"古代把露作为天气转凉变冷的表征。白露后，天气转凉，开始出现露水；到了寒露，则露水增多，且气温更低。

寒露时节，南岭及以北的广大地区均已进入秋季，东北进入深秋，西北地区已进入或即将进入冬季。北京大部分年份这时已可见初霜，除全年飞雪的青藏高原外，东北和新疆北部地区一般已开始降雪。

此时我国有些地区会出现霜冻，北方已呈深秋景象，白云红叶，偶见早霜，南方也秋意渐浓，蝉噤荷残。华南日平均气温多不到20℃，即使在长江沿岸地区，也很难有30℃以上的日子了，而最低气温却可降至10℃以下。西北高原除了少数河谷低地以外，候（5天）平均气温普遍低于10℃，用气候学划分四季的标准衡量，已是冬季了。千里霜铺，万里雪飘，与华南秋色很不相同。

我国大陆上绝大部分地区雷暴已消失，只有云南、四川和贵州局部地区尚可听到雷声。

※ 寒露三候

我国古代将寒露的十五天分为三候："一候鸿雁来宾，二候雀人大水为蛤，三候菊有黄华。"此节气中鸿雁排成一字或人字形的队列大举南迁；深秋天寒，雀鸟都不见了，古人看到海边突然出现很多蛤蜊，并且贝壳的条纹及颜色与雀鸟很相似，所以便以为是雀鸟变成的；"菊有黄华"是说此时菊花已普遍开放。

○寒露时节的农事活动

寒露以后，北方冷空气已有一定势力，我国大部分地区在冷高压控制之下，雨季结束。天气常是昼暖夜凉，晴空万里，对秋收十分有利。

华北 10 月份降水量一般只有 9 月降水量的一半或更少，西北地区则只有几毫米到 20 多毫米。干旱少雨往往给冬小麦的适时播种带来困难，成为旱地小麦争取高产的主要限制因素之一。所以，华北地区要在这时候抓紧播种小麦，若遇干旱少雨的天气应设法造墒抢墒播种，保证在霜降前后播完，切不可被动等雨导致旱茬种晚麦。另外，华北平原的甘薯薯块膨大逐渐停止，应根据天气情况抓紧收获，争取在早霜前收完，否则在地里经受低温时间过长，会因受冻而导致薯块"硬心"，造成损失。

"寒露不摘棉，霜打莫怨天。"这个时节，趁着天晴一定要抓紧采收棉花，遇降温早的年份，还可以趁气温不算太低时把棉花收回来。

江淮及江南的单季晚稻即将成熟，双季晚稻正在灌浆，要注意间歇灌溉，保持田间湿润。南方稻区还要注意防御"寒露风"的危害。寒露前后是长江流域直播油菜的适宜播种期，品种安排上应先播甘蓝型品种，后播白菜型品种。淮河以南的绿肥播种要抓紧扫尾，已出苗的要清沟沥水，防止涝渍。

寒露期间，华南雨量日趋减少。华南西部多在 20 毫米上下，东部一般为 30~40 毫米。绵雨甚频，影响"三秋"生产，成为我国南方大部分地区的一种灾害性天气。伴随着绵雨的气候特征是：湿度大，云量多，日照少，阴天多，雾日亦自此显著增加。但是，秋绵雨严重与否，直接影响"三秋"生产的进度与质量。为此，一方面，要利用天气预报，抢晴天收获和播种；另一方面，也要因地制宜，采取深沟高厢等有效的耕作措施，减轻湿害，提高播种质量。

海南和西南地区这时一般是秋雨连绵，少数年份江淮和江南也会出现阴雨天气，对秋收秋种有一定的影响。

在高原地区，寒露前后是雪害最严重的季节之一，积雪阻塞交通，危害畜牧业生产，应该注意预防。

了解寒露传统民俗

寒露时节的重阳节在农历九月九日，民间又称“双阳节”。唐代诗人王维在《九月九日忆山东兄弟》一诗中写道：“独在异乡为异客，每逢佳节倍思亲。遥知兄弟登高处，遍插茱萸少一人。”这首诗告诉我们，唐朝时，中原地区“九九登高”“遍插茱萸”已相沿成俗了。

关于重阳节的由来，有这样一个传说：东汉时期，汝河有个瘟魔，只要它一出现，家家就有人病倒，天天有人丧命，这一带的百姓受尽了瘟的蹂躏。一场瘟疫夺走了恒景的父母，他自已也差点儿丧了命。恒景病愈后辞别了妻子和乡亲，决心访仙学艺，为民除掉瘟。恒景访遍名山高士，终于打听到东方一座最古老的山上有一个法力无边的仙长。在仙鹤指引下，仙长终于收留了恒景。仙长教他降妖剑术外，又赠他一把降妖剑。恒景废寝忘食苦练，终于练出了一身武艺。这一天仙长把恒景叫到跟前说：“明天九月初九，瘟魔又要出来作恶，你本领已经学成，该回去为民除害了。”仙长送了恒景一包茱萸叶，一盅菊花酒，并且密授避邪用法，让恒景骑着仙鹤赶回家。恒景回到家乡，在初九的早晨，他按仙长的叮嘱把乡亲们领到了附近的一座山上，然后发给每人一片茱萸叶，一盅菊花酒。中午时分，随着几声怪叫，瘟魔冲出汝河。瘟魔刚扑到山下，突然吹来阵阵茱萸奇香和菊花酒气。瘟魔戛然止步，脸色突变，恒景手持降妖剑追下山来，几回合就把瘟魔刺死于剑下。从此，九月初九登高避疫的风俗年复一年地传下来。

农历九月初九日的重阳佳节，活动丰富，情趣盎然，有登高、赏菊、喝菊花酒、吃重阳糕、插茱萸等。

● 登高

在古代，民间在重阳有登高的习俗，故重阳节又叫“登高节”，相传此风俗始于东汉。由于重阳节在寒露节气前后，凉爽的气候十分适合登山，久而久之，重阳节登高的习俗也就成了寒露节气的习俗。登高寓意“步步高升”“高寿”等。古时登高源于“避祸”。登高所到之处没有统一的规定，一般是登高山、登高塔。

北京地区的登高习俗很盛，景山公园、八大处、香山等都是登高的好地方，重阳节这天，会看到很多登高的游人。

● 吃花糕

九九登高之后，有吃花糕的习俗，因为“糕”与“高”谐音，古人坚信“百事皆高”的说法，所以在重阳节登高时吃糕，寓意步步高升。

花糕主要有“糙花糕”“细花糕”和“金钱花糕”。粘些香菜叶以为标志，中间夹上青果、小枣、核桃仁之类的干果。“细花糕”有三层、两层不等，每层中间都夹有较细的蜜饯干果，如苹果脯、桃脯、杏脯、乌枣之类。金钱花糕与细花糕基本同样。但个儿较小，如同金钱一般。

● 赏菊、饮菊花酒

重阳节正是一年的金秋时节，菊花盛开。相传赏菊及饮菊花酒，起源于晋朝大诗人陶渊明。陶渊明以隐居出名，以诗出名，以酒出名，也以爱菊出名，后人效之，遂有重阳赏菊之俗。北宋京师开封，重阳赏菊之风盛行，当时的菊花就有很多品种，千姿百态。民间还把农历九月称为“菊月”。在菊花傲霜盛开的重阳节里，观赏菊花成了节日的一项重要内容。清代以后，赏菊之习尤为盛行，且不限于九月九日，但仍然是重阳节前后最为隆重。

菊花酒，由菊花加糯米、酒曲酿制而成，味清凉甜美，有养肝、明目、健脑、延缓衰老等功效，还可除秋燥。因此，它是汉代宗贵达官常饮的佳酿。

● 插茱萸、簪菊花

重阳节插茱萸的风俗，在唐代就已经很普遍了。古人认为在重阳节这一天插茱萸可以避难消灾。或佩戴于臂，或把茱萸放在香囊里面佩戴在身上，还有插在头上的。大多是妇女、儿童佩戴，有些地方的男子也佩戴。重阳节佩茱萸，在晋代葛洪《西经杂记》中就有记载。

除了佩戴茱萸，还有头戴菊花的习俗。唐代就已经如此，历代盛行。清代，北京重阳节的习俗是把菊花枝叶贴在门窗上，解除凶秽，以招吉祥。这是头上簪菊的变俗。宋代，还有将彩缯剪成茱萸、菊花来相赠佩戴的。

寒露时节的养生保健

○寒露养生知识

中医在四时养生中强调“春夏养阳，秋冬养阴”。寒露时节气候变冷，正是人体阳气收敛，阴精潜藏于内之时，故应以保养阴精为主。也就是说，秋季养生一定要注意“养收”二字。

自古秋为金秋也，肺在五行中属金，故肺气与金秋之气相应。“金秋之时，燥气当令”，此时燥邪之气易侵犯人体而耗伤肺之阴精，如果调养不当，人体会出现咽干、鼻燥、皮肤干燥等一系列的秋燥症状。所以暮秋时节的饮食调养应以滋阴润燥（肺）为宜。

精神调养也不容忽视，由于气候渐冷，日照减少，风起叶落，人的情绪往往不太稳定，容易产生伤感的忧郁心情，而悲忧最易伤肺。因此，保持良好的心态，因势利导，宣泄积郁之情，培养乐观豁达之心是养生保健的关键之一。

过了寒露，天气由凉转寒，入夜后更是寒气袭人。俗话说："寒露脚不露。"这就告诫人们应注意天气变化，特别要注重保暖，及时增减衣服，以防寒邪入侵身体，注意不要赤脚，以防寒从足生。因为两脚离心脏最远，血液供应较少，再加上脚部的脂肪层较薄，所以特别容易受到寒冷的刺激。

这时候，护脚就非常重要了。除了要穿保暖性能好的衣服鞋袜外，还要养成睡前用热水泡脚的习惯。热水泡脚既可预防呼吸道感染性疾病，还能使血管扩张、血流加快，改善脚部皮肤和组织营养，减少下肢酸痛的发生，缓解或消除一天的疲劳。

常言道："御寒锻炼自秋始。"寒露时节，为了抵御更加寒冷的冬天的到来，适应严寒。应该注意加强耐寒锻炼，不断提高自身的抗寒能力。

○寒露时节的疾病预防

● 防脑血栓

寒露节气，天气越来越凉。此时很多疾病的发生会危及老年人的生命，其中最应警惕的是心脑血管病。据临床观察，每到气温下降时，患脑血栓的病人明显增多，经分析，这与天气变冷，人们的睡眠时间增多有关系。

因为人在睡眠时，血流速度减慢，这时候便容易形成血栓。《素问四气调神大论》明确指出："秋三月，早卧早起，与鸡俱兴。"也就是说，要早卧，以顺应阴精的收藏；要早起，以顺应阳气的舒达。所以，为避免血栓的形成，要顺应节气，合理地安排好日常起居生活，调整好睡眠时间，对身体的健康有着重要作用。

● 防感冒

寒露以后，随着气温的不断下降，感冒是最易流行的疾病。在气温下降和空气干燥时，感冒病毒的致病力会增强。很多患有慢性支气管炎、哮喘等呼吸道顽疾的人，也易旧疾复发。而伤风受凉也是寒露期间感冒的重要诱因。老慢支病人感冒后90%以上会导致急性发作，因此要采取综合措施，积极预防感冒。平时要注意保暖，小心着凉，同时加强锻炼，增强身体抵抗力，出门养成

戴口罩的习惯，经常为室内通风。

寒露时节“吃”的学问

○寒露饮食宜忌：多甘润，少辛辣

古人云：“秋之燥，宜食麻以润燥。”此时饮食应在平衡饮食五味基础上，根据个人的具体情况，适当多食甘、淡滋润的食品，如芝麻、糯米、粳米、蜂蜜、乳制品等，既可补脾胃，又能养肺润肠，可防治咽干口燥等症。同时增加鸡、鸭、牛肉、猪肝、鱼、虾、大枣、山药等以增强体质；少食辛辣之品，如辣椒、生姜、葱、蒜类，因过食辛辣宜伤人体阴精。早餐应吃温食，最好喝热药粥，像粳米、糯米均有极好的健脾胃、补中气的作用，可以喝一些甘蔗粥、玉竹粥、沙参粥、生地粥、黄精粥等。中老年人和慢性患者应多吃些红枣、莲子、山药、鸭、鱼、肉等食品。

宜食：小白菜、花菜、胡萝卜、藕、紫菜、银耳、石榴、梨、香蕉、山楂、柑橘等。

忌食：辣椒、花椒、桂皮、生姜、葱、酒等。

○寒露食谱攻略

粉皮鱼头

用料：

鲢鱼头半个，粉皮2包，青蒜段、辣椒片、葱段、姜片各适量，酒、酱油各1大匙，盐1小匙，胡椒粉少许。

做法：

①鱼头洗干净抹干，加酒、酱油腌10分钟，入油锅煎至两面焦黄；粉皮切成宽条。

②热油锅爆香葱姜，拣出不用，加入盐、胡椒粉、鱼头及适量水煮15分钟，煮至汤汁稍收干时即可。

功效：此菜具有暖胃、补气、润肤、乌发、养颜等功效。

朱砂豆腐

用料：

豆腐250克，熟咸鸭蛋150克，猪油30克，水淀粉6克，精盐0.6克，胡椒0.3克。

做法：

①取熟咸鸭蛋的蛋黄，用刀拍碎待用；把豆腐调成细泥。

②炒锅内放猪油，在微火上烧至六七成热时，将豆腐入锅翻炒后，放入盐、胡椒、水淀粉再轻炒几下，随即放入熟咸鸭蛋蛋黄，炒匀即成。

功效：滋阴清热。阴虚火旺，症见口干、咽燥、腰膝酸软、烦热者食用尤宜。

地黄焖鸡

用料：

母鸡1只（约1500克），生地50克，桂圆肉30克，大枣5枚，生姜5克，葱15克，料酒100毫升，酱油20毫升，猪油100克，菜油150克，鸡汤2500毫升，水淀粉40克，饴糖30克。

做法：

①杀鸡去毛，剖腹去内脏，剁去脚爪，将生姜和葱洗净；生姜切片；葱切成长段；生地、桂圆肉、大枣洗净装入鸡腹内；鸡用姜片、葱段、料酒、精盐抹匀，腌30分钟待用。

②锅置火上，加入菜油，待油七成熟时，把鸡下油锅内炸成浅黄色，倒在漏勺内；鸡体用纱布包好；锅内再加入猪油，下入葱段、姜片，翻炒几下，加入料酒、汤、盐、饴糖、鸡。

③鸡汤用大火烧开，撇净浮沫，倒入砂锅内盖上盖，用小火煨至鸡肉烂；拣出葱、姜不用，加入味精调味，勾芡即成。

功效：温中益气，生津添髓。适用于腰背疼痛、骨髓虚损、不能久立、身重乏气、盗汗、少食之症。中老年人可用作防老保健药膳。

禁忌：脾虚有湿、腹满便溏者慎服。

菊花兔卷

用料：

兔肉300克，菊花瓣50克，生姜10克，葱10克，料酒15克，鸡蛋3

个，花椒 2 克，精盐 3 克，菜油 500 克，干面粉适量。

做法：

①兔肉洗净后切成 9 厘米长、3 厘米宽的薄片；生姜洗净切成片；葱洗净切成长段；鸡蛋去黄留清；菊花瓣洗净切成 3 厘米长段。

②用精盐、料酒、姜片、葱段将兔肉腌 30 分钟；将鸡蛋打入碗中，放入适量面粉，兑水少许，调成糊状待用。

③将兔肉片摆在案板上，放上菊花瓣，把兔肉片连同菊花卷成小卷，再把肉卷放入鸡蛋糊中蘸匀待用。

④净锅置火上，加菜油烧至六成热时，下兔肉卷炸至微黄捞出，依次码放盘中即成。

功效：益脾胃，清热平肝，滋阴补血。

柠檬薏仁汤

用料：

薏仁 225 克，柠檬 1 个，绿豆 30 克，冷水 1800 毫升。

做法：

①柠檬洗干净，剖开，切成小块；薏仁、绿豆均洗干净。

②薏仁、绿豆放进锅里，加入 1800 毫升清水煮滚，煮到绽开，再加入柠檬片浸泡即可食用。

功效：补血养颜，丰肌泽肤，消斑祛色素，补益脾胃，调中固肠。

荸荠萝卜粥

用料：

粳米 100 克，荸荠 30 克，萝卜 50 克，白糖 10 克，冷水 1000 毫升。

做法：

①荸荠洗干净、去皮，一切两半；萝卜洗干净，切成 3 厘米见方的块。

②粳米淘洗干净，用冷水浸泡半小时，捞出沥干水分。

③锅中加入约 1000 毫升冷水，放入粳米，用旺火烧沸，放入荸荠、萝卜块，改用小火熬煮成粥。

④白糖入锅拌匀，再稍焖片刻，盛起即可食用。

功效：生津止渴，健胃消食，适用于食欲不振者。

品味寒露文化情趣

○品寒露诗词

秋兴（其一）

【唐】杜甫

玉露凋伤枫树林，巫山巫峡气萧森。

江间波浪兼天涌，塞上风云接地阴。

丛菊两开他日泪，孤舟一系故园心。

寒衣处处催刀尺，白帝城高急暮砧。

作者把巫山巫峡作为整首诗的背景，眼界开阔，气势宏大。深秋的露水摧残了枫树，巫山巫峡在阴森的迷雾之中。峡底江水咆哮翻涌，白浪滔天，乌云压下。通过对这些景致的描写，深秋的萧瑟之景立即跃然纸上。今日看到菊花开了，不免伤心，虽然漂泊在外，但心系长安。家家户户都在为外出服役的人赶裁寒衣，傍晚高山上的白帝城能听到捣衣的声音（古时赶制寒衣先把布帛放在砧上捶捣）。全诗从景物着笔，渲染了深秋的肃杀之气，抒发了心系故园的漂泊孤寂之感。

月夜梧桐叶上见寒露

【唐】戴察

萧疏桐叶上，月白露初团。

滴沥清光满，荧煌素彩寒。

风摇愁玉坠，枝动惜珠干。

气冷疑秋晚，声微觉夜阑。

凝空流欲遍，润物净宜看。

莫厌窥临倦，将晞聚更难。

戴察，唐代诗人，字彦衷，苏州人。德宗贞元初屡获乡荐，以家贫未赴举。

寒露时节的一个月明之夜，梧桐树叶上的露水引起了诗人浓烈的兴趣，于是便有了这么一首意境极美的诗。通过一滴寒露，诗人描绘出了一幅深秋时节令人神往的美妙画卷。

嘉定巳巳立秋得膈上疾近寒露乃小愈

【南宋】陆游

小诗闲淡如秋水，

病后殊胜未病时。

自翦矮笺誊断稿，

不嫌墨浅字倾欹。

陆游的这首诗很有意思，说的是在立秋的时候胸膈得了疾病，到了寒露的时候好得差不多了，感觉比没得病之前还好，心情不由得畅快不已，于是就做了这首诗。

首句就说这首小诗有秋水闲云的安适，生病已久的自己如今忽然如释重负。自去裁了空笺，把从前那段写了一半的旧稿抄下来，自己已不再像最初那样，怕墨不够浓，嫌字不够端正了。

○读寒露谚语

寒露不刨葱，必定心里空。

寒露不摘棉，霜打莫怨天。

要得苗儿壮，寒露到霜降。

寒露不摘烟，霜打甭怨天。

寒露收山楂，霜降刨地瓜。

寒露柿红皮，摘下去赶集。

过了寒露节，黄土硬似铁。

寒露到霜降，种麦就慌张。
寒露到霜降，种麦日夜忙。
寒露收豆，花生收在秋分后。
时到寒露天，捕成鱼，采藕芡。
豆子寒露使镰钩，地瓜待到霜降收。
豆子寒露动镰钩，骑着霜降收芋头。
寒露到，割晚稻；霜降到，割糯稻。
棉怕八月连阴雨，稻怕寒露一朝霜。
寒露前，六七天，催熟剂，快喷棉。
寒露节到天气凉，相同鱼种要并塘。
八月寒露抢着种，九月寒露想着种。

第十八章　霜降：天气渐冷，露结为霜

天气渐冷，开始降霜，北方沃野一片银色，树叶枯黄，纷纷落下，冬天即将开始。

霜降与气象农事

○霜降时节的气象特色

霜降是秋季的最后一个节气，也就是每年阳历10月23日前后，太阳到达黄经210度位置的时候。

霜降表示天气更冷了，露水凝结成霜。正如《月令七十二候集解》上所说："九月中，气肃而凝，露结为霜矣。"这个时期，我国黄河流域大部地区已出现白霜，千里沃野上，一片银色冰晶熠熠闪光，此时树叶枯黄，纷纷落下，冬天即将开始。

气象学上，一般把秋季出现的第一次霜叫作"早霜"或"初霜"，也有把早霜叫"菊花霜"的，因为此时菊花正盛开。

"霜降始霜"反映的是黄河流域的气候特征。就全年霜日而言，青藏高原上的一些地方即使在夏季也有霜雪，年霜日都在200天以上，是我国霜日最多的地方。西藏东部、青海南部、祁连山区、川西高原、滇西北、天山、阿尔泰山区、北疆西部山区、东北及内蒙古东部等地年霜日都超过100天，淮河、汉水以南、青藏高原东坡以东的广大地区均在50天以下，北纬25°以南和四川盆地只有10天左右，福州以南及两广沿海平均年霜日不到1天，而西双版纳、海南和台湾南部及南海诸岛则是没有霜降的地方。

霜降时节，东北北部、内蒙古东部和西北大部平均气温已在0℃以下。纬度偏南的南方地区，平均气温多在16℃左右，离初霜日期还有一个半月左右的时间。华南南部河谷地带，则要到隆冬时节才能见霜。当然，即使在纬度相同的地方，由于海拔高度和地形不同，初霜期和霜日数也都不一样。

※ 霜降三候

我国古代将霜降的十五天分为三候："一候豺乃祭兽，二候草木黄落，三候蜇虫咸俯。"此节气中豺狼将捕获的猎物先陈列后再食用；大地上的树叶枯黄掉落；蜇虫也全在洞中不动不食，垂下头来进入冬眠状态中。

○霜降时节的农事活动

民间有"霜降杀百草"的说法，寒霜打过的植物一般都会发生枯蔫的现象。其实，霜和霜冻虽形影相连，但真正危害庄稼的是"冻"而不是"霜"。因此，与其说"霜降杀百草"，倒不如说"霜冻杀百草"。霜是天冷的表现，冻是杀害庄稼的敌人。由于冻则有霜（有时没有霜称黑霜），所以把秋霜和春霜统称霜冻。

此时，在农业生产方面，北方大部分地区已在秋收扫尾，即使是耐寒的葱，也不能再生长了，因为"霜降不起葱，越长越要空"。在南方，却是正值"三秋"大忙季节，单季杂交稻、晚稻正要收割；种早茬麦，栽早茬油菜；摘棉花，拔除棉秸，耕翻整地。"满地秸秆拔个尽，来年少生虫和病"。收获以后的庄稼地，都要及时把秸秆、根茬收回来，因为地里潜藏着很多越冬虫卵和病菌。这时华北地区的大白菜即将收获，要加强后期管理。

霜降时节是黄淮流域给羊配种的好时候，就像农谚所说"霜降配种清明乳，赶生下时草上来"。母羊一般是秋冬发情，接受公羊交配的持续时间一般为30小时左右，和南方白露配种一样，羊羔落生时正好天气暖和，青草鲜嫩，母羊营养好，乳水足，能乳好羊羔。

了解霜降传统民俗

霜降，是秋季的最后一个节气，意味着寒冷的冬天日渐来临。在这秋冬交替时节，各地的老百姓有怎样的民趣民乐呢？

○吃柿子

霜降期间，南方很多地区都有吃柿子的习俗。泉州地区的俗语说："霜降吃灯柿，不会流鼻涕。"据说霜降吃柿子，可以御寒保暖，同时还能补筋骨，这样冬天就比较不会容易感冒和流鼻涕。有些地方对于这个习俗的解释是，霜降这天要吃柿子，不然整个冬天嘴唇都会裂开。其实，真实的原因是：柿子一般是在霜降前后完全成熟，这时候的柿子皮薄肉鲜味美，营养价值高。

住在农村的人们到了霜降这个时候，就会爬上一棵棵高大的柿子树，摘几个光鲜香甜的柿子吃。

○赏菊

古有"霜打菊花开"之说，所以赏菊花也就成为了霜降这一节令的雅事。南朝梁代吴均的《续齐谐记》上提到："霜降之时，唯此草盛茂。"因此菊被古人视为"候时之草"，象征着旺盛的生命力。霜降时节正是秋菊盛开的时候，我国很多地方在这时要举行菊花会，人们赏菊饮酒，以示对菊花的崇敬和爱戴。

北京的菊花会多在天宁寺、陶然亭、龙爪槐等处举行。菊花会上的菊花不仅品种多，而且多为珍品。有的散盆，有的数百盆四面堆积成塔，称作九花塔，红、黑、蓝、白、黄、橙、绿、紫，色彩缤纷。品种如金边大红、紫凤双迭、映日荷花、粉牡丹、墨虎须、秋水芙蓉等几百种以上。文人墨客从早到晚饮酒、赋诗、泼墨，直到掌灯时分才离去。此外，还有一种小规模的菊花会，是不用出家门的，主要是早些时候富贵人家举办。他们在霜降前采集百盆珍品菊花，架置广厦中，也搭菊花塔，菊花塔前摆上好酒好菜。先是全家人按长幼次序，鞠躬祭拜菊花神，然后饮酒赏菊。

○祭祖

霜降期间，农历的十月初一在民间为传统的“祭祖节”，又称“十月朝”“冥阴节”“鬼节”等，与清明节、中元节并称为三大“鬼节”。祭祀祖先有家祭，也有墓祭。祭祀时除了食物、香烛、纸钱等一般供物外，还有一种不可缺少的供物——冥衣。在祭祀时，人们把冥衣焚化给祖先，叫作“送寒衣”。因此，祭祖节又叫“烧衣节”或“寒衣节”。

寒衣节这天晚上，为不让祖先在阴曹地府挨冷受冻，人们会在门外焚烧夹有棉花的五色（红、黄、蓝、白、黑）纸，并且把饺子倒在一个灰圈内，意思是天气冷了，给先人们送去御寒的衣物。寒衣节寄托着子孙对先人的怀念之情，也是亲人们为所关心的人送御寒衣物的日子。

○送芋鬼

在广东高明地区，霜降时节有“送芋鬼”的习俗。人们用瓦片堆砌成河内塔，在塔里面放入干柴点燃，火苗越旺越好，直至瓦片烧红，再将河内塔推倒，用烧红的瓦片热垠芋头，这在当地称为“打芋煲”，最后把瓦片丢到村外，这就是“送芋鬼”。人们用这样的方式来辟凶迎祥，以求生活幸福安康。

霜降时节的养生保健

○霜降养生知识

●运动养生

霜降时节，秋高气爽，非常适合登高望远。周末假日，与亲朋为伴，登山畅游，领略大自然的美丽景色，这样既可尽舒胸怀，又可增强体质。

由于秋季独特的气候，其气象要素的变化对人体生理机能有特殊的益处。

秋日登高，山林地带空气清新，负离子含量高，大气中的浮尘和污染物较少，对身心健康十分有益。登高能使肺通气量和肺活量增加，血液循环增强，脑血流量增加，从而达到增强体质、预防疾病的目的，而且，登高还可以强化意志，陶冶情操。

不过，登高的时间要避开气温较低的早晨和傍晚。登高时，要沉住气，速度要缓慢，以防急性腰腿扭伤；下山不要迈得过快，以免造成膝关节受伤或肌肉拉伤。登高过程中，一定要注意保暖，根据温度的变化来看情况增减衣物；休息时，不要坐在潮湿的地上和风口处；出汗时可稍松衣扣，不要脱衣摘帽，以防伤风受寒。

尤其要保护膝关节，切不可运动过量。膝关节在遇到寒冷刺激时，血管收缩，血液循环变差，所以在天冷时应注意为膝关节保暖，必要时戴上护膝。老年人运动时，不宜做屈膝动作时间较长的运动，要尽量减少膝关节的负重。

需要注意的是，对于患有心血管疾病、肺气肿、支气管炎的人来说，应慎重参加登高运动。代偿功能良好者可参加轻微的登山活动，代偿功能不佳者，不应勉强登山，以免发生意外。

● 起居养生

秋天人体皮肤易干燥、脱屑，贴身衣服应该定期换洗。手足保养上，要保持双脚干爽。老年人不要穿硬底鞋，鞋要宽松一些，袜子要透气护肤。

此时节天气寒冷，很多人喜欢赖床贪睡，这是很不利于健康的。因为早晨的卧室中积蓄着肌体一夜排出的废气，空气污浊，会影响呼吸道的抗病能力，加上空气中含有大量细菌、病毒、二氧化碳和尘粒，会使人容易发生感冒、咳嗽、咽炎、便秘等。睡眠时间过长，还有可能降低心肌及全身肌肉的收缩力，破坏心脏活动和休息的规律。长期下来，人体体质会越来越差，容易生病。因此，霜降时节要避免赖床不起，宜早睡早起，养成良好的生活习惯。

● 情绪养生

霜降过后，万物凋零，树叶飘落，人的情绪也渐渐萎靡。秋天是各种情绪疾病高发的时节，如果调节不当，极易诱发抑郁症等心理疾病。

因此，宣泄郁闷心情，培养乐观积极的心态，便成为了养生保健不可缺少的内容之一。平时要经常参加一些对放松减压有益的娱乐活动，比如，唱歌、跳舞、登山、旅行等，这些活动本身既可以释放压力，而且在活动中还可多与他人交流沟通，结识朋友。

○霜降时节的疾病预防

● 预防呼吸道疾病

霜降时节气温下降，秋燥明显，燥就会伤津，影响肺的宣发，让本来就不耐外邪之侵的肺部更加敏感，因此这个时候是呼吸道疾病的高发期和易复发期。比如很多人会在这时易犯咳嗽，慢性支气管炎。

预防呼吸道疾病，除了要保持一个良好心情之外，还应多吃一些具有生津润燥、消食止渴、清热化痰、固肾润肺功效的食物。

● 预防消化道疾病

霜降节气，脾脏功能处于旺盛时期，但由于脾胃功能过于旺盛，所以容易导致胃病的发生。因此这个时候成为慢性胃炎和胃、十二指肠溃疡病复发的高峰期。

由于寒冷的刺激，人体的自主神经功能发生紊乱，扰乱了胃肠蠕动的正常规律；人体新陈代谢增强，消耗热量增多，胃液及各种消化液分泌增多，食欲改善，食量增加，必然会加重胃肠功能负担，影响已有溃疡的修复；深秋外出，气温较低，难免会吞入一些冷空气，从而引起胃肠黏膜血管收缩，致使胃肠黏膜缺血缺氧，营养供应减少，破坏了胃肠黏膜的防御屏障，对溃疡的修复不利，还可导致新溃疡的出现。因此，要特别注意保养胃肠。保持情绪稳定，防止情绪低落；注意劳逸结合，避免过度劳累；适当进行体育锻炼，改善胃肠血液供应；尤其注意胃部保暖，避免腹部着凉；切忌暴食和醉酒。另外，对于有消化道溃疡病史的人，如果疾病复发，一定要在医生的指导下进行治疗，避免服用对胃肠黏膜刺激性大的食物和药物。

这类给大家简单介绍两种调理脾胃的方法。

1. 捏腿肚。小腿肚内侧循行足太阴脾经，捏按此处可治胃之疾患。每日进行 2 ~ 3 次，坚持一段时间对调理肠胃有很好的效果。

2. 穴位按摩。中脘穴，位于胸骨下端和肚脐连线的中央，肚脐往上一掌处。指压时仰卧，放松肌肉，一边缓缓吐气一边用指头用力下压，6 秒钟后将手离开，重复 10 次，就能使胃感到舒适。胃痛时采用中脘指压法效果佳。（脾胃虚寒的可以每天艾灸中脘、神阙、关元）。

天枢穴，位于肚脐左右两拇指宽处。平躺，用中间三个手指下压、按摩此处约 2 分钟。主治消化不良、恶心想吐、胃胀、腹泻、腹痛等，对健胃补脾的效果较好。

足三里穴，用手指按压 6 秒钟，离开一次，重复 10 次，可促进胃酸分泌，使胃感到舒服，还能起到止疼的作用。

霜降时节"吃"的学问

○霜降饮食宜忌：宜滋润，忌耗散

民间有种说法，叫"补冬不如补霜降"。霜降时节，正值秋冬交接之时，饮食上宜滋润而忌耗散，防止秋燥对肺气的损伤，从而为冬季健康打下基础。

深秋之季，在五行中属金，脾胃为后天之本，根据中医养生学的观点，在四季五补（春要升补、夏要清补、长夏要淡补、秋要平补、冬要温补）的相互关系上，则应以平补为原则，尤其应健脾养胃，以养后天。

宜食：牛肉、兔肉、鸭肉、芥菜、洋葱、萝卜、橄榄、白果、柿子、大枣、梨、苹果等。

忌食：动物内脏、带鱼、黄鱼、虾、蟹、葱、姜、蒜、韭菜、辣椒等。

○霜降食谱攻略

双味鸡球

用料：

鸡腿肉 250 克，鸡脯肉 250 克，山楂、梨各 100 克，番茄酱 25 克，白糖 50 克，高汤 50 克，鸡蛋 1 个，红葡萄酒 15 克，素油 150 克（实耗 75 克），精盐、味精、面包渣、白醋、葱、姜、咖喱粉各适量。

做法：

①将鸡脯肉洗净切块剁成茸，做成丸子入锅氽熟、捞出；山楂洗净去杆；梨洗净去核，切成滚刀块；鸡腿肉拍松、切块；用精盐、味精、料酒抓匀，腌渍入味，然后裹匀蛋液，滚上面包渣待用。

②炒锅上火，放素油烧至七成热时，将裹匀面包渣的鸡腿肉入锅，炸至八成熟后捞出；将油再烧至八成热时，复下鸡腿肉炸成金黄色，捞出、沥油，盛入盘的一边，撒上少许精盐和咖喱粉。

③锅内留 50 克油，投入葱姜炒出香味；放红葡萄酒、白糖、精盐、味精、高汤、番茄酱烧开，倒入煮熟的鸡肉丸、山楂、梨块，用文火煨至入味，然后捞出盛入盘的另一边，再将原汁旺火烧开，浇在上面。盘中间放梨块和其他时鲜绿叶菜，将两味隔开即成。

功效：益气养血。适于有气血亏虚症者。

鱿龙戏凤

用料：

水发鱿鱼 200 克，熟鸡肉丝 200 克，黄瓜 150 克，熟笋 50 克，青椒 25 克，味精、精盐、醋、白糖、麻油、酱油、胡椒粉各适量。

做法：

①将酱油、醋、味精、白糖、麻油、胡椒粉放在一起，调成味汁。

②将水发鱿鱼洗净，切成细丝，而后放入开水锅中稍烫，捞出沥干水。

③将黄瓜洗净后去籽，切成细丝，用精盐拌匀，稍腌片刻。

④将青椒去蒂、去籽、洗净；切成细丝用沸水烫一下，捞出、沥水。

⑤将熟笋清洗干净，切成细丝，备用。

⑥将熟笋丝撒在盘底；把鱿鱼丝，熟鸡肉丝拌匀后，放在熟笋上面；再把黄瓜丝、青椒丝放在鱿鱼丝、熟鸡肉丝上面，淋上调好的味汁拌匀，即可食用。

功效：滋阴润肺，生津止渴。

糖醋三丝

用料：

鸭梨 2 个，山楂糕 50 克，嫩黄瓜 1 条，精盐半汤匙，白糖 2 汤匙，醋 2 汤匙，香油 1 烫匙，味精少许。

做法：

①将嫩黄瓜洗净擦干，切成细丝，放盘内，放点盐腌一下。

②鸭梨洗净去皮和核，切成细丝，放凉开水中焯一下，捞出沥干水；将山楂糕切成丝，一并放入黄瓜丝盘内。加入精盐、白糖、醋和味精，淋上香油，拌匀即可食用。

功效：养阴和胃。适用于肺、胃阴伤，症见干咳、食饮不振、口干但不欲饮。

平菇鸡蛋汤

用料：

鲜平菇 150 克，鸡蛋 2 个，青菜心 60 克，酱油、精盐、料酒、鲜汤、植物油各适量。

做法：

①将鸡蛋打入碗中，加入料酒、精盐后搅拌均匀。

②将鲜平菇洗净、去蒂，切成薄片。放入开水锅中，略焯后捞出。

③将青菜心洗干净，切成段。

④将锅中植物油烧热，加入青菜心段煸透；加入平菇片，鲜汤烧沸。

⑤将鸡蛋液、精盐、酱油加入锅中，烧开后即可饮用。

功效：补气养胃，清肺化痰。

双耳汤

用料：

白木耳 10 克，黑木耳 10 克，冰糖 30 克。

做法：

①将白木耳、黑木耳用温水发泡，除去杂质，洗净后放入碗内待用。

②加冰糖、水适量，置蒸笼中，蒸1小时，待木耳熟透时即成。

功效：滋阴润肺，补肾健脑。适用于肾阴虚、血管硬化、高血压，肺阴虚咳嗽、喘息者。

品味霜降文化情趣

○品霜降诗词

枫桥夜泊

【唐】张继

月落乌啼霜满天，

江枫渔火对愁眠。

姑苏城外寒山寺，

夜半钟声到客船。

张继，字懿孙，湖北襄州（今湖北襄阳）人，唐代诗人。他的诗爽朗激越，不事雕琢，比兴幽深，事理双切，对后世颇有影响。

这首诗因一“愁”字起，前两句罗列了诸多意象，有落月、乌啼、满天霜、江枫、渔火、不眠人，展示了一幅秋意浓郁的画面。在一个白霜遍地，弯月西沉的秋夜，诗人把船泊靠在苏州城外的枫桥。后两句说城外有一座寒山寺，半夜时分敲钟的声音传到了船上，而此时的自己因为思乡之愁而没有睡着。全诗文字带有一种忧愁之美，意境清远，读罢让人思绪万千。

山行

【唐】杜牧

远上寒山石径斜，

白云生处有人家。

停车坐爱枫林晚，

霜叶红于二月花。

这是一首赞美秋色的诗，展现的是一幅动人的山林秋色图。弯弯曲曲的石路一直蜿蜒到山顶，白云飘浮的地方有几户人家。停下车来是为了欣赏这枫林的景色，那火红的枫叶比江南二月的花朵还要红。

在一般情况下，秋天的主旋律是悲、是哀，但杜牧的这首《山行》却跳出了这个老路子，他用风格明快的语言赞美了霜打红叶后的秋色，有一种英爽俊拔之气拂过笔端，充分展现了诗人的才气，体现出了豪爽向上的精神。

商山早行

【唐】温庭筠

晨起动征铎，客行悲故乡。

鸡声茅店月，人迹板桥霜。

槲叶落山路，枳花明驿墙。

因思杜陵梦，凫雁满回塘。

温庭筠（812—866），本名岐，字飞卿，唐代并州祁县（今山西省晋中市祁县）人，晚唐时期诗人、词人。

黎明起床，车马的铃铎震动，远行的游子思念故乡。中间四句都写景，写了鸡鸣、茅店、月、足迹、板桥、寒霜、槲叶、山路、枳花、驿墙，仅仅是景物的罗列就完全表现出了羁旅愁思之意。最后诗人想起昨晚的梦境，故乡的景色至今还萦绕心头。

这首诗之所以为人们所传诵，是因为它通过鲜明的艺术形象，真切地反映了漂泊旅人的一些共同感受。商山，也叫楚山，在今陕西商县东南。作者曾于唐宣宗大中末年离开长安，经过这里。

霜降前四日颇寒

【南宋】陆游

草木初黄落，风云屡阖开。

儿童锄麦罢，邻里赛神回。

鹰击喜霜近，鹳鸣知雨来。

盛衰君勿叹，已有复燃灰。

霜降前后，气温骤降，虽未到隆冬，但已经是寒气逼人，所以诗人才有了“颇寒”的感受。此时，草木凋零，风云变幻，天地间一派萧索之象。而诗人却告诉大家不要悲观，盛衰是自然规律，有衰败自然会有复燃重生的时候。诗歌表现出了一种乐观豁达的人生态度。

送天师

【明】朱权

霜落芝城柳影疏，殷勤送客出鄱湖。

黄金甲锁雷霆印，红锦韬缠日月符。

天上晓行骑只鹤，人是夜宿解双凫。

匆匆归到神仙府，为问蟠桃熟也无。

朱权（1378—1448），明太祖朱元璋第十七子，封宁王，号臞仙，又号涵虚子、丹丘先生。

这首诗是他写给天师道传人张正常的一首七律。朱权是名道教学者，所以诗中出现多种道术术语。全诗意境奇特，虚实结合，很有韵味。全诗一开头就点出了送客的时间是霜降节；地点是鄱阳县的芝山，即芝城；客人乃张天师；最后点出了客人要去的地方，江西龙虎山。整首诗堪称一幅神仙图景。

八声甘州

【北宋】柳永

对潇潇暮雨洒江天，一番洗清秋。渐霜风凄紧，关河冷落，残照当楼。是处红衰翠减，苒苒物华休。唯有长江水，无语东流。不忍登高临远，望故乡渺邈，归思难收。叹年来踪迹，何事苦淹留？想佳人、妆楼颙望，误几回、天际识归舟。争知我，倚栏杆处，正恁凝愁！

暮雨潇潇、秋风凄紧的霜降时节，作者在江边看到满目山河冷落，万物萧条，大江东流，不由勾起自己思乡的愁绪。那种不敢登高远望，怕想归乡的心情难以抑制，此处很能引起思乡之人的共鸣。全词意境舒阔高远，气魄沉雄清劲；写景层次清晰有序，抒情淋漓尽致；语言凝练，气韵精妙。千年来深受词家叹服欣赏。

○读霜降谚语

霜降无雨，清明断车。

霜降霜降，移花进房。

霜降见霜，谷米满仓。

霜降种麦，不消问得。

霜降不降霜，来春天气凉。

霜降摘柿子，立冬打软枣。

霜降摘柿子，小雪砍白菜。

霜降不刨葱，到时半截空。

霜降快打场，抓紧入库房。

霜降不见霜，还要暖一暖。

霜降当日霜，庄稼尽遭殃。

霜打两匹荚，到老都不发。

霜降至立冬，种麦莫放松。

霜降没下霜，大雪满山岗。

霜降不割禾，一天少一箩。

霜降抽勿齐，晚稻牵牛犁。

霜降采柿子，立冬打晚枣。

霜降下雨连阴雨，霜降不下一季干。
霜降气候渐渐冷，牲畜感冒易发生。
几时霜降几时冬，四十五天就打春。
九月霜降无霜打，十月霜降霜打霜。

第四季　冬雪雪冬小大寒

第十九章　立冬：冬季开始，万物收藏

冬天来临，万物收藏，规避寒冷，人需进补以度严冬，空气渐趋干燥。

立冬与气象农事

○立冬时节的气象特色

立冬是每年的 11 月 7 日或 8 日，太阳到达黄经 225 度的时候。

民间习惯以立冬为冬季之始，正如《月令七十二候集解》中说："立，建始也"，又说："冬，终也，万物收藏也。"意思是秋季作物全部收晒完毕，收藏入库，动物也已藏起来准备冬眠。看来，立冬不仅仅代表着冬天的来临。完整地说，立冬是表示冬季开始，万物收藏，规避寒冷的意思。

我国幅员辽阔，除全年无冬的华南沿海和长冬无夏的青藏高原地区外，各地的冬季并不都是于立冬日同时开始的。按气候学划分四季的标准，以下半年候平均气温降到 10℃以下为冬季，则"立冬为冬日始"的说法与黄淮地区的气候规律基本吻合。我国最北部的漠河及大兴安岭以北地区，9 月上旬就早已进入冬季，首都北京于 10 月下旬也已一派冬天的景象，而长江流域的冬季要到"小雪"节气前后才会真正开始。

立冬期间的华南北部，即便寒风扫过，气温也还是会回升，晴朗无风时，常有"十月小阳春，无风暖融融"之说，这里往往 12 月才会进入冬季。华南南部、台湾以及以南的海南岛等地区，11 月尚未进入冬季，但 11 月的气温也不会很高，一般都在 30℃以下。

正常年份的 11 月，北起秦岭、黄淮西部和南部，南至江南北部，都会陆续出现初霜。在偏冷的年份，11 月中旬，南岭以北也会出现初霜。

11 月以后，全国各地降水量明显减少。华北等地往往出现初雪，北京的初雪比较难预报，影响也大，往往需要特别关注。此时，降水的形式呈现多样化：有雨、雪、雨夹雪、霰、冰粒等。当有强冷空气影响时，江南也会下雪。

西南地区典型的华西连阴雨结束，但相对全国来说，它还算是雨水偏多的地方。按照西南降水的时间分布，11 月进入了一年中的干季。西南西北部干季的特点更加明显。四川盆地、贵州东部、云南西南部，11 月还有 50 毫米以上的雨量。在云南，则是晴天温暖，雨天阴冷，因此流传有“四季如春，一雨便冬”的说法。

※ 立冬三候

我国古代将立冬的十五天分为三候：“一候水始冰，二候地始冻，三候雉入大水为蜃。”此节气水已经能结成冰；土地也开始冻结；三候“雉入大水为蜃”中的雉即指野鸡一类的大鸟，蜃为大蛤，立冬后，野鸡一类的大鸟便不多见了，而海边却可以看到外壳与野鸡的线条及颜色相似的大蛤。所以古人认为雉到立冬后便变成大蛤了。

○立冬时节的农事活动

立冬前后，我国大部分地区降水显著减少。东北地区大地封冻，农林作物进入越冬期；江淮地区“三秋”已接近尾声；江南正忙着抢种晚茬冬麦，抓紧移栽油菜；而华南却是“立冬种麦正当时”的最佳时期。此时水分条件的好坏与农作物的苗期生长及越冬都有着十分密切的关系。华北及黄淮地区一定要在日平均气温下降到4℃左右，田间土壤夜冻昼消之时，抓紧时机浇好麦、菜及果园的冬水，以补充土壤水分不足，改善田间小气候环境，防止“旱助寒威”，减轻和避免冻害的发生。江南及华南地区，及时开好田间“丰产沟”，搞好清沟排水，是防止冬季涝渍和冰冻危害的重要措施。另外，立冬后空气一般逐渐干燥，土壤含水较少，务必要开始注重林区的防火工作。

了解立冬传统民俗

立冬代表冬天的正式开始，本身就是个重要的节日。在封建时代，皇帝会在这一天亲率文武百官设坛祭祀。时至今日，人们仍然不忘庆祝一下。

○迎冬

在古代，皇帝有出郊迎冬的仪式，并赐群臣冬衣、矜恤孤寡。立冬前三日掌管历法祭祀的官员会告诉皇帝立冬的日期，皇帝便开始沐浴斋戒。立冬当天，皇帝便率三公九卿大夫到北郊六里处迎冬。回来后皇帝要大加赏赐，以安社稷，并且要抚恤孤寡。

○补冬

旧时农耕社会，立冬了，农闲了，劳动了一年的人们当然要好好休息一下，顺便犒赏一家人一年来的辛苦，所以才有了“立冬补冬，补嘴空”这样的谚语。

在我国南方，立冬时节人们爱吃些鸡鸭鱼肉，以增强体质抵御寒冬。在台湾立冬的这一天，街头的“羊肉炉”“姜母鸭”等冬令进补餐厅顾客拥挤。许多家庭还会炖麻油鸡、四物鸡来补充能量。在闽南地区，出嫁的女儿要在立冬日给娘家送去鸡、鸭、猪蹄、猪肚等，以让父母补养身体，表达自己的一片心意。

在江苏，各地立冬特色食俗也很多。苏州人有立冬吃膏滋的老传统。在无锡，立冬时节要吃团子。立冬的团子是用新上市的秋粮做成，包上豆沙、萝卜、猪油、酱油等制成的馅，非常美味。

在潮汕有立冬吃甘蔗、炒香饭的习俗，那一带流传着“立冬食蔗不会齿痛”的说法。当地民间认为，立冬日吃甘蔗，既能保护牙齿，又有滋补的功能。而用莲子、蘑菇、板栗、虾仁、红萝卜做成的香饭特别好吃，深受当地人们的喜爱。

北方有“立冬不端饺子碗，冻掉耳朵没人管”的说法。北方人爱吃饺子，特别是北京、天津等地区。为什么立冬要吃饺子呢？因为饺子来源于“交子之时”的说法。大年三十是旧年和新年之交，立冬是秋冬季节之交，故“交”子之时的饺子不能不吃。而且两边翘翘，中间圆鼓鼓的饺子，看起来就像是人的耳朵一样。

在天津一带，立冬节气历来有吃倭瓜饺子的习俗。倭瓜又称窝瓜、番瓜、饭瓜和北瓜，是北方一种常见的蔬菜。一般老百姓在夏天买好倭瓜，存放在自家的小屋里或窗台上，经过长时间糖化，在冬至这天拿出来做成饺子馅，味道与夏天的倭瓜馅口感不同，蘸醋加蒜吃，更别有一番滋味。

○烧荤香

清代，立冬过后，秋粮收获入库，便到了满八旗和汉八旗人家烧香祭祖的活跃时节。汉八旗的祭祀称“烧旗香跳虎神”，满八旗的祭祀称“烧荤香”。

汉八旗“烧旗香跳虎神”的祭祖仪式非常热闹，包括唱、念、做、打等，尤其虎神装扮得栩栩如生，翻滚跳跃，甚至可以在房脊上滚动、翻越。

满八旗的“烧荤香”遵照“萨满教”原始规矩，庄严肃穆，一般要持续5~7天。祭祖烧香的头三天，全家人一连十天吃斋，不吃荤腥。

立冬时节的养生保健

○立冬养生知识

立冬后，万物活动休止，人虽没有冬眠之说，但民间却有立冬补冬的习俗。寒冷天气中，应该多吃一些温热补益的食物，这样不仅能强身健体，还能起到御寒作用。立冬“补冬”固有道理，但补归补，切忌盲目地补，要有原则，具体可以参考下面的一些进补要求。

● 辨证进补

冬天天气渐寒，人体热量散发得多，为了抵御严寒，人体需要产生较多热量才能维持正常体温。此时便需要摄入较多的食物，人的消化功能逐渐增强，食欲增加，十分有利于精微物质的吸收和在体内的贮藏。

然而，中医讲究阴阳平衡，虚则补之，实则泻之，中药并非随意可用，须根据个人的具体情况来定。所以，一定要遵循辨证用药的原则。身强力壮者就不必考虑用药。如有气滞、血瘀、火旺、湿阻等实证的人，则更不能补，否则会恋邪，闭门留寇，后患无穷。对于年高体弱、气血亏虚、阴阳不调、精力不济，处于虚弱或健康边沿状态，有疲劳综合征者，则应该考虑在饮食、运动和精神调养的基础上，在冬令季节增加药物调补。

体虚之人情况各有差异，有气虚、血虚、气血两虚、阴虚、阳虚、阴阳两虚的不同，不可胡乱用药，必须按照自身情况进补才行。

● 平调中和，补勿过偏

人的气、血、阴、阳是相互协调平衡的，用药不可过偏。如补阴药甘寒滋腻，多服易损伤阳气；补阳药性多温燥，有助火劫阴的弊端；补血药性黏腻，过量服用常有损脾胃；补气药多壅滞，应用不当，常致腹胀纳呆、胸闷不适。如久服银耳、大补阴丸等滋阴药，可出现呕吐清涎、脘闷食少；过量服用鹿茸、全鹿丸等壮阳剂，可致身热、鼻衄、胃脘灼痛、四肢颤抖；久服人参可出现腹胀纳少、烦躁失眠等。老人阴虚之体，滥用壮阳之剂，反而更伤其阴。阳虚阴盛的人，强用滋阴之品，更加重遏其阳，危害匪浅。因此，各类补药的应用都宜适度，讲究配合。应该用平和之剂，缓缓流通气血，协调阴阳，达到防病抗衰的目的。

所以不管是用中成药还是膏方调补，都必须在医生的指导下进行，不能盲目乱补。用药到一定程度，已见成效，可转用食疗，或配合其他方法，不必长期用药。

○立冬时节的疾病预防

● 保护皮肤

进入冬天之后，气温低，空气湿度小，并时常伴有大风天气，这些都非常不利于皮肤的保健。低温易使皮肤血管收缩，时间一长，会导致皮肤营养变差，加之空气干燥，皮肤会变得粗糙，导致脱屑甚至皲裂，中老年人还容易出现皮肤瘙痒症。所以，冬天保养皮肤要做到以下三个方面。

一是早晨用冷热水交替洗脸，先用温水湿敷，后用冷水擦脸，此法有助于减轻面部皮肤对低温的敏感性；晚上临睡前用热水泡脚，以疏通经络，促进血液循环，有效地预防脚裂和冻疮；冬天洗澡的水温应控制在38℃左右，这样既有利减轻皮肤瘙痒症，又不容易洗去皮肤上的皮脂等一些保护物质。

二是早晨洗过脸后，使用一些含油脂多的护肤品。

三是多喝热水，补充水分，保持皮肤润滑柔软。

● 保护头发

头发不但可保护头皮和大脑，也是人体健康的晴雨表。贫血、内分泌失调、精神过度紧张和疲劳、免疫功能异常等，都易导致头发脱落、早白等。

头发的主要成分是蛋白质，所以保证合理膳食很重要。这个时节要适当摄取核桃、板栗、虾仁、木耳、首乌、枸杞等补肾养发的食物，并适当多摄入含能量较高的食物。

另外，还要做到生活规律，不熬夜，早起，坚持吃早餐，不抽烟，不喝酒；保持心情舒畅，合理安排工作，适当做一些户外活动，多晒太阳，这些都有利于护发。

● 着装适当

冬天气温低，气候干燥，皮肤处于收敛状态，血液大部分汇集到皮肤深层，而且皮脂腺与汗腺分泌减少，皮肤发干，缺少弹性，受寒冷刺激容易发生冻伤和皲裂。

冬季防寒保暖也要适宜才行。衣着过少过薄，既耗阳气，又易感冒；衣着过多过厚，则腠理开泄，阳气不得潜藏，寒邪亦易于入侵。《保生要录》中说："冬月棉衣莫令甚厚，寒则频添重数，如此则令人不骤寒骤热也。"就是说，使人体经常接受稍低于体表温度的冷刺激，以增强对外界寒冷气候的适应能力。

其实，穿衣要讲"衣服气候"，即指衣服里层与皮肤之间的温度保持在13℃~32℃，在皮肤周围创造一个小气候区，以缓冲外界寒冷气候的侵袭。

青年人代谢能力强，自身的体温调节功能比较好，对寒冷的刺激，皮肤血管能通过较大程度的收缩来减少体热的散失，因此穿衣不可过厚。

对于婴幼儿来说，因其身体较稚嫩，体温调节能力差，应注意保暖。但婴幼儿代谢旺盛，也不可捂得过厚，以免出汗过多而影响健康。老年人生理功能减退，代谢水平低，对外界环境适应能力差，抗寒能力减弱。因此，老人选择冬装原则上应以防寒保暖为主，并力求宽松、轻便，切忌紧裹身体。

就内衣的衣料而言，最好选择吸湿性能好、透气性强、轻盈柔软的纯棉针织物。化纤织品易刺激皮肤，引起瘙痒，一般不宜用来做内衣。为保暖起见，老年人还可选用绒衫裤。

患有气管炎、哮喘、胃溃疡的人，最好再添上一件背心；患关节炎、风湿病的人，制作冬衣时在贴近肩胛、膝盖等关节部位用棉层或皮毛加厚，也可单独制作棉垫或皮毛垫。

● 注意睡眠

《素问·四气调神大论》说："冬三月，此为闭藏。水冰地坼，无扰乎阳；早卧晚起，必待日光。"意思是说，在寒冷的冬季，应适当增加睡眠，早睡晚起。冬季，阳气潜藏，阴气盛极，草木凋零，蛰虫伏藏，万物活动趋向休止，以养精蓄锐。因此，不要扰动阳气，破坏人体阴阳转换的生理机能。

早睡可养人体阳气，迟起能养人体阴

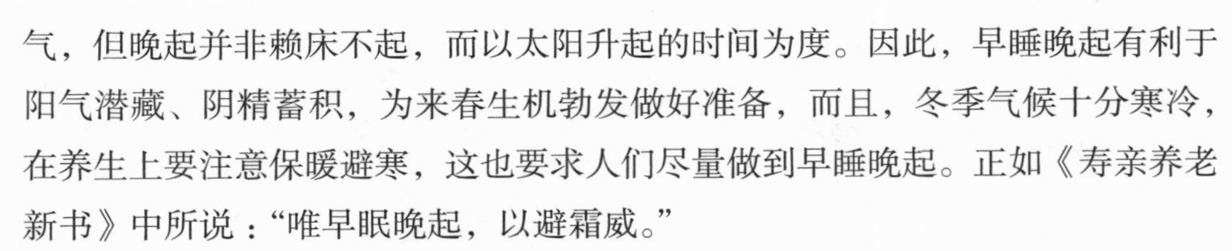

气，但晚起并非赖床不起，而以太阳升起的时间为度。因此，早睡晚起有利于阳气潜藏、阴精蓄积，为来春生机勃发做好准备，而且，冬季气候十分寒冷，在养生上要注意保暖避寒，这也要求人们尽量做到早睡晚起。正如《寿亲养老新书》中所说："唯早眠晚起，以避霜威。"

另外，在冷高压影响下，冬天的早晨往往有气温逆增现象，即上层气温高，地表气温低，大气对流活动停止，地面上有害污染物停留在呼吸带，如过早起床外出，就会身受其害。

● *居室要求*

室外空气容量大，流动快，又受到阳光中紫外线的消毒和花卉树木的净化，所以清新宜人；而室内空气却因人的吐故纳新、汗液蒸发以及油烟等，会极为混浊。

立冬过后，天气由凉变冷，为保持室温，常常门窗紧闭，其实这是不好的。因为在通风不良的环境中待久了，易出现头晕、乏力、胸闷、烦躁等现象，甚至引起呼吸系统疾病。

玻璃能吸收日光中的紫外线，打开窗户，日光直接照到室内，紫外线就能充分起到消毒、杀菌的作用。因此，开窗通风即可保持室内空气的清新，又能减少病菌的滋生。

由于热空气比冷空气轻，开窗时通风应使进风口位于低处，出风口在高处，便于室内外空气的交换。对那些自然通风条件差的房间，可用电风扇机械通风。

立冬时节"吃"的学问

○立冬饮食宜忌：宜进补，配汤水

立冬是进补的好时期，此时进补，可为抵御冬天的严寒补充元气。而且这个时候，寒冷的气候影响人体的内分泌系统，以增加肌体的御寒能力，这样就造成人体热量散失过多。因此，立冬时节的营养补充应以增加热能为主，但饮食忌太过于干燥，宜有汤水相伴。

常言道："饭前先喝汤，胜过良药方。"这是因为从口腔、咽喉、食道到胃，犹如一条通道，是食物必经之路，饭前先喝几口汤，等于给这段消化道加点"润滑剂"，使食物能顺利下咽，防止干硬食物刺激消化道黏膜。若饭前不喝汤，吃饭时也不进汤水，饭后因胃液的大量分泌使体液丧失过多而产生口渴，这时才喝水，反而会冲淡胃液，不宜吸收和消化。养成饭前和吃饭时进点汤水的习惯，可以减少食道炎、胃炎等的发生。那些常喝各种汤、牛奶和豆浆的人，消化道也最易保持健康状态。

宜食：狗肉、羊肉、牛肉、海带、白菜、土豆、萝卜、豆腐、芹菜、菠菜、苹果等。

忌食：海鲜、辣椒、油炸、烧烤等。

○立冬食谱攻略

虫草蒸老鸭

用料：

冬虫夏草5枚，老雄鸭1只，黄酒、生姜、葱白、食盐各适量。

做法：

①老鸭去毛及内脏，冲洗干净，放入水锅中煮开，至水中起沫捞出。

②将鸭头顺颈劈开，放入冬虫夏草，用线扎好，放入大钵中，加黄酒、生姜、葱白、食盐、清水适量，再将大钵放入锅中，隔水蒸约2小时，至鸭熟即可食用。

功效：补虚益精，滋阴助阳。虫草助肾阳、益精血；老鸭滋阴补虚。一补阳，一补阴，两者合用，堪称补虚益精、滋阴助阳的权威药膳。

禁忌：外感未清者不宜食用。

土豆炖牛肉

用料：

土豆200克，牛肉300克，味精、精盐、酱油、葱、生姜片、大料、花椒、蒜各适量。

做法：

①将土豆去皮、洗净，切成块状。

②将牛肉洗净，切成3厘米见方的块，放入沸水锅中焯一下，捞出。

③将牛肉块放入锅中，加水适量，放入葱、蒜、生姜片、花椒、大料、盐，上火炖煮。

④将土豆块加入快熟的牛肉锅中，加入酱油，继续炖煮，直至肉烂，加味精即可食用。

功效：补脾益胃，强筋壮骨。

海参虾仁汤

用料：

水发海参150克，鲜虾仁80克，猪瘦肉60克，生姜片、精盐、枸子各适量。

做法：

①将水发海参洗净，切成片，备用。

②将鲜虾仁洗净，沥干，备用。

③将猪瘦肉洗净，切成片，备用。

④将砂锅内加水适量，用旺火煲至水沸，然后加入枸杞子、海参片、猪瘦肉片、生姜片，改用中火继续煲半小时左右，再加入鲜虾仁继续煲20分钟左右，加入精盐调味，即可饮用。

功效：补肾壮阳，滋阴养血。

黄鳝猪肉羹

用料：

黄鳝200克，猪肉80克，生姜、味精、精盐、料酒、胡椒粉各适量。

做法：

①将生姜去皮、洗净，切成丝，备用。

②将黄鳝剖背脊，去头、去尾、去内脏，洗净，切成丝。

③将猪肉洗净，剁成肉泥。

④将锅内加水适量，烧沸后，加入猪肉泥，撇去浮沫；加入鳝鱼丝、生姜丝、料酒，烧开后，改用小火慢煮，直至鳝鱼丝熟烂。

⑤加入味精、精盐、胡椒粉调味，即成黄鳝猪肉羹。

功效：补脾益胃，益肝养颜。

黑芝麻粥

用料：黑芝麻 25 克，粳米 50 克。

做法：

①黑芝麻炒熟，研末备用。

②粳米洗净与黑芝麻入锅同煮，旺火煮沸后，改用文火煮至成粥。

功效：补益肝肾，滋养五脏。更适于中老年体质虚弱者选用，并有预防早衰之功效。

品味立冬文化情趣

○品立冬诗词

冬景

【南宋】刘克庄

晴窗早觉爱朝曦，竹外秋声渐作威。

命仆安排新暖阁，呼童熨贴旧寒衣。

叶浮嫩绿酒初热，橙切香黄蟹正肥。

蓉菊满园皆可羡，赏心从此莫相违。

刘克庄（1187—1269），初名灼，字潜夫，号后村，福建省莆田市人，初为靖安主簿，后长期游幕于江、浙、闽、广等地。其诗属江湖诗派，作品数量丰富，内容开阔，多言谈时政，反映民生之作，早年学晚唐体，晚年诗风趋向江西诗派。词深受辛弃疾影响，多豪放之作，散文化、议论化倾向也较突出。

这首诗描写的是晚秋初冬景色。清晨感受到阳光，外面能听到秋风的声音，于是吩咐下人准备暖阁和寒衣。刚酿的新酒，肥美的螃蟹，还有园里的花朵，要好好享受一番才行。全诗按时间顺序，一气呵成，先写景，再叙事，最后一句抒怀，戛然而止。诗人没有因为冬天的到来而伤感，反而是一副眉飞色舞、得意享受的神情。

十月十日立冬

【南宋】周南

立冬前一夕，聒地起寒风。

律吕看交会，衣裳出褚中。

骭疡时作尰，怀抱岁将终。

汗手汙牙笔，晴檐共秃翁。

周南（1159—1213），字南仲，平江（一作吴郡）人。生于宋高宗绍兴二十九年，卒于宋宁宗嘉定六年，年五十五岁。绍熙元年（1190 年）进士及第。为池州教授，后辞职而去。开禧三年（1207 年）试职馆。因为言语得罪当朝权贵，被人弹劾。后卒于家中，死因不明。

这首诗是作者晚年时期的作品。立冬前一天的晚上，突然刮起了凛冽的寒风，年迈的诗人在寒风中愁病交加，非常凄凉。

今年立冬后菊方盛开小饮

【南宋】陆游

胡床移就菊花畦，饮具酸寒手自携。

野实似丹仍似漆，村醪如蜜复如虀。

传芳那解烹羊脚，破戒犹惭檕蟹脐。

一醉又驱黄犊出，冬晴正要饱耕犁。

亲手种下的菊花在立冬后悄然盛开，这天晚上的惊喜自然值得庆贺一番。烹羊脚、檕蟹脐，美味佳肴当前，再加上菊花秀色可餐，一边饮酒吃饭，一边赏菊，实乃人生一大享受。

立冬日作

【南宋】陆游

室小才容膝，墙低仅及肩。

方过授衣月，又遇始裘天。

寸积篝炉炭，铢称布被棉。

平生师陋巷，随处一欣然。

一个人的生存的空间可以很小，但内心是可以无限宽广的。作为一代伟大的爱国诗人，房间如何狭小，生活如何贫困，也是压抑不了作者的心胸的。在这里，心灵空间和生存空间构成的强烈反差，展示出一种生命的质量与人生的意境。全诗语句虽然质朴，但气势丝毫不减，从中可见陆游诗的一贯风格，他的精神值得后世人学习。

○读立冬谚语

立冬北风冰雪多，立冬南风无雨雪。

立冬晴，一冬阴；立冬阴，雪迎春。

重阳无雨看立冬，立冬无雨一冬干。

立冬一片寒霜白，晴到来年割大麦。

立冬晴，一冬晴；立冬雨，一冬雨。

立冬太阳睁眼睛，一冬无雨格外晴。

立冬无雨满冬空。

立冬晴，好收成。

立冬打雷三趟雪。

立冬打雷要反春。

立冬阴，一冬温。

立冬晴，一冬凌。

立冬打霜，要干长江。

立冬白一白，晴至割大麦。

冬前不下雪，来春多雨雪。

立冬雷隆隆，立春雨蒙蒙。

立冬交十月，小雪河封上。

立冬日，水始冰，地始冻。

立冬无雨一冬晴，立冬有雨一冬阴。

立冬有雨防烂冬，立冬无雨防春旱。

立冬刮北风，皮袄贵如金；立冬刮南风，皮袄挂墙根。

立冬到冬至寒，来年雨水好；立冬到冬至暖，来年雨水少。

第二十章　小雪：开始降雪，雪量不大

气温下降，万物失去生机，天地闭塞而转入严冬，虽开始降雪，但雪量不大。

小雪与气象农事

○小雪时节的气象特色

小雪是每年阳历的 11 月 22 日到 23 日，太阳到达黄经 240 度的时候。小雪，望文生义，表示降雪起始的时间和程度。正如《月令七十二候集解》上说："十月中，雨下而为寒气所薄，故凝而为雪。小者未盛之辞。"这个时期天气逐渐变冷，黄河中下游平均初雪期基本与小雪节令一致。虽然开始下雪，一般雪量较小，并且夜冻昼化。如果冷空气势力较强，暖湿气流又比较活跃的话，也有可能下大雪。

小雪是反映天气现象的节令。《群芳谱》中说："小雪气寒而将雪矣，地寒未甚而雪未大也。"意思是说，由于天气寒冷，降水形式由雨变为雪，但此时由于"地寒未甚"故雪量还不大，所以称为小雪。随着冬季的到来，气候渐冷，不仅地面上的露珠变成了霜，而且也使天空中的雨变成了雪花，下雪后，使大地披上洁白的素装。但由于这时的天气还不算太冷，所以下的雪常常是半冰半融状态，或落到地面后立即融化了，气象学上称为"湿雪"；有时还会雨雪同降，叫作"雨夹雪"；还有时降如同米粒一样大小的白色冰粒，称为"米雪"。

进入该节气，在我国广大地区，西北风开始成为常客，气温逐渐降到 0℃

以下，阴气下降，阳气上升，而致天地不通，阴阳不交，万物失去生机，天地闭塞而转入严冬。黄河以北地区出现初雪，但雪量有限。南方地区北部开始进入冬季。因为北面有秦岭、大巴山屏障，阻挡冷空气入侵，刹减了寒潮的严威，致使华南“冬暖”显著，全年降雪日数多在5天以下，比同纬度的长江中、下游地区少得多。大雪以前降雪的机会极少，所以隆冬时节，也很难观赏到“千树万树梨花开”的迷人景色。由于华南冬季近地面层气温常保持在0℃以上，所以积雪比降雪更不容易。有时虽见天空“纷纷扬扬”，却不见地上“碎琼乱玉”。然而，在寒冷的西北高原，常年10月一般就开始降雪了。高原西北部全年降雪日数可达60天以上，一些高寒地区全年都有降雪的可能。

※ 小雪三候

我国古代将小雪的十五天分为三候：“一候虹藏不见，二候天气上升地气下降，三候闭塞而成冬。”由于天空中的阳气上升，地中的阴气下降，导致天地不通，阴阳不交，所以万物失去生机，天地闭塞而转入严寒的冬天。

○小雪时节的农事活动

小雪前后，我国大部分地区农业生产开始进入冬季管理和农田水利基本建设。

在小雪节气初，东北土壤冻结深度已达10厘米，往后差不多一昼夜平均多冻结1厘米，到节气末便冻结了一米多。因此有“小雪地封严”的俗语，之后大小江河陆续封冻。农谚道：“小雪雪满天，来年必丰年。”这里有三层意思，一是小雪落雪，来年雨水均匀，无大旱涝；二是下雪可冻死一些病菌和害虫，减轻来年病虫害的发生；三是积雪有保暖的作用，有利于土壤的有机物分解，增强土壤肥力。因此“瑞雪兆丰年”这句话，其实是有一定科学道理的。

本节气降水依然稀少，远远满足不了冬小麦的需要。而晨雾则比上一个节气更多一些。

了解小雪传统民俗

相对于其他节日，小雪期间的节日民俗要相对少一些，而且基本都跟“吃”有关。

○腌腊肉

民间的各个地区一直就有腌制腊肉的传统习俗。小雪后气温急剧下降，天气变得很干燥，正是加工腊肉的好时候。每到寒冬腊月，即“小雪”至“立春”前，家家户户都要杀猪宰羊，除保留够过年用的鲜肉之外，还要再留出一部分，用食盐，配上花椒、大茴、大料、桂皮、丁香等香料，把肉腌在缸里。经过 7~15 天之后，用棕叶或者竹篾绳索串挂起来，滴干水，再用柏树枝条树叶、甘蔗皮熏烤，最后挂起来用烟火慢慢熏干而制成腊肉，等到春节时正好享受美食。生活在城里的人们，每到这个时节，也要到市场上挑选肉质上好的猪肉、鸡、鸭、鱼等带回家腌制成腊味，好好品尝一番，以增添年末的温馨气氛。

○吃糍粑

在南方某些地方，小雪前后还有吃糍粑的习俗。糍粑是用糯米蒸熟捣烂后所制成的一种食品，在南方一些地区非常流行。古代的时候，糍粑是南方地区传统的节日祭品，最早是农民用来祭牛神的供品。有俗语道：“十月朝，糍粑禄禄烧。”就是指的祭祀事件。

○晒鱼干

小雪时节，台湾中南部沿海的渔民们会开始晒鱼干、储存干粮。乌鱼群会在小雪前后游到台湾海峡，另外还有旗鱼等。

台湾俗谚道："十月豆，肥到不见头。"指的是在嘉义县布袋一带，到了农历十月可以捕到"豆仔鱼"。

○吃刨汤

小雪前后，土家族朋友便开始了一年一度的"杀年猪，迎新年"民俗活动，给寒冷的冬天增添了浓烈的气氛。吃"刨汤"，是土家族的风俗习惯。在"杀年猪，迎新年"民俗活动中，用热气尚存的上等新鲜猪肉精心烹饪而成的美食称为"刨汤"，十分好吃。

小雪时节的养生保健

○小雪养生知识

● 心静

冬季养生，静者寿，躁者夭。《素问·上古天真论》中说："虚邪贼风，避之有时；恬淡虚无，真气从之，精神内守，病安从来？"《素问·生气通天渤》也指出："清静则肉腠闭拒，虽有大风苛毒，弗之能害。"也就是说，对外，要顺应自然界变化，避免邪气的入侵；对内，要谨守虚无，心神宁静。只有思想明净，情绪通畅，使精气神内守而不失散，才能保持人体形神合一的生理状态，达到养生的目的。

● 晒太阳

中医十分重视阳光对人体健康的作用，认为常晒太阳能助发人体的阳气。特别是在冬季，由于大自然处于"阴盛阳衰"状态，而人应乎自然，也不例外，故冬天常晒太阳，更能起到壮人阳气、温通经脉的作用。

● 禁欲

因为冬季养生需要"藏而不泄"，所以古人有"冬季禁欲"之说。通俗地讲，冬季气候寒冷，人体需要许多能量来御寒，而性生活会消耗人较多的能量，所以要适度，不然就会影响身体健康。

● 雪练

严冬雪练不失为一个养生的好方法。雪花在空中凝聚各种污染物，比雨滴更多地依附其上，从而更能净化空气，激发产生的负离子更多。对气喘、烧伤、溃疡、外伤病人的治疗有促进作用，还可治疗萎缩性鼻炎、萎缩性胃炎、神经性皮炎、枯草热、关节疼痛等疾病。因此，一场大雪之后，人们普遍感到空气非常清新，精神格外爽朗，就是这个道理。

但是，在锻炼的时候务必要着重注意以下几点。

1. 尽量不要戴口罩。有些人，特别是老年人，在冬季锻炼时因怕冷、怕感冒而戴口罩，甚至戴口罩长跑。其实，这是很不科学的做法。因为口罩把鼻子挡住，不利于锻炼时通气量增加的需要，阻碍呼吸的顺利进行，影响氧气的吸入，使人产生憋气、胸闷、心跳加快等不适感。所以，冬季锻炼最好不要戴口罩。

2. 忌在雾中锻炼。冬季早晨在雾中进行锻炼，对身体有害无利，一定要注意。因为这个时候，雾天聚在低空的废气不易消散，空气污染比平时更加严重。实验研究证明，冬季晨雾中有不少有害有毒元素和较多的病原微生物。在雾中进行锻炼会大量吸入有害物质，可引起气管炎、喉炎、角膜炎和过敏性疾病。另外，湿度大的空气对肺泡气体交换有一定的影响。所以，冬季忌在雾中锻炼。

3. 防冻防滑。雪练是“冬练三九”的重要内容，但未经过耐寒锻炼的老年人要慎重，此时气温低，道路滑，要注意防冻、防滑。

○小雪时节的疾病预防

● 防抑郁症

小雪时节，天气时常阴冷晦暗，在这种情况下，人们的心情也会受到很大影响，特别容易引发抑郁症。这种疾病会严重影响工作、学习及生活，还会影响慢性躯体疾病康复，甚至还会致使社会自杀率的上升。

中医病因学有“千般灾难，不越三条”的观点。也就是说，致疾病发生的原因不外乎三种：即内因（七情过激所伤）、外因（六欲侵袭所伤）、非内外因（房事、金刀、跌扑损伤、中毒）。抑郁症的发生多由内因所致，七情包括了喜、怒、忧、思、悲、恐、惊七种情志的变化。人们在日常生活中时常会出现七情变化，但它属于正常的精神活动，是人体正常的生理现象，一般情况下并不会致病。只有在突然、强烈或长期持久的情绪刺激下，才会影响到人体的正常生理，使脏腑气血功能发生紊乱，导致疾病的发生。“怒伤肝、喜伤心、思伤脾、忧伤肺、恐伤肾”，说明人的精神状态反映了心理活动，而心理的健康与否直接影响着精神疾病的发生发展，也可以说是产生精神疾病的关键。

为避免和减轻严寒冬季给抑郁症患者带来的不利因素，在此节气中要注意精神的调养。抑郁症患者要积极地调节自己的心态，保持乐观的心态，经常参加一些户外活动以增强体质，多晒太阳，多听音乐。

另外，抑郁症患者还应加强饮食治疗。饮食方面要多吃热量高、有健脑活血功效的食物，并适当饮用一些茶水、咖啡等饮料。通过调整饮食仍不能改善症状的患者，可选用尼莫地平、都可喜、甲状腺素片等药物治疗。

● 防心脑血管疾病

冬天到来，患心梗、心绞痛、中风、心肌梗死的病人便会增多，寒冷的刺激会使人交感神经异常兴奋，造成心脏收缩力增强，导致血压不稳，引发急性并发病。

因此，高血压患者在冬天要坚持服药，按时测量血压，老年人最好随身携带硝酸甘油、速效救心丸等药物，如果连续几天都感觉乏力、头晕、胸部不适，最好及时就医，以免造成严重后果。

● 防感冒

小雪时节天气寒冷，雪后会出现降温天气，所以要做好御寒保暖工作，防止感冒发生。

要注意预防流感。流感的最大危害是引发并发症，加重潜在的疾病，如心肺疾患。而老年人以及患有各种慢性病的人得了流感后，容易出现更严重的并发症，甚至可能致死。流感主要通过飞沫传播，到人多的公共场所最好戴上口罩，注意个人卫生，勤洗手，还要到医院及时接种流感疫苗。

小雪时节“吃”的学问

○小雪饮食宜忌：温补助阳，摄入脂肪

俗话说：“冬季进补，开春打虎。”冬季是一年四季当中最应该补养的季节，而小雪节气里，天气阴冷晦暗光照较少，这个季节最适宜吃温补的食品。在这个时期为身体增加更多的营养，有事半功倍的效果。

到了冬季，人体的消化机能比其他季节都活跃，胃液分泌增多，酸度增强，食量增大，所以这个时节，机体对热能的需要会大大增加。当机体处于寒冷环境中，要维持体温平衡，就必须增加体内的代谢率，即增加对食物的需求量，特别是增加对脂肪性食物的摄入，食用脂肪类食品有较好的抗寒耐冻作用，但不宜过多，尤其是老年人，食用过多会出现高血压和高血脂。

再者，很多人会在这个时节会感到全身发冷，手、足等末梢部位尤为严重。如果在饮食上选用一些补气助阳的食物，同时适当摄入具有益气、养血、活血功能的食物，可使代谢加快，能有效地改善身体畏寒现象。

宜食：羊肉、牛肉、鸡肉、鲫鱼、莴苣、菠菜、红枣、腰果、芡实、山药、黑米、香蕉等。

忌食：煎炸、烘烤、辣椒、胡椒等。

○小雪食谱攻略

当归火锅

用料：

鱼肉 400 克，盐、味精各少许，冻豆腐 250 克，白菜适量，香菇 5 个，鸡汤 5 碗，当归 30 克。

做法：

先将鱼肉切成薄片，冻豆腐切成小块，白菜斜切成片，香菇泡软、洗净切丝，再将鸡汤放火锅内，并将切成薄片的当归片全部放入火锅内；用大火煮开后，再用文火煮20分钟，使当归的药效成分煮出来，加适量盐、味精等调味，然后再将鱼片、豆腐、白菜、香菇等下锅，煮开即可食用。

功效：活血御寒，温暖身体，可促进生命力旺盛，若常吃可增进皮肤容颜的健美。

核桃猪腰

用料：

猪腰500克，核桃仁70克，鸡蛋清2个，干淀粉50克，料酒25克，生姜15克，葱15克，精盐5克，麻油25克，菜油750克（实耗80克）。

做法：

猪腰对剖，片去腰臊洗净，削成十字刀花，切成3块。核桃仁用开水泡胀，剥去外皮，切丁；生姜洗净切成片，葱洗净切成段；腰片用料酒、精盐、姜片、葱段，拌匀入味；干淀粉研细，用蛋清调匀待用；将净锅置火上，加入菜油，待油温烧至六成热时，将核桃丁摆在腰花上，裹上蛋清淀粉，下锅炸成浅黄色捞起，待全部炸完后，等油温上升至八成热时，再将腰块全部放入油锅内炸成金黄色，沥去余油，淋入麻油装盘即成。

功效：适用于腰膝冷痛、四肢酸软、小便频数，因肺肾虚而致咳嗽者。是小儿健脑益智之佳品。消瘦之人常食能使体态丰满健美。具有补肺肾，定虚喘的功效。

红烧狗肉

用料：

剔骨带皮狗腿肉、白萝卜、胡萝卜、青笋、母鸡，肘子肉、火腿、葱、姜、料酒、酱油、香油、香菜、胡椒面、味精、青蒜。

做法：

首先将狗肉洗净，然后再将狗肉皮在火上燎焦，放温水内泡软，刮净焦面，剁成5厘米的方块；将两种萝卜和青笋制成荸荠形；母鸡剁成块，备上列调料，再用水将狗肉、鸡肉煮透，捞在凉水内洗净；萝卜、青笋用开水氽熟，用水冲凉；再将大砂锅或铝锅垫上竹篦，盛清水，下入狗肉、鸡肉、火腿、肘子肉、葱、姜、料酒烧开，撇去泡沫；加适量盐、酱油，用小火烧至烂时，放入萝卜、青笋、味精、青蒜、香菜、胡椒粉、香油即可出锅食用。

功效：温阳祛寒，尤适用于冬季畏寒之人食用。

壮阳狗肉汤

用料：

狗肉 250 克，附片 15 克，菟丝子 10 克，食盐、味精、生姜、葱、料酒各适量。

做法：

①将狗肉洗净，整块放入开水锅内氽透，捞入凉水内洗净血沫，切成 3.3 厘米长的方块；姜、葱切好备用。

②将狗肉放入锅内，同姜片煸炒，加入料酒，然后将狗肉、姜片一起倒入砂锅内；同时将菟丝子、附片用纱布袋装好扎紧，与食盐、葱一起放入砂锅内，加清汤适量，用武火烧沸，文火煨炖，待肉熟烂后即成。

功效：温肾助阳，补益精髓，适用于阳气虚衰、精神不振、腰膝酸软者。

核桃仁粥

用料：

核桃仁 50 克，大米 60 克。

做法：

将大米和核桃仁洗净，同放锅内煮熟即成。

功效：补肾，健脑，通淋，适用于失眠健忘、肾虚腰痛、泌尿系统结石、小便余沥不尽、小便白浊者。健康人食用能增强记忆力。长期食用，能祛病延年。

品味小雪文化情趣

○品小雪诗词

逢雪宿芙蓉山主人

【唐】刘长卿

日暮苍山远，

天寒白屋贫。

柴门闻犬吠，

风雪夜归人。

刘长卿（约726—约786），字文房，宣城（今属安徽）人，唐代诗人，玄宗天宝年间进士。他工于诗，长于五言，自称“五言长城”。

这首诗用极其凝练的诗笔，描画出一幅以旅客暮夜投宿、山家风雪人归为素材的寒山夜宿图。诗是按时间顺序写下来的。首句写暮色苍茫，旅客行进时觉山路遥远，第二句写到达投宿人家时所见，天寒地冻，觉得投宿的人家简陋不已。后两句写入夜后所闻，柴门旁边的狗叫了，应该是主人雪夜归来。每一句构成一个独立的画面，而且彼此连属。诗中有画，画外见情。

和萧郎中小雪日作

【南唐】徐铉

征西府里日西斜，独试新炉自煮茶。

篱菊尽来低覆水，塞鸿飞去远连霞。

寂寥小雪闲中过，斑驳轻霜鬓上加。

算得流年无奈处，莫将诗句祝苍华。

徐铉（916—991），字鼎臣，广陵（今江苏扬州）人。五代宋初文学家、书法家。初事南唐，历官御史大夫、率更令、右散骑常侍，官至吏部尚书。与弟徐锴有文名，精于文字学，号称“二徐”。又与韩熙载齐名，江东谓之“韩徐”。

这首诗写了北方小雪节气时的情境。日已西斜，起火煮茶，再加上屋外寂寥的小雪，好一派宁静祥和的景象。

小雪

【南宋】释善珍

云暗初成霰点微，旋闻蔌蔌洒窗扉。

最愁南北犬惊吠，兼恐北风鸿退飞。

梦锦尚堪裁好句，鬓丝那可织寒衣。

拥炉睡思难撑拄，起唤梅花为解围。

释善珍（1194—1277），字藏叟，泉州南安人，南宋后期浙江余杭径山寺高僧，俗姓吕，诗人。

自古以来，有关雪的诗句很多，而写小雪的诗相对来讲却是很少。与大雪的铺天盖地比起来，小雪自有其独特的美。释善珍的这首诗正是描写小雪的经典作品。诗中的小雪飘飘洒洒、不紧不慢，轻轻落于窗前，既怕狗的吠叫惊了这份宁静，又怕北风乍起坏了这份雅致。诗人对小雪的喜爱之情溢于言表。

贺新郎·雪

【南宋】葛长庚

是雨还堪拾。道非花、又从帘外，受风吹入。扑落梅梢穿度竹，恐是鲛人泣泣。积至暮、萤光熠熠。色映万山迷远近，满空浮、似片应如粒。忘炼得，我双睫。

吟肩耸处飞来急。故撩人、粘衣噀袖，嫩香堪浥。细听疑无伊复有，贪看一行一立。见僧舍、茶烟飘湿。天女不知维摩事，漫三千、世界缤纷集。是剪水，谁能及！

葛长庚，字白叟，号白玉蟾，闽清（今属福建）人。入道武夷山。嘉定中，诏征赴阙，馆太乙宫，封紫清明道真人。善篆隶草书，有石刻留惠州西湖玄妙观。所著《海琼集》，附词一卷。

这首词的主题是咏雪，在词中，作者善用比喻，联想丰富。如雨堪拾、非花人户、鲛人诉泣、天女散花、天孙剪水等，这些比喻和联想都能将雪的特征表现得生动而富有情趣。整首词构思新巧、笔调潇洒，从头到尾没有出现一个“雪”字，但从始至终都可感到雪花纷纷扬扬，漫天飞舞的情态，十分富有诗情画意。噀（xùn）：含在口中而喷出。

○读小雪谚语

小雪点青稻。

小雪无云大旱。

节到小雪天下雪。

小雪晴天，雨至年边。

小雪收葱，不收就空。

小雪封地，大雪封河。

小雪大雪，炊烟不歇。

小雪雪满天，来年必丰年。

小雪不封地，不过三五日。

小雪不分股，大雪不出土。

小雪不耕地，大雪不行船。

小雪地能耕，大雪船帆撑。

小雪下了雪，来年旱三月。

小雪不见雪，大雪满天飞。

小雪见晴天，有雨在年边。

小雪西北风，当夜要打霜。

小雪见晴天，有雪到年边。

小雪满田红，大雪满田空。

小雪不收菜，必定要受害。

小雪棚羊圈，大雪堵窟窿。

小雪节到下大雪，大雪节到没了雪。

小雪大雪不见雪，小麦大麦粒要瘪。

小雪封地地不封，大雪封河河无冰。

小雪封地地不封，老汉继续把地耕。

小雪不下看大雪，小寒不下看大寒。

小雪大雪不见雪，来年灭虫忙不撤。

第二十一章 大雪：至此而雪盛也

天气更冷，雪量增大，我国大部分地区已进入寒冷的冬季。

大雪与气象农事

○大雪时节的气象特色

大雪是冬季的第三个节气，也就是每年阳历的12月7日~8日，太阳到达黄经255度的时候。

《月令七十二候集解》说："大雪，十一月节，至此而雪盛也。"大雪标志着仲冬时节的正式开始。它是表示这一时期，降大雪的起始时间和雪量程度，和小雪、雨水、谷雨等节气一样，都是直接反映降水的节气。然而，这个时节，天气更冷，降雪的可能性比小雪时更大了，却并不指降雪量一定很大。相反，大雪后各地降水量均进一步减少，东北、华北地区12月平均降水量一般只有几毫米，西北地区则不到1毫米。

大雪时节，除华南和云南南部无冬区外，我国大部分地区已进入寒冷的冬季。东北、西北地区平均气温已达-10℃以下，黄河流域和华北地区气温也稳定在0℃以下。此时，黄河流域一带渐有积雪，而在更北的地方，则已经大雪纷飞了。但是南方地区，特别是广州及珠三角一带，与北方的气候相差很大，仍旧是树木茂盛，干燥的感觉还是很明显。南方地区冬季气候温和而少雨雪，平均气温较长江中下游地区略高出2℃~4℃，雨量仅占全年的5%左右。降雪偶有，大多出现在1、2月份，地面积雪三五年难见到一次。这时，华南气候还有多雾的特点，一般12月份的雾日是最多的。雾通常出现在夜间无云或少云的清晨，气象学称为辐射雾。常言道“十雾九晴”，雾多在午前消散，午后的阳光便会显得格外温暖。

这个时节经常出现的天气为降温、大雪、冻雨、雾凇、雾霾、凌汛等。

※ 大雪三候

我国古代将大雪的十五天分为三候：“一候鹖鴠不鸣，二候虎始交，三候荔挺出。”这是说此时因天气寒冷，寒号鸟也不再鸣叫了；由于此时是阴气最盛时期，正所谓盛极而衰，阳气已有所萌动，所以老虎开始有求偶行为；“荔挺”为兰草的一种，也感到阳气的萌动而抽出新芽。

○大雪时节的农事活动

“瑞雪兆丰年”是许多人很熟悉的一句农谚。这时候，厚厚的积雪覆盖大地，可保持地面及作物周围的温度不会因寒流侵袭而降得很低，为冬作物创造了良好的越冬环境，犹如为作物盖上一层被子。积雪融化时可以增加土壤的水分含量，可供作物春季生长的需要。另外，雪水中氮化物的含量是普通雨水的5倍，还具有一定的肥田作用。所以有“今年麦盖三层被，来年枕着馒头睡”的说法。

大雪时节，我国大多数地方已披上冬日盛装，冬小麦已停止生长。江淮及以南地区的小麦、油菜仍在缓慢生长，一定要注意施好腊肥，为安全越冬和来春生长打好基础。华南、西南小麦进入分蘖期，应结合中耕施好分蘖肥，注意冬作物的清沟排水。这时天气虽然严寒，但贮藏的蔬菜和薯类要勤于检查，适时通风，不可将窖封闭得太严，以免里面温度过高，湿度过大导致烂窖。因此，在不受冻害的前提下应尽可能地保持窖内较低的温度。

了解大雪传统民俗

到了这个节气，全国各地都是一片银装素裹，参与民间活动的时候也更加富有生活情趣。

○吃饴糖

我国北方很多地区，在大雪的时候均有吃饴糖的习俗。每到这个时候，街头就会出现很多敲锡锣卖饴糖的小摊贩。锡锣一敲，便吸引许多小孩、妇女、老人出来购买。人们食饴糖为的是在冬季滋补身体。

○腌肉

老南京有句俗话，叫作“小雪腌菜，大雪腌肉”。后半句说的是，大雪节气一到，家家户户都将忙着腌制“咸货”。将大盐加八角、桂皮、花椒、白糖等入锅炒熟，待炒过的花椒盐凉透后，涂抹在鱼、畜肉和禽肉内外，反复揉搓，直到肉色由鲜转暗，表面有液体渗出时，再把肉连同剩下的盐放进缸内，用石头压住，放在阴凉背光的地方。半月后取出，将腌出的卤汁入锅加水烧开，撇去浮沫，再放入晾干的禽畜肉，一层层码在缸内，倒入盐卤，再压上大石头，十日后取出，然后挂在朝阳的屋檐下晾晒干，以迎接新年。等到过年的时候将烹调好的腌肉摆在桌上，让人直咽口水。

○赏雪玩雪

大雪节气期间，倘若天降大雪，老百姓的乐趣就随之而来了。人们将走出户外，在冰天雪地里打雪仗、赏雪景。南宋周密《武林旧事》卷三有一段话描述了杭州城内的王室贵戚在大雪天里堆雪山雪人的情形：“禁中赏雪，多御明远楼，后苑进大小雪狮儿，并以金铃彩缕为饰，且作雪花、雪灯、雪山之类，及滴酥为花及诸事件，并以金盆盛进，以供赏玩。”

○夜作

大雪的时候白天已经短过夜晚了，人们便利用这个特点，各手工作坊就纷纷利用夜间的闲暇时间开夜工，俗称“夜作”。如手工的纸扎业、刺绣业、纺织业、缝纫业、染坊，这些行业的人工作到了深夜要吃夜间餐，这就是“夜作饭”的由来。为了适应这种需求，各饮食店、小吃摊纷纷开设夜市，直至五更才结束，生意十分兴隆。

大雪时节的养生保健

○大雪养生知识

● 关于进补

中医养生学认为，大雪是养生进补的大好时节。尽管如此，也千万不可乱补，务必要遵循科学的养生进补之道。

《灵枢·本神》上说道：“智者之养神也，必须四时而适寒暑，和喜怒而安居处，节阴阳而词刚柔，如是辟邪不至、长生久视。”再如《吕氏春秋·尽数》上说：“天生阴阳寒暑燥湿，四时之化，万物之变。莫不为利，莫不为害。圣人察阴阳之宜。辩万物之利，以便生，故精神安乎形，而寿长焉。”就是说，顺应自然规律并非被动地适应，而是采取积极主动的态度，要掌握好自然界变化的规律，以防御外邪的侵袭。古有“大寒大寒，防风御寒，早喝人参、黄芪酒，晚服杞菊地黄丸”之说，充分说明了古代人对身体调养的重视。

● 由内养外

大雪节气养生需要由内养外。中医认为，人体的外在状态是其内在功能的具体体现。也就是说，人的五官、皮肤、毛发的好坏，清楚地反映了人体内五脏六腑、阴阳气血的健康状况。因此，保健养生只做外在养护是不够的，需要由内养外。

1. 养血养心面色好。人面色的好坏与心有密切的关系。人心气旺盛，气血和津液充盈，面色就会红润有光泽；反之，则会反映出面色苍白、青紫等病态。因此，要想面色好就必须养血养心，多吃养血养心的食物。

2. 养眼需养肝。中医认为，目为肝之窍，眼睛的好坏，取决于肝脏藏血功能的正常与否。肝脏功能正常，人的双眼就有神；反之，则眼睛干涩，视力减退。由于生理特点的关系，妇女易出现血虚，因此，女性更应该保护眼睛，在经期孕期时不要使眼睛劳累过度。可多吃富含维生素和胡萝卜素的食品，此外，还要注意多补充钙和锌等矿物质。

3. 丰润红唇要健脾。冬季，有些人的唇角周围及嘴唇会出现脱皮、干裂，甚至少量出血的现象。中医理论认为“脾开窍于口，其华在唇”。脾气健运，功能正常，则口唇红润；反之，则唇色浅淡甚至萎黄无华，所以健脾是防止嘴唇干裂的关键，可多吃蔬菜水果。

● 静养调节

大雪时节，一定要注意静养，但也不应足不出户，更不宜久坐、贪睡，如果过分静养只逸不劳，则会出现动静失调。应适时走出户外进行体育锻炼，呼吸新鲜空气，以强健体魄，助神清气爽。

● 居室养生

冬季，使用取暖器的家庭应注意居室的湿度，最好有一支湿度计。通常来说，生活在相对湿度为 40% ~60%的环境中最感舒适，如相对湿度低了，应做相应的调节，比如，向地上撒些水，或用湿拖把拖地板，或在取暖器附近放一盆水，以增加空气湿度。若在室内养上一盆水仙花，不但能起到调节室内相对湿度的作用，还会使居室显得生机勃勃。

○大雪时节的疾病预防

俗话说：“风后暖，雪后寒。”伴随着大雪而来的是温度下降，摔伤、冻伤、感冒、交通事故等都非常容易发生，严重影响人们的生活。

● 防滑倒

雪天，老年人容易摔伤，手腕、股骨等处易骨折，年轻人则多是软组织挫伤。因此，老年人应减少外出，出行最好适当放慢骑车或步行的速度，避免滑倒。

● 防呼吸道疾病

这个时节，气温骤降，咳嗽、感冒的人会比平时多好几倍。有些疾病的发生与不注意保暖有很大关系。中医认为，人体的头、胸、脚这三个部位最容易受寒邪侵袭，因此在睡觉时不宜穿厚衣服，但被子一定要盖好。

由于冬季气候寒冷干燥，鼻黏膜容易结痂，很多人经常有用手挖鼻孔的习惯，挖得过多就容易导致出血，这是很不好的习惯；同时，冬季又是感冒和鼻炎发病高峰期，这两种疾病都容易引起鼻出血。因此，冬季应注意保护好自己，预防感冒和鼻炎，并克服挖鼻孔的坏习惯。而且，这个时候空气湿度过低还容易导致呼吸道黏膜脱水，黏液分泌减少，纤毛运动减弱，以致呼吸道的清除能力减弱，不能及时地排出呼吸道的尘埃和细菌，易诱发和加重呼吸系统疾病。

● 防耳冻疮

耳冻疮的主要原因是耳部肌肤对寒冷气温的异常反应，还与肢端血液循环障碍、气血运行不畅等因素有关。耳部的血液供应比其他部位要少，除耳垂有脂肪组织可保温外，其余部分只有较薄皮肤包着软骨，里面的血管很细微，保温能力较差，因此冷天很容易冻伤。耳冻疮一旦患上，复发率很高，所以往往“一年生冻疮，年年都复发”。为了不生冻疮，冬季一定要注意保护耳部。

● 防冷感症

大雪节气后，由于天气变冷，有些女子容易患有冷感症。一方面，女子由于经期、孕期和产褥期或患有贫血、肠胃症及久病体虚等，机体的抵抗力降低，抗寒能力差，所以冬季就容易特别怕冷；另一方面，妇女如果缺乏营养、低血压或甲状腺功能减退，会容易引起局部或全身的血液循环不良，特别是肢体末梢血管血液循环障碍，从而导致手脚冰冷。

● 防皮肤开裂

大雪期间降水量少的时候，风多风大，气温非常干燥，室内湿度也较低，再加上取暖器的使用，会使室内空气很干燥，易导致皮肤粗糙起皱，甚至开裂。所以这时除了多喝热水外，还要注意涂一些保湿的护肤用品。

大雪时节“吃”的学问

○大雪饮食宜忌：冬天进补，开春打虎

大雪是进补的好时节，民间素有“冬天进补，开春打虎”的说法。冬令进补能提高人体的免疫功能，促进新陈代谢，使畏寒的现象得到改善。还能调节体内的新陈代谢，使营养物质能量最大限度地储存于体内，利于体内阳气的升发，俗话说“三九补一冬，来年无病痛”。此时宜温补助阳、补肾壮骨、养

阴益精。冬季食补应供给富含蛋白质、维生素和易于消化的食物。大雪节气前后，柑橘类水果大量上市，像南丰蜜橘、官西柚子、脐橙雪橙都是的当家水果，适当吃一些可以防治鼻炎，消痰止咳。还可常喝姜枣汤抗寒。

其实"补"也是很有讲究的，要根据地域、天气吃不同的食物才能达到最佳效果。江南不太冷的地方适合用鸭、鱼温补；北方气候寒冷，可以用羊肉、牛肉补充身体元气，增加抗寒能力；如果天气持续干燥，需要在滋补时增加冰糖、百合等甘润的食物，以防身体上火。如油菜、小白菜、莲子、桂圆等。

宜食：羊肉、大白菜、大葱、山药、白萝卜、大枣、黄豆芽、藕、西葫芦、橙子等。

忌食：海鲜、油炸、烧烤、生姜、巧克力等。

○大雪食谱攻略

龙眼鸡片

用料：

鸡脯肉400克，龙眼肉30克，生姜10克，葱10克，鸡蛋2个，小白菜40克，胡椒1克，料酒10克，香油3克，湿淀粉35克，鸡汤50毫升，猪油500克（实耗50克）。

做法：

龙眼用温水洗净，生姜洗净切薄片，葱洗净切葱花，小白菜洗净；鸡脯肉洗净去筋膜，切成薄片，鸡蛋去黄留清，鸡肉片用蛋清、精盐、料酒、味精、胡椒、湿淀粉（除蛋清外均用一半）调匀浆好；用另一半精盐、鸡汤、胡椒、味精兑成滋汁；将净锅置于旺火上烧热，注入猪油，待油温烧至五成热时投下鸡片滑散，倒入漏勺沥油；锅内留底油50毫升，待油六成热时，下葱、姜炒出香味，随即倒入龙眼肉、划好的鸡片、小白菜，倒入滋汁翻炒几下，起锅装盘，淋入香油即可食用。

功效：补脾益肾、养心安神，适用于脾虚泄泻、水肿乏力、血虚心悸、失眠健忘者。脑力劳动者经常食用，有益脑养神，增强记忆之功效。

禁忌：湿困脾胃、脘腹胀满、大便溏薄者慎用。

山药软炸兔

用料：

兔肉 250 克，山药 40 克，生姜 15 克，葱 15 克，料酒 15 克，精盐 2 克，酱油 10 克，白糖 3 克，味精 1 克，猪油 600 克（实耗 75 克），鸡蛋 2 个，湿淀粉 50 克。

做法：

山药切片烘干研成细末，生姜洗净切片，葱洗净切成长段；兔肉洗净去筋膜，切成约 2 厘米见方的块，放入碗内，加入料酒、味精、酱油、白糖、姜片、葱、精盐拌匀，腌 20 分钟；将鸡蛋去黄留清，加入山药粉和湿淀粉搅匀，调成蛋清糊倒入兔肉内和匀，使糊均匀粘附兔肉上；将净锅置于火上烧热，放入猪油，烧至八成热时，将兔肉逐个放入油锅内略炸一下捞出，待第一次炸完后再同时下锅内，反复用漏勺翻炸，炸成金黄色浮出油面，捞出装盘即成。

功效：补益脾胃、滋补肺肾，适用于脾胃虚弱所致的食少、乏力、懒言、邪热伤阴之口渴、消瘦者。铅作业人员经常食用，可避免铅中毒时蛋白质代谢发生障碍，出现体重减轻、贫血和血中总蛋白质下降等。冠心病、动脉硬化、糖尿病者常食尤宜。经常食用不会导致肥胖，有“美容菜”之称。

山药芝麻酥

用料：

鲜山药 300 克，黑芝麻 15 克，白糖 120 克，菜油 500 克（实耗 70 克）。

做法：

黑芝麻淘洗干净，炒香待用，鲜山药洗干净，将净锅置于火上，注入菜油，油温烧至七成热时，下山药块油炸，呈外硬、中间酥软浮于油面时捞出待用；将砂锅置于火上烧热，用油滑锅后，放入白糖，加水少量溶化，炼至糖汁成米黄色，随即倒入山药块，并不停地翻炒，使其外面包上一层糖浆，直至全部包牢，然后撒上黑芝麻，装盘即成。

功效：补肝肾、益脾胃，适用于脾虚“少食”乏力、肺虚咳喘、肝肾精血不足所致的眩晕、腰膝酸软、须发早白者。中老年经常食用能防癌，保健益寿。

猪腰粥

用料：

猪腰 1 对，胡桃肉 10 克，粳米 100~150 克，盐、姜、葱等调味品适量。

做法：

先将猪腰洗净，切片待用，然后将粳米与胡桃肉加水同煮成粥，粥将熟时，放入切好的猪腰，加入盐等调味品，待猪腰熟即可食用。

功效：补肾气、填精髓、润肠通便，适用于肾气虚所致的腰酸腿软、遗精、阳痿、耳鸣耳聋、小便不利、水肿及肾虚咳喘、大便干燥者。

禁忌：有痰火积热或大便溏泄或阴虚火旺者忌食。

鸡肉皮蛋粥

用料：

鸡肉 500 克，皮蛋 2 个，粳米 200~300 克，姜、葱、盐等调味品适量。

做法：

先将鸡肉切成小块，加水煲成浓汁后捞出鸡块，然后用适量浓汁与粳米同煮，待粥将熟时，放入切好的皮蛋和煮好的鸡肉，加入适量调味品即可食用。

功效：补益气血、滋养五脏、开胃生津、醒酒消食，适用于气血亏虚，五脏虚损之纳少、四肢乏力、身体羸瘦、产后乳少、虚弱头晕、小便频数、耳鸣、精少精冷等，还可用于肺、胃、大、小肠有热之痢疾、便血、痔疮、咽喉疼痛、便秘、肺热咳嗽、牙痛及轻度高血压、动脉硬化者。另外，还可用于醉酒不适者。

品味大雪文化情趣

○品大雪诗词

江雪

【唐】柳宗元

千山鸟飞绝，

万径人踪灭。

孤舟蓑笠翁，

独钓寒江雪。

这首诗勾勒出一幅美丽的江上雪景图。每一座山都是白茫茫一片，看不到飞鸟的影子，每一条路都被大雪覆盖，看不到人迹出没。一只孤零零的小船上坐着一位头戴斗笠身披蓑衣的老翁，在雪花飘洒的江上垂钓。整首诗意境幽远，情调凄寂，象征了一种高洁的人生境界。渔翁形象，精雕细琢，清晰明朗，完整突出。诗采用入声韵，韵促味永，刚劲有力，后世人纷纷叫绝。千古丹青妙手，也争相以此为题，绘出不少动人的江天雪景图。

白雪歌送武判官归京

【唐】岑参

北风卷地白草折，胡天八月即飞雪。

忽如一夜春风来，千树万树梨花开。

散入珠帘湿罗幕，狐裘不暖锦衾薄。

将军角弓不得控，都护铁衣冷难着。

瀚海阑干百丈冰，愁云惨淡万里凝。

中军置酒饮归客，胡琴琵琶与羌笛。

纷纷暮雪下辕门，风掣红旗冻不翻。

轮台东门送君去，去时雪满天山路。

山回路转不见君，雪上空留马行处。

岑参（约 715—770），唐代边塞诗人，南阳人。他工诗，长于七言歌行，对边塞风光、军旅生活以及少数民族的文化风俗有特别的感受，故其边塞诗尤多佳作。因其风格与高适相近，后人多将二人并称“高岑”。

这是一首著名的咏雪诗，描写了一幅壮丽的边疆塞外的雪景画卷，并在其中寄寓了自己浓厚的送别之情。全诗句句咏雪，勾画出天山奇寒。前八句为第一部分，先写野外雪景，把边地冬景比作是南国春景，“千树万树梨花开”一句可谓妙手回春。然后再从帐外写到帐内，通过人的各种感受，写天气严寒难耐。然后再移境帐外，勾画壮丽的塞外雪景，安排了送别的特定环境。最后写送友人出军门，踏上旅途，正是黄昏大雪纷飞之时，大雪封山，山回路转，不见踪影，隐含离情别意。全诗用四个“雪”字，写出别前、饯别、临别、别后四个不同画面的雪景，景致多样，不断变化，用词慷慨雄劲，前后浑然一体，读起来十分动人。

大雪与同舍生饮太学初筮斋

【北宋】陈东

飞廉强搅朔风起，朔风飘飘洒中土。

雪花着地不肯消，亿万苍生受寒苦。

天公刚被阴云遮，那知世人冻死如乱麻。

人间愁叹之声不忍听，谁肯采摭传说闻达太上家。

地行贱臣无言责，私忧过计如杞国。

揭云直欲上天门，首为苍生讼风柏。

天公倘信臣言怜世间，开阳阖阴不作难。

便驱飞廉囚下酆都狱，急使飞雪作水流潺潺。

东方日出能照耀，坐令和气生人寰。

陈东（1086—1127 年），字少阳，镇江丹阳人。很早就有声名，洒脱不拘，不肯居于人下，不忧惧自己的贫寒低贱。蔡京、王黼当时用事专权，胡作非为，人们都敢怒而不敢言，只有陈东无所畏惧。他参加宴会集会，在座的客人害怕连累自己，都避开他。后来以贡士进入太学。

作为著名的爱国者和民族英雄，在这首诗中，他把金国的入侵比作风雪肆虐，把朝廷奸人比作遮天乌云，借大雪抒发了自己满腔的感慨和爱国热情，情真意切，令人感动不已。

沁园春·雪

毛泽东

北国风光，千里冰封，万里雪飘。望长城内外，惟余莽莽；大河上下，顿失滔滔。

山舞银蛇，原驰蜡象，欲与天公试比高。须晴日，看红装素裹，分外妖娆。

江山如此多娇，引无数英雄竞折腰。惜秦皇汉武，略输文采；唐宗宋祖，稍逊风骚。一代天骄，成吉思汗，只识弯弓射大雕。俱往矣，数风流人物，还看今朝。

这首《沁园春·雪》是毛主席咏雪的佳词丽句。全词上片大笔挥洒，写北方雪景。千里冰封，万里飘雪，长城内外白茫茫一片，黄河冻住，山岭丘陵一片洁白，晴天阳光和白雪相互辉映，十分妖娆。下片纵横议论，评古今人物。说古代的帝王英雄们都是过去之事，论起建功立业之人才还要看今天。上下浑融一气，构成了一个博大浩瀚的时空世界，铸就了一个完美独特的艺术整体，表现出一位伟大的无产阶级革命家超凡脱俗的精神境界。

○读大雪谚语

大雪天寒三九暖。

大雪不冻，惊蛰不开。

大雪下大雪，来年雨不缺。

寒风迎大雪，三九天气暖。

小雪不耕地，大雪不上山。

小雪地不封，大雪还能耕。

沙雪打了底，大雪蓬蓬起。

落雪是个名，融雪冻死人。

落雪见晴天，瑞雪兆丰年。

冬雪回暖迟，春雪回暖早。

冬季雪满天，来岁是丰年。

大雪冬至雪花飞，搞好副业多积肥。

到了大雪无雪落，明年大雨定不多。

先下大片无大雪，先下小雪有大片。

先下小雪有大片，先下大片后晴天。

冬雪消除四边草，来年肥多害虫少。

第二十二章　冬至：日短之至，阳气始生

正午太阳高度最低，各地气候开始进入一个最寒冷的阶段，是“数九”的第一天。

冬至与气象农事

○冬至时节的气象特色

冬至又名“一阳生”，是每年阳历的12月21日~23日，太阳到达黄经270度的时候。天文学上把“冬至”规定为北半球冬季的开始。

冬至是按天文划分的节气，古称“日短”“日短至”。早在二千五百多年前的春秋时代，我国已经用土圭观测太阳测定出冬至来了，它是二十四节气中最早制定出的一个。

《月令七十二候集解》中说：“十一月中，终藏之气，至此而极也。”跟夏至相反，冬至之时太阳直射南回归线，北半球一年中在这一天的白昼时间最短。古人对冬至的说法是：阴极之至，阳气始生，日南至，日短之至，日影长之至，故曰“冬至”。

冬至过后，各地气候开始进入一个最寒冷的阶段，也就是人们常说的“进九”，我国民间有“冷在三九，热在三伏”的说法。这个时期，西北高原的平均气温普遍在0℃以下，南方地区也只有6℃~8℃。另外，冬至开始“数九”，冬至日也就成了“数九”的第一天。我国除少数海岛和海滨局部地区外，1月都是最冷的月份，故民间有“冬至不过不冷”之说。不过，西南低海拔河谷地区，即使在当地最冷的1月上旬，平均气温仍然在10℃以上，可谓秋去春平，全年无冬。

冬至期间，虽然北半球日照时间最短，接收的太阳辐射量最少，但此时地面在炎热夏季所积蓄的热量还可提供一定的补充，所以这时气温还不算是低。但地面获得的太阳辐射仍比地面辐射散失的热量少，所以在短期内气温仍会继续下降。

※ 冬至三候

我国古代将冬至的十五天分为三候："一候蚯蚓结，二候麋角解，三候水泉动。"传说蚯蚓是阴曲阳伸的生物，此时阳气虽已生长，但阴气仍然十分强盛，土中的蚯蚓仍然蜷缩着身体；麋与鹿同科，却阴阳不同，古人认为麋的角朝后生，所以为阴，而冬至一阳生，麋感阴气渐退而解角；由于阳气初生，所以此时山中的泉水可以流动并且温热。

○冬至时节的农事活动

冬至时节，虽进入了"数九天气"，但我国幅员辽阔，各地气候景观差异较大：东北大地万里冰封，银装素裹；黄淮地区也常常是白色茫茫；大江南北这时平均气温一般在5℃以上，冬作物仍继续生长，菜麦青青，一派生机，正应了"水国过冬至，风光春已生"这句话；而华南沿海的平均气温则在10℃以上，满目春光。

农业生产方面，冬至前后正值兴修水利、大搞农田基本建设、积肥造肥的大好时机，同时要注意施好腊肥，做好防冻工作。江南地区应加强冬作物的管理，做好清沟排水，培土壅根，对尚未犁翻的冬板田要抓紧耕翻，以疏松土壤，增强其蓄水保水能力，并及时消灭越冬害虫。已经开始春种的南部沿海地区，则需要认真做好水稻秧苗的防寒工作。

了解冬至传统民俗

冬至既是中国农历中一个重要的节气，也是中华民族的一个传统节日，冬至俗称“数九冬节”“长至节”“亚岁”等。而且，古人认为，冬至过后，白昼的时间一天比一天长，阳气上升，是个吉祥的好日子，因而值得庆贺。

○冬至节

冬至节亦称冬节、交冬。曾有“冬至大如年”的说法，宫廷和民间历来都十分重视。

冬至过节源于汉代，盛于唐宋，相沿至今。《汉书》中说：“冬至阳气起，君道长，故贺。”《晋书》上记载说：“魏晋冬至日受万国及百僚称贺……其仪亚于正旦。”《清嘉录》甚至有“冬至大如年”的说法。冬至之所以这么重要，是因为人们认为它是阴阳二气的自然转化，是上天赐予的福气。

汉朝把冬至称为“冬节”，官府举行祝贺仪式称为“贺冬”，例行放假。《后汉书》中有这样的记载：“冬至前后，君子安身静体，百官绝事，不听政，择吉辰而后省事。”所以这天朝廷上下要放假休息，军队待命，边塞闭关，商旅停业，亲朋各以美食相赠，相互拜访，快快乐乐地度过一个“安身静体”的节日。

唐、宋时期，冬至是祭天祭祖的日子，皇帝在这天要到郊外举行祭天大典，百姓在这一天要向父母尊长拜节。

明、清两代皇帝均有祭天大典，谓之“冬至郊天”。宫内有百官向皇帝呈递贺表的仪式，而且还要互相投刺祝贺，就像庆元旦一样。

到了现代，仍有一些地方在冬至这天过节庆贺。

○祭祖

在广东潮汕地区，冬至这一天要备足猪肉、鸡肉、鱼肉等三牲和各种果品，上祠堂祭拜祖先，然后家人围桌共餐，祭拜一般都会在中午之前完毕，午餐全家人团聚一起用餐。但沿海地区如饶平之海山一带，则于清晨赶在渔民出海捕鱼之前祭祖，意为请神明和祖先保佑渔民出海捕鱼平安。

浙江绍兴民间在冬至也是家家祭祀祖先，有的甚至到祠堂家庙里去祭祖，谓“做冬至”。当地老百姓一般于冬至前剪纸做衣服，冬至在先祖墓前焚化，俗称“送寒衣”。祭祀之后，亲朋好友聚饮，俗称“冬至酒”，既怀念亡者，又联络感情。绍兴、新昌等县，多于这一天去坟头加泥、除草、修基，认为这一天动土大吉，否则可能会横遭不测之祸。

在福建泉州地区，素有“冬节不回家无祖”之说，所以那些出门在外的人，都会尽可能回家过节祭祖。在冬至这一天的早晨，要煮甜丸汤敬奉祖先，然后全家人以甜丸汤为早餐。中午祭祀祖先，供品用荤素五味，入夜，又举行家祭，供品中必有嫩饼菜。当地人把冬至祭祖与清明节的那次祭祖，合称春冬二祭，祭祀礼仪均十分严格。

而在广东惠安，冬节除祭祖外，还有一些跟清明节同样的习俗，比如，在这天前后十天内上山扫墓献钱，修坟迁地也百无忌讳。

台湾的广大地区还保持着冬至用九层糕祭祖的传统。当地人用糯米粉捏成鸡、鸭、龟、猪、牛、羊等象征吉祥福禄寿的动物，然后用蒸笼分层蒸成，用以祭祖，以示不忘先祖。同姓同宗者于冬至或前后约定之早日聚集到祖祠，按照长幼之序一一祭拜祖先，俗称“祭祖”。祭典之后，还会大摆宴席，招待前来祭祖的宗亲们。大家开怀畅饮，聊天交流，称为“食祖”。冬至节祭拜祖先，在台湾一直世代相传，以示不忘自己的“根”。

○赠鞋

冬至时节，民间有赠送鞋子的习俗。《中华古今》中有记载：“汉有绣鸳鸯履，昭帝令冬至日上舅姑。”到了后来，赠送鞋子给舅姑的习俗逐渐演化为舅姑赠鞋帽给甥侄了。古时的鞋子为手工刺绣，送给女子的，刺绣图案多为花鸟，帽子多做成凤形；送给男子的，鞋子图案多是猛兽，帽子也多为虎形。

关于赠鞋，还有一种说法是，古代女子要在冬至日向公婆敬献鞋袜，大概是为了女红试手并祝尊长福寿绵长之意。

○冬至食俗

●吃饺子

每年冬至这天，无论贫富，饺子是不可替代的节日饭。谚语有云：“十月一，冬至到，家家户户吃水饺。”这种习俗，是因纪念“医圣”张仲景冬至舍药留下的。

张仲景是南阳稂东人，他著有《伤寒杂病论》，集医家之大成，被历代医者奉为经典。张仲景有名言：“进则救世，退则救民；不能为良相，亦当为良医。”东汉时他曾任长沙太守，访病施药，大堂行医。后毅然辞官回乡，为乡邻治病。他返乡之时，正值冬季。当时他看到白河两岸的乡亲们面黄肌瘦，饥寒交迫，不少人的耳朵都冻烂了。于是便让其弟子在南阳东关搭起医棚，支起大锅，在冬至那天舍“祛寒娇耳汤”医治冻疮。他把羊肉、辣椒和一些驱寒药材放在锅里熬煮，然后将羊肉、药物捞出来切碎，用面包成耳朵样的“娇耳”，煮熟后施舍来求药的人，每个人可领到两只“娇耳”和一大碗肉汤。人们吃了“娇耳”，喝了“祛寒汤”，浑身暖和，两耳发热，冻伤的耳朵都治好了。后人学着“娇耳”的样子包成食物，也叫“饺子”或“扁食”。

冬至吃饺子，是铭记“医圣”张仲景“祛寒娇耳汤”之恩。至今南阳仍有“冬至不端饺子碗，冻掉耳朵没人管”的民谣。

● 吃馄饨

俗话说：“冬至馄饨夏至面。”冬至除了吃饺子，很多地区还有吃馄饨的习俗。有一种说法是，相传汉朝时，北方匈奴经常骚扰边疆，百姓对其恨之入骨。因为当时匈奴部落中有浑氏和屯氏两个首领，于是老百姓用肉馅包成角儿，取“浑”与“屯”之音，称作“馄饨”。恨以食之，并求平息战乱。因最初制成馄饨是在冬至一天，所以就有了后来冬至这天家家户户吃馄饨的习俗。

还有一种说法是冬至吃馄饨最早流行于南宋，朝廷民间都盛行。宋人周密说，起初吃馄饨是为了祭祀祖先，后逐渐盛行开来。相传宋高宗赵构很爱吃馄饨，因有一次馄饨没有煮熟，所以厨师要被押去大理寺治罪，但由于这厨师会做馄饨，赵构就赦免了他的罪。后来，馄饨民间流行，街市上馄饨店林立，馄饨馅料花样各异，多则几十个品种，当时谓之“百味馄饨”。

也有一种说法是，馄饨为西施所创造，所以每年冬至苏州人都要吃馄饨。至明清民国时期，馄饨成为华北地区很多老百姓冬至必食之物。就像过除夕夜一样，冬至前夜每家要准备次日冬至节的祭礼用的食品，包馄饨，蒸年糕，就像除夕守岁，故称为“冬至夜”。

馄饨的叫法众多，江浙等大多数地方称馄饨，而广东则称“云吞”，湖北称“包面”，江西称“清汤”，四川称“抄手”，新疆则称“曲曲”，等等。

● 冬至团

冬至团在某些地方也称“冬至丸”，南方地区比较流行，取的是团圆之意。每年冬至日前后，各家各户磨糯米粉，馅子就用糖、肉、菜、果、豇豆、萝卜丝等，包成冬至团，除自家食用以外，还馈赠亲友。

冬至吃汤圆，是我国的传统习俗，江南地区最为流行，民间也有“吃了汤圆大一岁”的说法。汤圆也称汤团，是一种用糯米粉制成的圆形甜品，“圆”意味着“团圆”“圆满”，所以冬至吃汤圆又叫吃“冬至团”。汤圆可以用来祭祖，也可用于赠送亲朋好友。冬至，老上海人是最讲究吃汤圆的，亲人们围在一起品尝新酿的甜白酒、新做的花糕和糯米粉圆子，然后将肉块摆在盘子里祭祖。

● 吃狗肉

冬至吃狗肉的习俗由来已久，据说是从汉代开始的。相传，汉高祖刘邦在冬至这一天吃了樊哙煮的狗肉，觉得味道特别鲜美，赞不绝口。从此民间就有了冬至日吃狗肉的习俗。老百姓在冬至这一天吃狗肉、羊肉以及各式各样的滋补食品，以求来年有一个好兆头。

● 吃火锅

老北京自清代起有吃“九九火锅”“九九酒肉”等消寒的饮食习俗。据《王府生活实录》所载，每逢冬至入九后，皇宫王府内流行吃以羊肉主题的珍馐火锅，“凡是数九的头一天，即一九、二九直到九九，都要吃火锅，甚至九九完了的末一天也要吃火锅，就是说，九九当中要吃十次火锅，十次火锅十种不同的内容，头一次吃火锅照例是涮羊肉……”

冬至吃肉火锅的这种习俗，在清代和民国时期的民间也很流行。很多富家子弟、文人雅士学子们，自冬至日起常去著名老字号饭庄“八大春”“八大堂”及“东来顺”“又一顺”等去饮酒吃涮肉火锅消寒。也有些人每逢九日相约九人一同饮酒吃肉，旧京时称为“九九酒肉”。席间要摆九碟九碗，成桌酒宴时要用“花九件”（餐具）入席，代表着九九消寒的意思，旧时称“消寒会”，故冬至又有“消寒节”之称。

● 食“头脑”

银川有个习俗，冬至这一天要喝粉汤、吃羊肉粉汤饺子。冬至这一天的羊肉粉汤，银川老百姓给它起了个古怪的名字——“头脑”。

五更天，当地人早早起床便忙活起来，采松山上的紫蘑菇洗净、熬汤，再将蘑菇捞出；羊肉丁下锅烹炒，然后放姜、葱、蒜、辣椒面翻炒，入味后将切好的蘑菇倒入再炒一下，接着用醋一腌（清除野蘑菇的毒味），再放入调和面、精盐、酱油。肉烂以后放木耳、金针（黄花菜）略炒，将清好的蘑菇汤加入，汤滚开后放进切好的粉块、泡好的粉条，再加入韭黄、蒜苗、香菜，这样就做好一锅羊肉粉汤了。这锅汤红有辣椒，黄有黄花菜，绿有蒜苗、香菜，白有粉块、粉条，黑有蘑菇、木耳，红黄绿白黑五色俱全，色彩分明，香气扑鼻，让人食欲大开。

● 吃甜丸

整个潮汕地区几乎都有吃甜丸的习俗，但除了食用之外，这个习俗还包含着另一个有趣的习俗：人们在这一天用甜丸祭拜祖先之后，会拿出一些贴在自家的门顶、屋梁、米缸等处。这么做的原因据说有两个：一是甜丸既甜又圆，寓意明年大获丰收，一家团聚。这一天家里人如果能不慎碰上它，就更是好兆头了，这好比少数民族的泼水节一样。如果这一天碰巧有外人上门拜访，让外人碰上它，这些外人也会交上好运。所以，这一天人们不希望有外人上门拜访；另一个原因是这些甜丸是专放给老鼠吃的。相传五谷的种子是老鼠从很远很

远的地方咬来给农民种的，农民为报答老鼠的功劳，约定每年收割时留一小部分不收割，以便老鼠吃。后来，有一个贪心的人把田里的五谷全收割了，老鼠一气之下便向观音娘娘投诉，观音娘娘便赐给它一副坚硬的牙齿，叫它以后搬进人家屋内居住，以便寻食。自此，老鼠便到处为害了，成为如今的“四害之一”。而这个到处贴甜丸的习俗因为不卫生，有损美观，且十分浪费，也就自然消失了。“吃甜九”的习俗一直流传至今。

● 红豆米饭

在江南一带，人们会在冬至这一天全家人聚在一起煮吃赤豆饭。传说共工氏有不才子，作恶多端，死在冬至这一天，死后化作了疫鬼，仍旧继续残害百姓。但是，这个疫鬼最怕赤豆，所以人们在冬至之夜全家欢聚一堂共吃赤豆糯米饭，用以驱避疫鬼，防灾祛病。

● 冬酿酒

浙江绍兴地区的人们一般都爱在冬至日前将酒米下缸，称为“冬酿酒”。酒酿成后香气扑鼻，闻起来非常醇美，再加上此时的水属冬水，所酿出来的酒易于保藏，不会变质。此时还可以用特殊方法酿成“酒窝酒”“蜜殷勤”以飨老人，或作为礼品赠送给亲朋好友。

冬至时节的养生保健

○冬至养生知识

● 冬至阳生

冬至在中医养生中历来都被视为一个很重要的节气，究其原因，主要是因为“冬至阳生”。

按照易经阴阳八卦学之说，冬至时节正值地雷复卦。卦象中上面五个阴爻，下面一个阳爻，象征阳气的初生。我国古时曾以冬至定为子月，即一年的开始。在一天十二个时辰中，子时也是人体一阳初生的时间。古代养生修炼非常重视阳气初生这一时期。认为阳气初生时，要像农民育苗、妇人怀孕一样，需小心保护，精心调养，使其逐渐壮大。因为只有人体内的阳气足，才会达到祛病延年的目的。所以子时、子月便在养生学中有着重要的地位。

下面介绍一个促进阳气生的好方法。

冬至时节，阴阳二气自然转化，在这个阴阳交接的时候，艾灸神阙穴是激发身体阳气上升的最佳时间。

冬至前后四天，加上冬至这一天共九天中，可以通过用艾条灸神阙穴。具体做法是，把艾条点着后以肚脐为中心，熏灼肚脐周围就可以了。注意不要烫到皮肤，有温热的感觉即可。每天一次，每次15~20分钟。

神阙穴是五脏六腑之本，为任脉、冲脉循行之地，元气归藏之根，为连接人体先天与后天之要穴。艾灸神阙穴能够益气补阳，温肾健脾，祛风除湿，温阳救逆，温通经络，调和气血，对身体大有益处，甚至会使人第二年都少生病。

● 女性养生

女属阴，为凉性。如果女性不注意保暖就会出现月经不调、痛经等不适症状。因此，冬季女性朋友做好养生十分必要。

1. 防寒保暖。女性本身就为寒性体质，所以平时尽量少吃寒性的食物，生理周期的时候更是要多加注意。冬季外出要注意增添衣物，注意颈部和腹部的保暖，不可为了爱美而减少衣物，一旦受凉，容易造成月经不调、痛经等症状，对健康有害。

2. 晚间泡脚。中医认为，寒气是可由大地经足部进入人体的，多泡脚对保暖十分有效。泡脚一定要坚持每天进行，这样才能达到保健养生、防寒保暖的功效。

3. 适量进补。冬至时节，为了御寒，人体必须拥有足够的能量。肉类含有丰富的蛋白质、碳水化合物和脂肪，有补气活血，温中暖下的功效，是进补的佳品。女性冬至吃些肉类可中和寒气，促进内分泌，增强身体抵抗力。

4. 养肝护肝。肝脏对于女性来说作用格外重要。中医认为，女性肝为主，有疏通经血之用。一旦伤肝，女性就会出现妇科方面的疾病。所以，女性要注意养肝、护肝，不可动怒。平时应多吃有益于肝的食物，如菠菜、芹菜等。

○冬至时节的疾病预防

● 防心脑血管病

冬至到小寒、大寒，是整个冬季最冷的时期，患心脏病和高血压病的人往往会病情加重，患“中风”者增多，天冷也易冻伤。

心脑血管病是严重威胁中老年人生命的疾病，其中冠心病连同中风、肿瘤，成为当今世界上的三大死因。中医学认为，血液得温则易于流动，得寒就容易停滞，所谓“血遇寒则凝”，说的就是这个道理。

因此在寒冬季节，高血压、动脉硬化、冠心病患者一定要提高警惕，从防病入手。

1. 气温过低要及时增添衣服，衣裤既要保暖性能好，又要柔软宽松，不宜穿得过紧，以避免血流不顺畅。

2. 合理平衡饮食，不酗酒、不吸烟，不过度劳累。

3. 保持良好的心态和稳定的情绪，尽量不要发怒、急躁和抑郁。

4. 适当进行锻炼，平时坚持用冷水洗脸等，以提高自身的抗寒能力。

5. 随时注意病情变化，定期去医院检查，服用必要的药物，防患于未然。

● 防低体温

严冬时节老人一定要注意低体温情况。低体温以35℃为界限，低于35℃者为体温过低。由于老人出现低体温后，可能无任何不适，往往容易被忽视，而且发病多缓慢，甚至危及生命时也无明显症状。这类病人一般不出现寒战，但得不到及时治疗就会出现意识模糊，语言不清，继而昏迷。体温降至30℃以下时，患者脉搏及呼吸甚微、血压骤降、面部肿胀、肌肉发硬，皮肤出现凉感。因此，在寒冷的冬季，老年人的居室应安装取暖设备，增添柔软暖和的衣服及被褥，外出时要特别注意保护头和脚，同时多吃些羊肉、鸡肉、猪肝、猪肚、带鱼等御寒食品，使体内多产生一些热量。

● 勤晒被褥防病

冬至期间，为了预防疾病，晴天勤晒被褥就十分必要。

1. 避免潮湿。据统计，每人每昼夜要从皮肤排出约1000毫升的汗水，每周也要从皮肤分泌出40~60克的油脂类物质。夜里睡觉时，被褥便会沾染这些汗水和油脂，时间一长，就会变得潮湿，长期使用则很不利于身体健康。隆冬季节，被褥要经常放在阳光下晒晒，便可恢复干爽，使人感觉铺盖舒适暖和，防止生病。

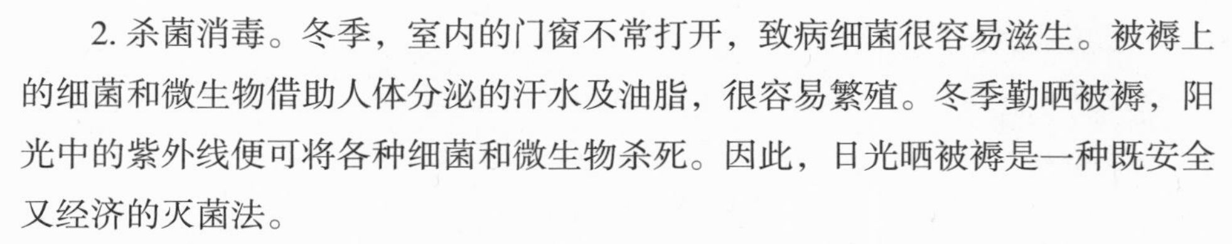

2. 杀菌消毒。冬季，室内的门窗不常打开，致病细菌很容易滋生。被褥上的细菌和微生物借助人体分泌的汗水及油脂，很容易繁殖。冬季勤晒被褥，阳光中的紫外线便可将各种细菌和微生物杀死。因此，日光晒被褥是一种既安全又经济的灭菌法。

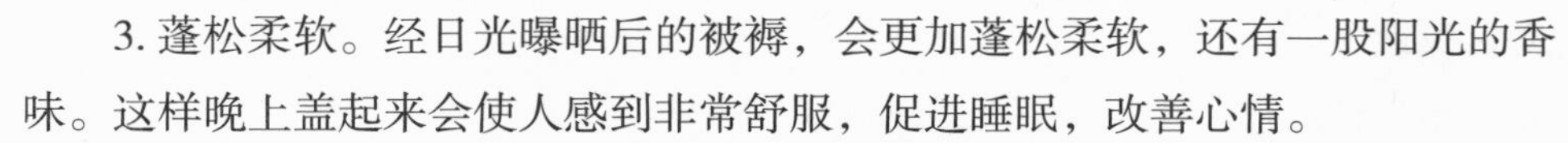

3. 蓬松柔软。经日光曝晒后的被褥，会更加蓬松柔软，还有一股阳光的香味。这样晚上盖起来会使人感到非常舒服，促进睡眠，改善心情。

冬至时节“吃”的学问

○冬至饮食宜忌：多温补少寒凉，多样化少辛辣

冬至以后“阴极阳生”，此时人体内阳气蓬勃生发，最易吸收外来的营养而发挥其滋补功效，所以在这一天前后进补非常合适。俗话说：“药补不如食补。”冬至之后，尽量多吃些温性食物，少吃尽量不吃寒凉食物，这样可以帮助平衡人体阴阳，增强人的抵抗力。

这个时节的饮食一定要遵循“三多三少”原则，也就是多吃蛋白质、维生素、纤维素含量高的食物，少吃糖类、脂肪、盐分含量高的食物。饮食不妨多样化一些，合理搭配谷、果、肉、蔬菜，适当地吃些高钙食品。宜食一些清淡的食物，不宜吃浓浊、肥腻和过咸的食物，也不可吃太多辛辣刺激的食物。冬天阳气日衰，脾喜温恶冷，最好吃一些温热食品保养脾肾，少量多餐。

冬天调养好，春夏发病少。基于此，冬补应该吃一些高蛋白、高热量的食物。可用各种鱼类及牛、羊、狗肉，加一些人参、黄芪、桂圆、红枣等做成汤膳。只要脾胃将其中的营养吸收得好，进补后定会使人体储备更多的能量，从而增强免疫力。

宜食：羊肉、牛肉、狗肉、萝卜、大白菜、土豆、山药、猕猴桃、龙眼、苹果等。

忌食：螃蟹、海带、西瓜、柿子、甘蔗等。

○冬至食谱攻略

羊肉炖白萝卜

用料：

白萝卜500克，羊肉250克，姜、料酒、食盐适量。

做法：

①白萝卜、羊肉洗净，切块备用。

②锅内放适量清水将羊肉入锅，开锅后五六分钟捞出，水倒掉，重新换水烧开后放入羊肉、姜、料酒、盐，炖至六成熟，将白萝卜入锅至熟。

功效：益气补虚，温中暖下。对腰膝酸软、困倦乏力、肾虚阳痿、脾胃虚寒者更为适宜。

炒双菇

用料：

水发香菇、鲜蘑菇等量，植物油、酱油、白糖、水淀粉、味精、盐、黄酒、姜末、鲜汤、麻油各适量。

做法：

①香菇、鲜蘑洗净切片，炒锅烧热入油，下双菇煸炒后，放姜、酱油、糖、黄酒继续煸炒，使之入味。

②加入鲜汤烧滚后，放味精、盐，用水淀粉勾芡、淋上麻油装盘即可食用。

功效：补益肠胃，化痰散寒。对高血脂患者尤为适宜。

麻油拌菠菜

用料：

菠菜500克，食盐、麻油适量。

做法：

①菠菜洗净，开水焯熟，捞出入盘。

②加入适量食盐，淋上麻油即可食用。

功效：通脉开胸，下气调中，止渴润燥。

羊肉汤

用料：羊肉600克，葱段、生姜片、香菜末、花椒、胡椒粉、大茴香、精盐、麻油、植物油各适量。

做法：

①将羊肉洗净，切成大块。

②锅中加水适量，烧开后，放入羊肉块，撇去浮沫，加入葱段、生姜片、花椒、大茴香，而后改用小火煮1小时左右，待羊肉六成熟时捞出。

③将羊肉块切成丝，把锅中油烧至七成热时，加入葱花、生姜丝煸香，再加入羊肉丝煸炒至油被吸收时为止。

④把原汤滗入锅内，放入精盐，再煮片刻即可。喝汤时加入胡椒粉、葱花、香菜末、麻油调味即可饮用。

功效：补肾温中、益肾固精。

鲫鱼豆芽汤

用料：

鲫鱼1条（约200克），黄豆芽200克，葱花、味精、精盐、豆油各适量。

做法：

①将鲫鱼宰杀，除去鳞、鳃和内脏，清洗干净。

②将黄豆芽去皮、洗净，备用。

③将豆油加入锅中烧热，放入葱花煸炒，加入黄豆芽，炒出香味时加水适量，用旺火烧开后，放入鲫鱼，改用小火炖至熟烂。

④将味精、精盐加入锅中调味，倒入汤碗，即可食用。

功效：健脾益气，清热解毒。

品味冬至文化情趣

○品冬至诗词

冬至

童谣

大冬大似年，家家吃汤圆。

先生不放学，学生不给钱。

这是一首流传甚广的童谣，想必很多人都耳熟能详。“大冬”即冬至，冬至到了，家家都吃汤圆，私塾要放假休息，如果不放假，学生就要拒付学费，足见当时老百姓对冬至的重视。

冬至夜思家

【唐】白居易

邯郸驿里逢冬至，抱膝灯前影伴身。

想得家中夜深坐，还应说着远行人。

诗人住在邯郸客栈的时候正好碰上冬至，抱膝坐在灯前与影子为伴，而此刻，遥想家中的亲人们也一定是夜深不眠，谈论着这个漂泊在外的人。

在古代，冬至同元旦、寒食、端午、重阳等一样，都是很重要的节日。每到这样的节日，出门在外的人很容易思念家乡。诗的后两句与王维的“遥知兄弟登高处，遍插茱萸少一人”有异曲同工之妙。远行人：诗人自指。

冬至日独游吉祥寺

【北宋】苏轼

井底微阳回未回，萧萧寒雨湿枯荄。

何人更似苏夫子，不是花时肯独来？

正值冬至，诗人游历吉祥寺，这所寺庙的牡丹最为盛名，然而冬季却没有牡丹花，所以才有“不是花时肯独来”一句。整首诗体现出作者随性的性格，纵使天寒地冻，百花凋零，他也愿意如此游玩，爱玩就去玩。荄（gāi）：草根。吉祥寺：杭州有名的古刹，后改名为广福寺。

冬至后

【北宋】张文潜

水国过冬至，风光春已生。

梅如相见喜，雁有欲归声。

老去书全懒，闲中酒愈倾。

穷通付吾道，不复问君平。

张耒（1054—1114），字文潜，号柯山，人称宛丘先生、张右史。苏门四学士之一，诗学白居易、张籍，平易舒坦，不尚雕琢，但常失之粗疏草率。

此诗先写景，梅花相继绽放，南去的大雁已隐约听到归来的声音。写完景之后接着言情，后表明自己的志向，全诗自然、简洁，一气呵成，毫无雕琢痕迹。

辛酉冬至

【南宋】陆游

今日日南至，

吾门方寂然。

家贫轻过节，

身老怯增年。

陆游（1125—1210）一生走过了85个年头，辛酉年即宋宁宗嘉泰元年（1201），他已经76岁了。

诗人过冬至节，家门非常冷清。之所以“家贫轻过节”是因为陆游一生清廉正直，劳累一生也没落下多少财富，只得“轻过节”了。而“身老怯增年”也是实话，因为“冬至”过后马上就是新年，意味年事已高的作者确实觉得自己寿命将尽了。

扬州慢

【南宋】姜夔

淳熙丙申至日，予过维扬。夜雪初霁，荠麦弥望。入其城则四壁萧条，寒水自碧，暮色渐起，戍角悲吟。予怀怆然，感慨今昔，因自度此曲。千岩老人以为有《黍离》之悲也。

淮左名都，竹西佳处，解鞍少驻初程。过春风十里，尽荠麦青青。自胡马窥江去后，废池乔木，犹厌言兵。渐黄昏、清角吹寒，都在空城。

杜郎俊赏，算而今、重到须惊。纵豆蔻词工，青楼梦好，难赋深情。二十四桥仍在，波心荡冷月无声。念桥边红药，年年知为谁生？

姜夔（kuí）（1154—1221），字尧章，号白石道人，饶州鄱阳（今江西省鄱阳县）人，南宋文学家、音乐家。他多才多艺，精通音律，能自度曲，词格律严密，作品素以空灵含蓄著称。

至日：冬至这天。维扬：今天的扬州。千岩老人：南宋诗人萧德藻的号。

姜夔身历高、孝、光、宁四朝，其青壮年正当宋金媾和之际，朝廷内外，文恬武嬉，将恢复大计置之度外。姜夔也曾因此而痛心疾首，深致慨叹。淳熙二年，他客游扬州时便有感于这座历史名城的凋敝和荒凉，而自度此曲，抒写黍离之悲。

上片由“名都”“佳处”起笔，写扬州昔日繁华，后面以“空城”作结，满眼萧条荒凉。词的下片，作者进一步从怀古中展开联想：晚唐诗人杜牧的一句“十年一觉扬州梦，赢得青楼薄幸名”脍炙人口，如果他现在重游此地，必定再也吟不出那些深情缱绻的诗句，因为眼下只有一弯冷月、一泓寒水与他徜徉过的二十四桥相伴；桥边的芍药花虽然风姿依旧，却是无主自开，不免落寞。

○读冬至谚语

冬至不离十一月。

冬至十天阳历年。

冬至无雨一冬晴。

冬节丸，一食就过年。

冬天不喂牛，春耕要发愁。

冬节夜最长，难得到天光。

不到冬至不寒，不到夏至不热。

冬至江南风短，夏至天气干旱。

冬至羊，夏至狗，吃了满山走。

冬至一日晴，来年雨均匀。

冬至不下雨，来年要返春。
冬至出日头，过年冻死牛。
冬至天气晴，来年百果生。
犁田冬至内，一犁比一金。
冬至前犁金，冬至后犁铁。
冬至一场风，夏至一场暴。
冬至始打雷，夏至干长江。
冬至日头升，每天长一针。
冬至下雨，晴到年底。
冬至前后，冻破石头。
冬至过，地皮破。
冬至萝卜夏至姜，适时进食无病恙。
冬至天晴日光多，来年定唱太平歌。
冬在头，卖被去买牛；冬在尾，卖牛去买被。
冬在头，冷在节气前；冬在中，冷在节气中；冬在尾，冷在节气尾。

冬至在头，冻死老牛；冬至在中，单衣过冬；冬至在尾，没有火炉后悔。
冬至在月头，大寒年夜交；冬至在月中，天寒也无霜；冬至在月尾，大寒

正二月。

冬至在月头，要冷在年底；冬至在月尾，要冷在正月；冬至在月中，无雪也无霜。

算不算，数不数，过了冬至就进九。

○冬至九九歌

民间广为流传的“冬至九九歌”，生动记录了冬至到来年春分之间的气候、物候变化，也表述了一些农事活动的规律。

一九二九不出手，

三九四九冰上走，

五九六九沿河看柳，

七九河开，八九燕来，

九九加一九，耕牛遍地走。

第二十三章　小寒：七八天处三九天

“出门冰上走”的三九寒天隆重登场，季冬时节正式开始，会有雪霜。

小寒与气象农事

○小寒时节的气象特色

小寒是冬季的第五个节气，也就是每年阳历的 1 月 5 日至 7 日，太阳到达黄经 285 度的时候。寒，即寒冷的意思。小寒表示寒冷的程度。《月令七十二候集解》：“十二月节，月初寒尚小，故云。月半则大矣。”这个节气标志着季冬时节的正式开始，会有雪霜。

我国大部分地区小寒和大寒期间一般都是最冷的时期，俗话说：冷在三九。“三九”多在 9 日至 17 日，也恰在小寒节气内。“小寒”一过，“出门冰上走”的三九寒天便隆重登场了。

小寒时节，华北大部地区的平均气温一般在 -5℃上下，最低温度在 -15℃以下；而东北北部地区，此时的平均气温在 -30℃左右，最低气温可低达 -50℃以下，午后最高气温平均也不过 -20℃，到处可见冰雕玉琢。黑龙江、内蒙古和新疆北纬 45° 以北的地区及藏北高原，平均气温在 -20℃上下，北纬 40° 附近的河套以西地区平均气温在 -10℃上下，均呈一派严冬的景象。秦岭、淮河一线平均气温在 0℃左右，此线以南已没有季节性的冻土，冬作物也没有明显的越冬期。这时的江南地区平均气温一般在 5℃上下，虽然田野里仍是充满生机，但亦时有冷空气南下，造成一定危害。

※ 小寒三候

我国古代将小寒的十五天分为三候："一候雁北乡，二候鹊始巢，三候雉始鸲。"古人认为候鸟中大雁是顺阴阳而迁移，此时阳气已动，所以大雁开始向北迁移；此时北方到处可见到喜鹊，并且感觉到阳气而开始筑巢；"雉鸲"的"鸲"为鸣叫的意思，雉在接近四九时会感阳气的生长而鸣叫。

○小寒时节的农事活动

小寒过后，除了南方地区要注意给小麦、油菜等作物追施冬肥，海南和华南大部分地区则主要是做好防寒防冻、积肥造肥和兴修水利等工作。一定要在冬前浇好冻水、施足冬肥、培土壅根，除此之外还可采用人工覆盖法，这也是预防农林作物冻害的重要措施。当寒潮强冷空气到来之时，泼浇稀粪水，洒施草木灰，可有效地减轻低温对油菜的危害，露地栽培的蔬菜可用作物秸秆、稻草等稀疏地撒在菜畦上作为冬季长期覆盖物，既不影响光照，又可减小菜株间的风速，防止地面热量散失，起到保温防冻的效果。遇到低温天气再增添厚覆盖物作临时性覆盖，低温过后及时揭去。大棚蔬菜这时要尽量多照阳光，即使有雨雪低温天气，棚外草帘等覆盖物也不可连续多日不揭，以免影响植株正常的光合作用，造成营养缺乏，导致植株萎蔫死亡。高山茶园，特别是西北向易受寒风侵袭的茶园，要以稻草、杂草或塑料薄膜覆盖蓬面，以防止风抽而引起枯梢，抵御沙暴对叶片的直接危害。雪后，应及早摇落果树枝条上的积雪，避免大风来临而造成枝干断裂。

这个时节，冬季多大雾、大风天，海上或江河湖捕鱼、养殖作业一定要特别注意安全。

了解小寒传统民俗

小寒时节的习俗较少，而且大多与"吃"有关。这时候临近年尾，老百姓忙着为过春节做准备，过了小寒之后，年味会一点点浓起来。

○吃菜饭

小寒时节，南京很多家庭都会煮"菜饭"吃。菜饭的内容各家并不相同，有用矮脚黄青菜与咸肉片、香肠片或是板鸭丁，再剁上一些生姜粒与糯米一起煮的，十分美味可口。其中矮脚黄、香肠、板鸭都是南京的著名特产，可以说是真正的“南京菜饭”，甚至能与腊八粥相媲美。

○吃糯米饭

到了小寒，广东一些地区会煮饭过节，只不过不是菜饭，而是糯米饭。当地人过节吃的糯米饭并不只是把糯米煮成饭那么简单，它里面会配上炒香了的“腊味”（广东人统称腊肠和腊肉为“腊味”）、芫茜葱花等材料，吃起来喷香。为避免太糯，煮糯米饭一般是用 60% 的糯米加上 40% 的香米。“腊味”是煮糯米饭必须加入的东西，一方面是因为它脂肪含量高，可以帮助御寒；另一方面是糯米本身黏性大，饭气味重，需要一些油脂类食物掺和吃起来才香。

○吃黄芽菜

旧时候，天津地区有小寒时节吃黄芽菜的习俗。黄芽菜是天津特产，是用白菜芽制作而成。冬至后将白菜割去茎叶，只留菜心，离地 6 厘米左右，以粪肥覆盖，勿透气，半月后取食，吃起来脆嫩无比。那时候条件有限，所以人们总要想出一些方法来弥补冬日蔬菜的缺乏。如今，老百姓的生活水平提高了，各种蔬菜肉食四季都有，不再像过去那样担心冬日没有蔬菜可吃。

小寒时节的养生保健

○小寒养生知识

● 合理进补

唐代孙思邈指出：“安生之本，必资于食。不知食宜者，不足以生存也……故食能排邪而安脏腑。”说明饮食对人体的作用。小寒节气已数九寒天，人们这个时候大补特补无可厚非，但进补不可胡乱地吃，一定要注意饮食宜忌。元代《饮食须知》强调：“饮食，以养生，而不知物性有相宜相忌，纵然杂进，轻则五内不和，重则立兴祸患。”这就告诉我们，在进补的时候注意不要被五味所伤。

说到进补，自古就有“三九补一冬，来年无病痛”的说法。经过了春、夏、秋、冬近一年的消耗，脏腑的阴阳气血会有所衰竭，合理进补可及时补充气血、抵御严寒侵袭，又能使来年少生疾病，从而达到事半功倍的养生目的。在冬令进补时应食补、药补相结合，以温补为宜。

中医讲，滋补分为四类，即补气、补血、补阴、补阳，对于不同体质的人，补的方法也是不同的。

1. 气虚体质补气。如动后冒虚汗、精神疲乏，妇人子宫脱垂等体，宜用红参、红枣、白术、北芪、淮山和五味子等。

2. 血虚体质补血。如头昏眼花、心悸失眠、面色萎黄、嘴唇苍白、妇人月经量少且色淡等，应用当归、熟地、白芍、阿胶和首乌等。

3. 阳虚体质补阳。如手足冰凉、怕冷、腰酸、性机能低下等体征，可选用鹿茸、杜仲、肉苁蓉、巴戟等。

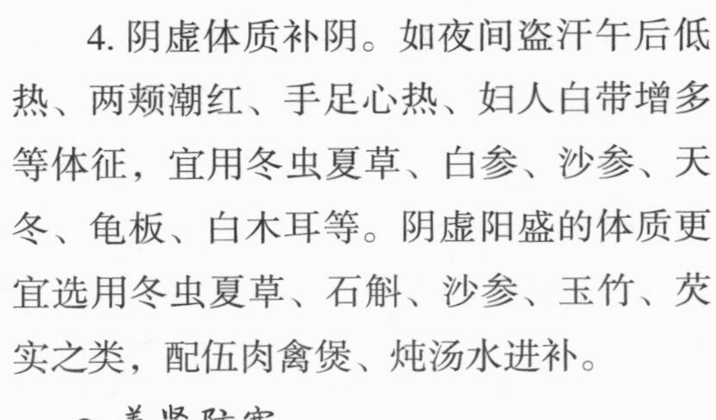

4. 阴虚体质补阴。如夜间盗汗午后低热、两颊潮红、手足心热、妇人白带增多等体征，宜用冬虫夏草、白参、沙参、天冬、龟板、白木耳等。阴虚阳盛的体质更宜选用冬虫夏草、石斛、沙参、玉竹、芡实之类，配伍肉禽煲、炖汤水进补。

● 养肾防寒

小寒节气，应注意养精蓄锐，为来年春天生机勃发做准备。冬天万物敛藏，养生就该顺应自然界收藏之势，收藏阴精，使精气内聚，以润五脏。这个时节，肾的机能非常强健，就可以调节机体适应严冬的变化。因此冬日养生很重要的一点就是“养肾防寒”。

○小寒时节的疾病预防

● 保护足部

俗话说：“寒从足下生。”小寒时节为整个冬季最为寒冷的时候，更应注意足部保暖。中医认为，人体是一个整体，足部可以反映出内脏的病症。反过来，保护好足部又能增加内脏的功能。所以不要认为足部保暖只是局部的保暖，实际上，足部保暖是人整体抗寒防病的一种保护。

对于脚凉的人群，最好的方法就是睡觉前用温水泡脚，然后用力揉搓足心。有句老话说得好："要长寿，头凉脚热八分饱。"所以晚上吃完饭，最好弄上一盆热水，边泡脚边看电视。这样既能御寒保暖，又能补肾强身，解除疲劳，促进睡眠，延缓衰老，预防疾病。

● 加强锻炼

"小寒大寒，冷成冰团。"小寒时节天气非常冷，人们会寻找许多方法御寒，而运动就是其中一种。俗语讲"冬练三九"，此时正适合加强身体锻炼，提高身体素质。但一定要根据个人的身体情况，切不可盲目锻炼，即使身体强健的人，也要多多注意一下锻炼的方式和方法。

小寒时节，正处于"三九"寒天，是一年中气候寒冷的时段。此时室外气温过低，体表血管遇冷容易收缩，血流速度减慢，肌肉的黏滞性增加，韧带的弹性和关节的柔韧性降低，走出温室如果马上进行大运动量活动的话，极易造成运动损伤。因此，运动前要做一些准备活动，如慢跑、擦面、拍打全身肌肉等。有时间的话，可以双手抱拳，虎口相接，左右来回转动。这样可以增加手指的灵活性，预防冻伤，还可以预防感冒。

民谚曰："冬天动一动，少闹一场病；冬到懒一懒，多喝药一碗。"这说明了冬季锻炼的重要性。在这干冷的日子里，宜多进行户外的运动，如早晨的慢跑、跳绳、踢毽等。很多地方到小寒节气时，还会进行具有地域特色的体育锻炼，如跳绳、踢毽子、滚铁环，挤油渣渣（靠着墙壁相互挤）、斗鸡（盘起一脚，一脚独立，相互对斗）等。如果遇到下雪，还可以打雪仗、堆雪人，很快就会全身暖和，血脉通畅。

● 心态平和

天气寒冷，这时候人在精神上最好是静神少虑、乐观畅达，不要为了琐事劳神，注意心态平和，平时工作之余增添一些乐趣，多进行娱乐活动，减缓压力。

● 注意保暖

此节气里，患心脏病和高血压病的人往往会病情加重，患"中风"的人增加。根据中医理论，人体内的血液，得温则易于流动，得寒就容易停滞，所谓“血遇寒则凝”，说的就是这个道理。所以这个季节保暖工作一定要做好，尤其是老年人。

小寒时节“吃”的学问

○小寒饮食宜忌：减甘增苦，温热防寒

中医认为寒为阴邪，小寒是最寒冷的节气，也是阴邪最盛的时期。从饮食养生的角度讲，要特别注意在日常饮食中多食用一些温热食物以补益身体，预防寒冷气候对人体的侵袭。

小寒因处隆冬，土气旺，肾气弱，因此，饮食方面宜减甘增苦，补心助肺，调理肾脏。饮食上要注意多吃温散风寒的食物，口味可以加重一些。还应多食用黄绿色和深色蔬菜。

这个时节的食补要根据阴阳气血的偏盛偏衰，结合食物之性来选择羊肉、狗肉、猪肉、鸡肉、鸭肉、鳝鱼、甲鱼、鱿鱼和海贝等，其他食物有核桃仁、大枣、龙眼肉、芝麻、山药、莲子、百合、栗子等。适宜的膳食有山药羊肉汤、强肾狗肉汤、素炒三丝、丝瓜番茄粥等，有补脾胃、温肾阳、健脾化滞、化痰止咳的功效。

另外，这个节气年轻人注意不要因过食肥甘厚味、辛辣之品而长出痤疮。

宜食：羊肉、牛肉、鳝鱼、糯米、芝麻、花生、松子、茴香、生姜、香菜、桂圆等。

忌食：梨、苦瓜、绿豆、乳酪、奶油等。

○小寒食谱攻略

雪里蕻鲫鱼

用料：

腌雪里蕻150克，鲫鱼1条（重约600克），鲜汤600毫升，味精、精盐、料酒、麻油、葱段、生姜片各适量。

做法：

①将腌雪里蕻用温水清洗干净，切成细末，备用。

②将鲫鱼除去鳞、鳃及内脏，清洗干净，剞柳叶刀，焯水去腥味。

③将鲜汤倒入锅中，加入鲫鱼、腌雪里蕻末、葱段、生姜片、料酒、精盐，用旺火烧开，撇去浮沫，再用小火炖15分钟左右。

④将锅中葱段、生姜片拣出，加入味精，倒入汤碗中，淋上麻油，即可食用。

功效：补虚开胃，益气健脾。

砂锅羊肉

用料：

羊肉400克，胡萝卜50克，白菜50克，香菜10克，葱丝、姜丝、味精、精盐、酱麻油、胡椒面各适量。

做法：

①将羊肉洗净，切成2厘米见方的块，放入沸水中焯一下后捞出，沥干备用。

②将胡萝卜洗净，切成方块，放入沸水中焯一下后捞出，沥干备用。

③将白菜去叶洗净，切成方片，放入沸水焯一下后捞出，沥干备用。

④将香菜择洗干净，切成1.5厘米长的段。

⑤将羊肉块、胡萝卜块、白菜片、精盐、酱油、葱丝、姜丝放入砂锅，加水适量，先用旺火烧开，撇去浮沫，改用微火炖半小时左右即熟。

⑥加入胡椒面，淋上麻油，加入味精，撒上香菜段，装盘上桌，即可食用。

功效：补肾壮阳，滋身强体。

百合炖羊肉

用料：

百合100克，羊肉500克，生姜、味精、精盐各适量。

做法：

①将姜去皮、洗净，切成片，备用；将百合清洗干净，备用；将羊肉洗净，切成3厘米见方的块。

②将姜片、百合、羊肉块、精盐放入炖盅内，加开水适量，盖上盖，先用旺火烧开，后改用小火炖 3 小时左右；加入味精调味，出盅即可食用。

功效：滋阴润肺，补虚温中。

山药羊肉汤

用料：

羊肉 500 克，山药 150 克，姜、葱、胡椒、绍酒、食盐各适量。

做法：

①羊肉洗净切块，入沸水锅内，焯去血水；姜、葱洗净用刀拍破备用。

②山药片用清水浸透与羊肉一起置于锅中，放入适量清水，将其他配料一同投入锅中，大火煮沸后改用文火炖至熟烂即可食用。

功效：补脾胃，益肺肾。

强肾狗肉汤

用料：狗肉 500 克，菟丝子 7 克，附片 3 克，葱、姜、盐、味精适量。

做法：

①狗肉洗净切块，置入锅内焯透，捞出待用；姜切片，葱切段备用。

②将锅置火上，狗肉、姜入内煸炒，烹入绍酒，然后一起倒入砂锅内，同时菟丝子、附片用纱布包好放入砂锅内，加清汤、盐、葱大火煮沸，改用文火炖 2 小时左右，待狗肉熟烂，挑出纱布包，加入味精，即可食用。

功效：暖脾胃，温肾阳。

品味小寒文化情趣

○品小寒诗词

寒夜

【南宋】杜耒

寒夜客来茶当酒，

竹炉汤沸火初红。

寻常一样窗前月，

才有梅花便不同。

杜耒（lěi）（？—1225），字子野，号小山，南城（今属江西）人，南宋诗人。

这首诗是诗人在深冬小寒之夜招待来客时即兴之作，表现了一种“有客自远方来，不亦乐乎”的喜悦心情。寒冷的夜晚来了客人，准备以茶当酒招待他，炉内炭火炽红，茶水沸腾。窗外月光皎洁，和往常没有什么两样，但今夜却感觉那梅花的香气格外袭人。

“茶当酒”表现了“君子之交淡如水”的高雅，“火初红”喻意待客的热情，“一样”与“不同”反映出诗人此时此刻的特有心境。寥寥数语，暗中呼应，其情景、心态、意境，栩栩如生，跃然纸上。

腊梅香

【宋】喻陟

晓日初长，正锦里轻阴，小寒天气。未报春消息，早瘦梅先发，浅苞纤蕊。揾玉匀香，天赋与，风流标致。问陇头人，音容万里，待凭谁寄。一样晓妆新，倚朱楼凝盼，素英如坠。映月临风处，度几声羌管，愁生乡思。电转光阴，须信道，飘零容易。且频欢赏，柔芳正好，满簪同醉。

这首词也是一篇咏梅的佳作。在小寒的天气下，梅花不畏严寒生长绽放，还散发着香气，正如人们所说的“梅花香自苦寒来”。

听到羌管声，词人便开始思念他的家乡。光阴很快就会流逝，应该好好珍惜现在，尽情赏花，将花插满头，痛饮美酒醉去。揾（wèn）：用手指按，擦。

望梅

【宋】无名氏

小寒时节，正同云暮惨，劲风朝烈。信早梅、偏占阳和，向日暖临溪，一枝先发。时有香来，望明艳、瑶枝非雪。想玲珑嫩蕊，绰约横斜，旖旎清绝。仙姿更谁并列。有幽香映水，疏影笼月。且大家、留倚阑干，对绿醑飞觥，锦笺吟阅。桃李繁华，奈比此、芬芳俱别。等和羹大用，休把翠条谩折。

这首词是宋人所作，但具体是谁人创作已无从考证。小寒时节正是梅花绽放、暗香飘动的时候。望梅、赏梅，自是别有一番情趣在其中。

○读小寒谚语

冷在三九，热在中伏。

腊七腊八，冻死旱鸭。

腊七腊八，冻裂脚丫。

腊月三白，适宜麦菜。

九里的雪，硬似铁。

腊月三场白，来年收小麦。

腊月三场白，家家都有麦。

腊月三场雾，河底踏成路。

三九不封河，来年雹子多。

小寒胜大寒，常见不稀罕。

牛喂三九，马喂三伏。

腊月栽桑桑不知。

三九、四九，冻破碓臼。

大雪年年有，不在三九在四九。

三九四九不下雪，五九六九旱连接。

薯菜窖，牲口棚，堵封严密来防冻。

数九寒天鸡下蛋，鸡舍保温是关键。

腊月大雪半尺厚，麦子还嫌被不够。

九里雪水化一丈，打得麦子无处放。

小寒节，十五天，七八天处三九天。

一早一晚勤动手，管它地冻九尺九。

草木灰，单积攒，上地壮棵又增产。

天寒人不寒，改变冬闲旧习惯。

第二十四章　大寒：过了大寒，又是一年

大风，低温，地面积雪不化，呈现出一派冰天雪地、天寒地冻的严冬景象。

大寒与气象农事

○大寒时节的气象特色

大寒是二十四节气中的最后一个节气，也就是每年阳历的1月20日前后，太阳到达黄经300度的时候。

同小寒一样，大寒也是表示天气寒冷程度的节气。《授时通考·天时》引《三礼义宗》说："大寒为中者，上形于小寒，故谓之大……寒气之逆极，故谓大寒。"可见，大寒有两层意思，一是相对于小寒而言，二是大寒期间天气冷到了极点，故谓之"大"。

"小寒大寒，冷成一团"的谚语，说明大寒节气也是一年中的寒冷时期。而在我国部分地区，大寒不如小寒冷。比如我国南方大部分地区，这个时节的平均气温多为6℃~8℃，比小寒高出近1℃。但是，在某些年份和沿海少数地区，全年最低气温仍然会出现在大寒节气内。

大寒期间，寒潮南下活动频繁，是我国大部分地区一年中非常冷的时期，风大，低温，地面积雪不化，到处呈现出冰天雪地、天寒地冻的严寒景象。这个时期，铁路、邮电、石油、海上运输等部门要特别注意及早采取预防大风、降温、大雪等灾害性天气的措施。

※ 大寒三候

我国古代将大寒的十五天分为三候："一候鸡乳，二候征鸟厉疾，三候水泽腹坚。"就是说到大寒节气便可以孵小鸡了；而鹰隼之类的征鸟却正处于捕食能力极强的状态中，盘旋于空中到处寻找食物，以补充身体的能量抵御严寒；在一年的最后五天内，水域中的冰一直冻到水中央，且最结实、最厚。

○大寒时节的农事活动

小寒、大寒时期是一年中雨水最少的时段。常年大寒节气里，华南大部分地区的降水量一般为5~10毫米，西北高原山地的降水量一般只有1~5毫米。华南地区冬干，越冬作物在这段时间里耗水量较小，农田水分供求矛盾一般并不突出。不过"苦寒勿怨天雨雪，雪来遗到明年麦"。在雨雪稀少的情况下，不同地区按照不同的耕作习惯和条件适时浇灌，对小麦作物生长无疑是大有好处的。

大寒节气里，各地的农活依旧很少。北方地区的老百姓多忙于积肥堆肥，为开春作准备；或者做好牲畜和越冬作物的防寒防冻工作。南方地区则加强小麦及其他作物的田间管理。广东岭南地区有大寒时期联合捉田鼠的习俗。因为这时作物已收割完毕，平时看不到的田鼠窝多显露出来，大寒也成为岭南当地集中消灭田鼠的重要时机。除此以外，各地人们还会以大寒气候的变化预测来年雨水及粮食丰歉情况，便于及早安排农事。

了解大寒传统民俗

大寒是一年的最后一个节气，民间有“过了大寒，又是一年”的说法，这个“年”指的是农历新年。因而此时的一些民间习俗都透着浓浓的“年味”。

○祭灶

大寒期间，腊月二十三日为祭灶节，又称“交年”或“小年”。旧时，每到这一天人们都要在灶屋（厨房）的锅台附近墙壁上供奉灶王爷、灶王奶奶像。

传说灶神是玉皇大帝派到人间监察每家每户平时善恶的神，每年岁末便会回到天宫中向玉皇大帝奏报民情，玉皇大帝会给各家以相应赏罚。因此送灶时，人们在灶王像前的桌案上供放糖果、清水、料豆、秣草，后三样是为载灶王升天的坐骑备料。祭灶时，还要把关东糖用火溶化，涂抹在灶王爷的嘴上。这样，他就不能在玉帝那里讲坏话了。

灶神像的两侧一般都贴着对联，上面往往写着“上天言好事，回宫降吉祥”及“上天言好事，下界保平安”之类的字句。另外，大年三十的晚上，灶王还要与诸神来人间过年，那天还得有“接灶”“接神”的仪式，所以俗语有“二十三日去，初一五更来”之说。在岁末卖年画的小摊上，也卖灶王爷的画像，以便在“接灶”仪式中张贴。画像中的灶神是一位眉清目秀的美少年，因此我国北方有“男不拜月，女不祭灶”的说法，以示男女授受不亲。也有的地方对灶王爷与灶王奶奶一起祭拜的，便不存在“女不祭灶”这一说法了。

○喝鸡汤、炖蹄髈、做羹食

大寒节气已是农历四九前后，南京地区许多老百姓家里仍然不忘传统的“一九一只鸡”的食俗。做鸡一定要用老母鸡，或单炖，或加参须、枸杞、黑木耳等合炖，在寒冬季节里喝上一碗热气腾腾的鸡汤，实在是一种享受。

然而南京更有特色的是腌菜头炖蹄髈，这是其他地方所没有的吃法，小雪时腌的青菜此时已是鲜香可口；蹄髈有骨有肉，有肥有瘦，肥而不腻，营养丰富。腌菜与蹄髈为伍，可谓荤素搭配，肉显其香，菜显其鲜，既有营养价值又符合科学饮食要求，且自家制作十分方便。

到了腊月，老南京人还喜爱做羹食吃。羹肴各地都有，做法也各不相同，如北方的羹偏于黏稠厚重，南方的羹偏于清淡精致，而南京的羹则取南北风味之长，既不过于黏稠或清淡，又不过于咸鲜或甜淡。南京人冬日喜欢食羹还有一个重要原因就是取材容易，食材可繁可简，可贵可贱，肉糜、豆腐、山药、木耳、山芋、榨菜等等，都可以做成一盆热乎乎的羹，配点香菜，撒点白胡椒粉，吃得浑身热乎乎的，用以抵御寒冷再好不过了。

○吃糯米

我国南方的广大地区，有大寒吃糯米的习俗。这项习俗虽然听起来简单，却蕴含着老百姓在生活中所积累的生活经验，因为进入大寒之后，天气会非常的寒冷，糯米是热量比较高的食物，有很好的御寒作用。

○蒸腊米

天津地区的人们会在腊月最寒冷的时候蒸腊米。所谓蒸腊米，就是在大寒时节，家家户户会拿出一些上等好米洗净蒸透，然后铺摊在芦席上，等米冷透后晒干，最后装进干净的瓷缸内储存，即使放上几十年也不会坏。据说夏天吃这种米可以免泻痢；而老年人或体弱多病者食用蒸腊米，对脾胃大有益处。

○辞旧迎新

“爆竹声声辞旧岁。”大寒节气，时常与岁末时间相重合。因此，这样的节气中，除顺应节气干农活外，还要为过年奔波忙碌——赶年集，买年货，写春联，准备各种祭祀供品，扫尘洁物，除旧布新，准备年货，腌制各种腊肠、腊肉，煎炸烹制鸡鸭鱼肉等各种过年吃食。同时祭祀祖先及各种神灵，祈求来年风调雨顺。

旧时大寒时节的街上，人们还会争相购买芝麻秸。因为“芝麻开花节节高”，除夕夜，人们将芝麻秸洒在行走之外的路上，供孩童踩碎，谐音吉祥意“踩岁”，同时以“碎”“岁”谐音寓意“岁岁平安”，讨得新年好口彩。这也使得大寒驱凶迎祥的节日意味更加浓厚。

这个时候，马上就要迎来新年之初了，北国的松花江畔冰灯晶莹绮丽，江

南大地花市万紫千红，“天府”红梅斗寒盛开。辽阔的祖国大地，处处气象更新，人们将欢庆一年一度的传统佳节。

大寒时节的养生保健

○大寒养生知识

● 防寒

寒为冬季之主气。寒邪属阴邪，易伤阳气，可导致新陈代谢减弱，出现手足不温、畏寒喜暖等阳气虚的表现，易引发多种疾病，致使旧病复发，病情加重。

寒冷能引起周围血管收缩，增强循环阻力，并可使血液黏稠度和毛细血管脆性增加，从而诱发心脑血管疾病；尤其是老年人，体温调节功能变弱，对寒冷刺激尤为敏感。

严寒气候对呼吸系统的影响最为明显，它能降低呼吸道的防御能力，引发哮喘、慢性支气管炎、肺气肿等呼吸系统疾病。因此，患有呼吸道疾病的患者以及老年人要特别注意，防止严寒气候的侵袭。

这个时期，防寒保健的同时应进行适当的体育锻炼，以增强机体的抗寒能力和抗病力。工作和运动时，不宜过于剧烈，以免出汗过多，导致体内阴精亏损、阳气耗散。

睡前宜用热水泡脚，并按揉脚心，有助阳散寒之效；常进行日光浴，以助阳气升发；膀胱经脉行于背部，首当其冲，故应注意背部保暖，以防寒邪入侵。

●“藏”于内

大寒是生机潜伏、万物蛰藏的时令，此时人体的阴阳消长代谢相当缓慢，所以这个时候应该早睡晚起，不要轻易扰动阳气，凡事不要过度操劳，要使神志深藏于内，避免急躁发怒。也就是说，此时的养生要着眼于“藏”。意思是，人们在此期间要控制自己的精神活动，保持精神安定，把神藏于内，而不要暴露于外。

○大寒时节的疾病预防

● 保暖防病

大寒期间，在着装方面一定要以保暖为要。

冬季的特点是寒冷，特别是北方地区，正是一片冰雪世界；南方气温虽不算低，但气温很不正常，且“室内室外一样冷”，常常阴雨浓雾，空气潮湿，这些不利的气候因素都需要借助衣物来抵御。尤其是老年人，体质普遍较差，自身活动能力及抗寒能力减弱，大多数老人自感冬季寒冷难耐，保暖便成了头等大事，穿着稍薄一些，就容易受凉感冒，甚至引发其他病症。因此，老人选择冬装，第一原则就是要注重防寒保暖功能。而且上了年纪的人，一般都有肌肉萎缩和动作缓慢的现象，所以选择宽大松软、穿脱方便的冬装就显得重要。

另外，患有气管炎、哮喘、胃溃疡的人，应再增加一件狗皮背心，狗皮比羊皮保暖性能好，利于保护心、肺和胃部不致受寒。有关节炎、风湿病的人，制作冬衣时在贴近肩胛、膝盖等关节部位可以用棉层或皮毛加厚，起到防寒保暖作用。

● 防心脑血管疾病

大寒时节天气寒冷，北方冷空气势力强大，空气干燥，雨雪较少，我国大部分地区会维持一种“晴冷”的态势。有心脑血管病史的人在此节气中要特别注意保暖，少出门，以避免感冒。早上应尽可能晚起，中午或下午可到户外活动一个小时左右。

● 防呼吸道疾病

冬季寒冷的天气易使人患感冒、咳嗽等呼吸道疾病。而大寒期间的天气特点除了寒冷外，空气也比较干燥，白天的平均相对湿度一般低于50%，加之室内多有暖气设施，居室内的

湿度常常只有 30%左右，这种干燥的气候会加重呼吸道疾病的症状。

所以，平时注意保暖的同时，也要关注身边的湿度，因早晚室外湿度相对较高，所以要多开窗通气，室内取暖时也要注意在地板上洒点水，或是晾一些湿毛巾之类的东西，以增加空气湿度。

● 防冷辐射

在此节气中，还要防止冷辐射对身体的伤害。

我国北方严寒季节，室内气温和墙壁温度有较大的差别，墙壁温度会比室内气温低 3℃ ~8℃。当墙壁温度比室内气温低 5℃时，人在距离墙壁 30 厘米处就会产生寒冷的感觉。如果墙壁温度再下降 1℃，即墙壁温度比室温低 6℃，人在距离墙壁 50 厘米处就会产生寒冷的感觉，这是由于冷辐射或称负辐射所导致的。

人体组织在受到冷辐射的作用之后，局部组织出现血液循环障碍，神经肌肉活动缓慢且不灵活，全身反应可表现为血压升高，心跳加快，感觉寒冷。如果原先患有心脑血管疾病、胃肠道疾病、关节炎疾病，可能会诱发心肌梗塞、脑出血、胃出血、关节肿痛等冷辐射综合症，所以应该特别重视防范。

大寒时节“吃”的学问

○大寒饮食宜忌：进补减少，忌咸忌寒

大寒是一年中的最后一个节气，与立春相交接，在饮食上与小寒略有不同。冬三月的进补量应逐渐减少，以顺应季节的变化。在进补中应适当增添一些具有升散性质的食物为适应春天升发特性做准备。

这个时候宜食用一些羊肉、狗肉等温肾壮阳之物，有助于抵抗寒邪的入侵；饮食不可过咸，因咸味入肾，致肾水更寒，不利于振奋心阳；切忌寒凉食品，以免耗伤元阳。

考虑到大寒期间是感冒等呼吸道传染性疾病高发期，应适当多吃一些温散风寒的食物以防御风寒邪气的侵扰。常见的具有辛温解表、发散风寒的食物有紫苏叶、生姜、大葱、辣椒、花椒、桂皮等。当有人因外感风寒而致轻度感冒

时，常常会用生姜加红糖水来治疗，会有较好的疗效。

宜食：白菜、白萝卜、蘑菇、南瓜、辣椒、香菜、菠菜、藕、姜、红薯、山药等。

忌食：油腻、酒、冰冷等。

○大寒食谱攻略

红杞田七鸡

用料：

枸杞子 15 克，三七 10 克，母鸡 1 只，姜 20 克，葱 30 克，绍酒 30 克，胡椒、味精各适量。

做法：

①活鸡宰杀后处理干净，枸杞子洗净，三七 4 克研末、6 克润软切片，生姜切大片，葱切段备用。

②鸡入沸水锅内焯去血水，捞出淋干水，然后把枸杞子、三七片、姜片、葱段塞入鸡腹内，把鸡放入汽锅内，注入少量清汤，下胡椒粉、绍酒，再把三七粉撒在鸡脯上，盖好锅盖，沸水旺火上笼蒸 2 小时左右，出锅时加味精调味即可食用。

功效：补虚益血。老年人及久病体虚、产后血虚者均可食用。

糖醋胡萝卜丝

用料：

胡萝卜 250 克，姜、糖、醋、盐、味精、植物油各适量。

做法：

①胡萝卜、生姜洗净切丝备用。

②炒锅烧热放油（热锅凉油）随即下姜丝，煸炒出香味倒入胡萝卜丝，煸炒 2 分钟后放醋、糖，继续煸炒至八成熟，加入盐，至菜熟后，入味精调味，盛盘即可食用。

功效：下气补中，利胸膈，调肠胃，安五脏。

当归生姜羊肉汤

用料：当归 30 克，生姜 30 克，羊肉 500 克。

做法：

①当归、生姜清水洗净顺切大片备用；羊肉剔去筋膜，洗净切块，入沸水锅内焯去血水，捞出晾凉备用。

②砂锅内放入适量清水，将羊肉下入锅内，再下当归和姜片，在大火上烧沸后，撇去浮沫，改用小火炖 1.5 小时至羊肉熟烂为止；取出当归、姜片，喝汤食肉。

功效：温中，补血，散寒。

虾仁羊肉羹

用料：

虾仁 150 克，羊肉 160 克，葱、蒜、生姜、味精、精盐、麻油、湿淀粉各适量。

做法：

①将葱扒皮洗净，切成葱花；将蒜扒皮，切成细颗粒；将生姜去皮洗净，切成片。

②将羊肉用温水洗净，切成薄片。

③虾仁放入精盐水中浸泡 10 分钟左右，洗净后切成粒。

④油锅上火，用生姜片爆炒羊肉片，加水适量，煮沸后放入蒜粒、虾肉粒，再煮 20 分钟左右；加入葱花、味精、精盐调味，淋上麻油，用湿淀粉勾芡即成。

功效：补肾壮阳，滋阴益气。

品味大寒文化情趣

○品大寒诗词

村居苦寒

【唐】白居易

八年十二月，五日雪纷纷。
竹柏皆冻死，况彼无衣民！
回观村闾间，十室八九贫。
北风利如剑，布絮不蔽身。
唯烧蒿棘火，愁坐夜待晨。
乃知大寒岁，农者尤苦辛。
顾我当此日，草堂深掩门。
褐裘覆絁被，坐卧有余温。
幸免饥冻苦，又无垅亩勤。
念彼深可愧，自问是何人？

这首诗分两大部分。前一部分写农民在北风如剑、大雪飘飞的寒冬，衣不蔽身，夜不能眠，他们的生活多么贫苦！后一部分写自己在这样的大寒天却是深掩房门，吃穿不愁，又有暖被子盖，既无挨饿受冻之苦，又无下田劳动之辛。诗人把自己的生活与农民的辛苦做了对比，深深感到惭愧，以致发出“自问是何人”的慨叹。整首诗语言通俗易懂，情真意切，十分质朴。絁（shī）：一种粗绸子。

回次妫川大寒

【北宋】郑獬

地风如狂兕，来自黑山旁。
坤维欲倾动，冷日青无光。
飞沙击我面，积雪沾我裳。
岂无玉壶酒，饮之冰满肠。

鸟兽不留迹，我行安可当。
云中本汉土，几年非我疆。
元气遂隳裂，老阴独盛强。
东日拂沧海，此地埋寒霜。
况在穷腊后，堕指乃为常。
安得天子泽，浩荡渐穷荒。
扫去妖氛俗，沐以楚兰汤。
东风十万家，画楼春日长。
草踏锦靴缘，花入罗衣香。
行人卷双袖，长歌归故乡。

郑獬（1022—1072），字毅夫，号云谷，江西宁都梅江镇西门人。仁宗皇佑五年（1053）举进士第一，授陈州通判。入直集贤院，修起居注。神宗时为翰林学士，权知开封府。因反对王安石变法，以侍读学士出知杭州，迁青州。后称病求退，提举鸿庆宫。工于诗，有反映人民疾苦之作。文辞质朴自然，风格爽朗泼辣。亦能词，俏丽隽永。著有《郧溪集》。有词见《花庵词选》。

这首诗尽管不是郑獬的代表作，但其艺术水平还是值得肯定的。本诗前半部分描写了大寒期间恶劣的天气，后半部分笔锋一转，给我们展开了一幅春日的画卷。风格由悲转喜，起伏跌宕，场面宏大。

大寒

【南宋】陆游

大寒雪未消，闭户不能出，

可怜切云冠，局此容膝室。

吾车适已悬，吾驭久罢叱，

拂麈取一编，相对辄终日。

亡羊戒多岐，学道当致一，

信能宗阙里，百氏端可黜。

为山傥勿休，会见高崒嵂。

颓龄虽已迫，孺子有美质。

大寒期间，适逢大雪，道路闭塞不通，无奈之下，诗人只好“闭户”不出。闲来无聊，做点什么好呢？那就感慨一下人生，畅想一下未来吧！

大寒出江陵西门

【南宋】陆游

平明羸马出西门，淡日寒云互吐吞。

醉面冲风惊易醒，重裘藏手取微温。

纷纷狐兔投深莽，点点牛羊散远村。

不为山川多慷慨，岁穷游子自销魂。

陆游写过很多有关节气的诗歌，这首诗是他在大寒节气里创作的一首借景抒情之作。诗人骑马出城，面对一片苍茫萧条的景象，心中不仅没有感到悲凉，反而激起了心中的一腔豪情和感慨。

大寒赋

【西晋】傅玄

五行倏而惊骛兮，四节终而电逝，谅暑往而寒来，十二月而成岁。日月会于析木兮，重阴凄而增肃。在途中冬之大寒兮，迅季旬而逾蹙。彩虹藏于虚廓兮，鳞介潜而长伏。若乃天地凛冽，庶极气否，严霜夜结，悲风昼起，飞雪山积，萧条万里。百川咽而不流兮，冰冻合于四海，扶木憔悴于旸谷，若华零落于濛汜。

傅玄（217—278），字休奕，北地郡泥阳县（今陕西铜川耀州区东南）人，西晋时期文学家、思想家。

这首《大寒赋》写出了大寒期间的天气特征。看这一派严冬景象，天地凛冽、严霜夜结，飞雪在山顶上堆积，到处白茫茫一片，广阔的天地，令人心胸豁然开朗。整篇紧扣大寒的季节特征，语言清新，读来畅快不已。

蹙（cù）：紧迫。旸（yáng）：日出。旸谷：古书上指日出的地方。

○读大寒谚语

大寒不冻，冷到芒种。

大寒不寒，人马不安。

大寒不寒，春分不暖。

过了大寒，又是一年。

南风打大寒，雪打清明秧。

大寒一夜星，谷米贵如金。

大寒到顶点，日后天渐暖。

大寒见三白，农人衣食足。
大寒猪屯湿，三月谷芽烂。
大寒天气暖，寒到二月满。
大寒牛眠湿，冷至明年三月三。
南风送大寒，正月赶狗不出门。
大寒日怕南风起，当天最忌下雨时。
交了大寒就是雪，明年又是丰收年。
大寒雾，春头早；大寒阴，阴二月。
小寒不如大寒寒，大寒之后天渐暖。
数九寒天天不寒，来年田里少粮食。
大寒东风不下雨。

参考文献

[1] 高倩艺 . 二十四节气民俗 [M]. 北京 : 中国社会出版社，2011.

[2] 许彦来 . 二十四节气知识 [M]. 天津 : 天津科学技术出版社，2013.

[3] 张小雪 . 二十四节气与养生宜忌 [M]. 贵阳 : 贵州科技出版社，2013.

[4] 李志敏 . 二十四节气养生经 [M]. 天津 : 天津科学技术出版社，2016.

[5] 王明强 . 节气时令吃什么 [M]. 南京 : 江苏科学技术出版社，2013.

[6] 常丽华 . 24 节气诵读古诗词 [M]. 桂林 : 漓江出版社，2014.

[7] 栗元周，叶青竹 . 细说二十四节气 [M]. 北京 : 北京燕山出版社，2016.